典型新兴有机污染物PPCPs的自由基降解机制

苏荣葵 著

北京
冶金工业出版社
2022

内 容 提 要

本书系统地阐述了典型新兴有机污染物 PPCPs 的自由基降解机制。全书共分 7 章，主要内容包括绪论、实验及理论研究方法、典型 PPCPs 的直接光解特征、非甾体类 PPCPs-布洛芬的自由基降解机制、二苯并氮杂䓬类 PPCPs-卡马西平的自由基降解机制、含硝基咪唑环结构类 PPCPs-甲硝唑的自由基降解机制及复杂环境基质对硫酸根自由基降解 PPCPs 的影响机制等。

本书可供环境保护、清洁生产领域的科研人员、工程技术人员及政府与企业相关管理人员阅读，也可供高等院校环境科学与工程及有关专业的师生参考。

图书在版编目 (CIP) 数据

典型新兴有机污染物 PPCPs 的自由基降解机制/苏荣葵著.—北京：
冶金工业出版社，2022.5
ISBN 978-7-5024-9099-7

Ⅰ.①典… Ⅱ.①苏… Ⅲ.①有机污染物—有机物降解 Ⅳ.①X703

中国版本图书馆 CIP 数据核字（2022）第 052121 号

典型新兴有机污染物 PPCPs 的自由基降解机制

出版发行	冶金工业出版社	电　话	（010）64027926
地　　址	北京市东城区嵩祝院北巷 39 号	邮　编	100009
网　　址	www.mip1953.com	电子信箱	service@mip1953.com

责任编辑　杜婷婷　　美术编辑　燕展疆　　版式设计　郑小利
责任校对　石　静　　责任印制　禹　蕊
三河市双峰印刷装订有限公司印刷
2022 年 5 月第 1 版，2022 年 5 月第 1 次印刷
710mm×1000mm　1/16；13.25 印张；257 千字；201 页
定价 82.00 元

投稿电话　（010）64027932　投稿信箱　tougao@cnmip.com.cn
营销中心电话　（010）64044283
冶金工业出版社天猫旗舰店　yjgycbs.tmall.com
（本书如有印装质量问题，本社营销中心负责退换）

前　言

　　以药品和个人护理用品等（以下简称PPCPs）为代表的新兴有机污染物是一类与人类密切相关的有机污染物。这类污染物在环境中化学性质稳定、残留时间长、环境浓度低，但不易被降解，对生态环境具有直接危害和潜在威胁。传统的处理方法对PPCPs的去除效果并不理想。高级氧化技术能利用生成的高氧化性自由基氧化降解有机污染物，具有高效和快速的特点，已显示出处理此类有机污染物的独特优势。

　　本书以典型非甾体类的布洛芬、二苯并氮杂䓬类的卡马西平、含硝基咪唑环结构类的甲硝唑为研究对象，结合室内试验、模型预测、量子化学计算等方法，系统研究了UV/H_2O_2和UV/$S_2O_8^{2-}$体系中三类新兴有机污染物的降解动力学、反应途径、降解机理及环境基质的影响机制，取得了如下创新成果：

　　1. 揭示了十种典型PPCPs化合物结构特征与直接光解效率的内在联系。十种代表性PPCPs中，磺胺类（SMZ）和喹诺酮类（ENFX、CIP）的直接光解速率最快，其表观反应速率常数在0.23～0.56min^{-1}范围内。相反，非甾体类的布洛芬（IBU）、二苯并氮杂䓬类的卡马西平（CBZ）、含硝基咪唑环结构类的甲硝唑（MTZ）的直接光解速率低，其表观反应速率常数在2.34×10^{-3}～2.26×$10^{-2}min^{-1}$范围内，此三类化合物的摩尔吸光系数较低[283.64～8536.47$(mol/L)^{-1}\cdot cm^{-1}$]、量子产率低（3.10×$10^{-4}$～9.10×$10^{-2}$mol/Einstein）、$E_{LUMO}-E_{HOMO}$差值高（4.54～6.79eV），是导致其难以直接光解的主要原因。

　　2. 基于稳态假设理论，建立了PPCPs降解动力学模型，揭示了

UV/H_2O_2和UV/$S_2O_8^{2-}$体系中自由基介导氧化作用是加速IBU、CBZ、MTZ降解的作用机制。UV/H_2O_2体系中，·OH对IBU、CBZ、MTZ降解的贡献率分别为97.33%、99.94%和92.06%；UV/$S_2O_8^{2-}$体系中，存在·OH/$SO_4^{-\cdot}$两种自由基，$SO_4^{-\cdot}$的稳态浓度达到$2.75×10^{-12}$~$1.91×10^{-11}$ mol/L，高出·OH稳态浓度两个数量级，$SO_4^{-\cdot}$对三种PPCPs降解的贡献率分别为94.72%、93.48%和96.82%。尽管·OH对IBU、CBZ、MTZ降解的二级反应速率常数分别是$SO_4^{-\cdot}$的5.25倍、3.89倍和1.18倍，但UV/$S_2O_8^{2-}$体系中较高浓度的$SO_4^{-\cdot}$是PPCPs降解的主要控制因素。

3. 基于密度泛函理论和过渡态理论，通过量子化学热力学计算明确了·OH/$SO_4^{-\cdot}$降解PPCPs的反应途径。·OH和$SO_4^{-\cdot}$对IBU的降解主要为氢提取反应，而对CBZ的降解主要为自由基加成反应。MTZ的降解反应途径与自由基类型有关，·OH对MTZ的降解是自由基加成和氢提取反应共同作用的结果，而$SO_4^{-\cdot}$对MTZ的降解主要为自由基加成反应，氢提取反应几乎不发生。不同自由基与IBU、CBZ、MTZ反应势垒差异较大，·OH与IBU、CBZ、MTZ反应的最低势垒相比，$SO_4^{-\cdot}$分别低8.79kcal❶/mol、1.92kcal/mol和0.14kcal/mol，低反应势垒是·OH与三种PPCPs的二级反应速率常数比$SO_4^{-\cdot}$高的主要原因。

4. 基于密度泛函理论和过渡态理论，通过量子化学动力学计算，阐明了·OH/$SO_4^{-\cdot}$降解PPCPs的主要反应位点受化合物结构及自由基空间位阻效应的控制作用机制。IBU叔碳上的氢原子H15(—CH(CH_3)—)是IBU与·OH反应的主要活性位点，对IBU与·OH的k值贡献度为64.32%，而H25(—CH(COOH)—)是IBU与$SO_4^{-\cdot}$反应的主要活性位点，对IBU与$SO_4^{-\cdot}$的k值贡献度为74.96%。CBZ氮杂环不饱和碳键上的碳原子（—HC=CH—）对·OH与CBZ的整体k值贡献率为

---

❶ 本书在引用文献数据时，根据学术惯例保留原文中的cal作为单位，换算关系为：1cal = 4.184J。

67.10%，对 SO_4^{2-} 的贡献率为 43.92%。MTZ 硝基咪唑环不饱和碳键上的碳原子（＝C(NO$_2$)—）对·OH 与 MTZ 反应的整体 k 值贡献率为 52.84%，对 SO_4^{2-} 的贡献率为 92.37%，羟甲基的氢原子（—CH$_2$(OH)）对·OH 与 MTZ 反应的整体 k 值贡献率为 35.30%，对 SO_4^{2-} 与 MTZ 的 k 值贡献率为 0。

5. 探明了复杂环境基质对 UV/$S_2O_8^{2-}$ 体系中 PPCPs 自由基降解的影响机制。UV/$S_2O_8^{2-}$ 体系中，PPCPs 的自由基降解速率受无机阴离子种类和有机质组分的影响较大。无机阴离子中，Cl$^-$ 对 UV/$S_2O_8^{2-}$ 体系中 PPCPs 的降解影响最大，而 SO_4^{2-} 对 PPCPs 降解的影响不显著。Cl$^-$ 促使苯乙酮（ACP）、CBZ 和可乐定（CLN）的降解速率分别提高了 132.73%、48.86% 和 30.91%，但是，抑制 MTZ、恩氟沙星（ENFX）和双酚 A（BPA）的降解速率分别达 41.88%、37.93% 和 28.61%。稳态浓度法显示 Cl$^-$ 能淬灭 SO_4^{2-}，但生成的次生自由基（Cl$^-$、ClOH$^-$ 和 Cl$_2^-$ 等）能继续氧化 PPCPs，对 PPCPs 降解中非直接光解部分的贡献率超过 90%。有机质中的亲水性组分较憎水性和中性组分对 PPCPs 的抑制能力更强。

本书在编写过程中，得到了中南林业科技大学、中南大学、中国电建中南勘察设计院有限公司等单位的大力支持，以及柴立元教授、王汉青教授、杨志辉教授等专家的热心指导，在此一并表示感谢。本书的编写参考了相关文献、书籍和资料，在此向有关作者表示衷心的感谢。

由于作者水平所限，书中不妥之处，敬请广大读者批评指正。

作　者
2021 年 12 月

目　　录

1　绪论 ··· 1

　1.1　PPCPs 类新兴有机污染物概述 ·· 1

　1.2　PPCPs 的处理技术 ··· 2

　　1.2.1　物理去除 ··· 2

　　1.2.2　生物处理 ··· 3

　　1.2.3　化学降解 ··· 4

　1.3　基于 ·OH 和 $SO_4^{·-}$ 的高级氧化技术 ···································· 6

　　1.3.1　高级氧化技术中 ·OH 和 $SO_4^{·-}$ 的生成 ·························· 6

　　1.3.2　反应体系中自由基的鉴定 ··· 10

　　1.3.3　·OH 和 $SO_4^{·-}$ 的生命周期 ·· 12

　　1.3.4　·OH 和 $SO_4^{·-}$ 降解有机物的机理 ································ 13

　1.4　环境基质对自由基降解的影响 ·· 15

　　1.4.1　pH 的影响 ·· 15

　　1.4.2　无机离子的影响 ··· 16

　　1.4.3　有机质的影响 ·· 17

　1.5　本书概述及主要内容 ·· 18

　　1.5.1　本书概述 ··· 18

　　1.5.2　本书主要内容 ·· 19

　　1.5.3　本书的创新点 ·· 21

2　实验方法及理论研究方法 ··· 22

　2.1　实验方法 ·· 22

　　2.1.1　实验试剂及材料 ··· 22

　　2.1.2　光化学反应系统 ··· 23

　　2.1.3　光化学反应体系有效光强及光程的测定 ······················ 25

　　2.1.4　分析方法 ··· 28

　2.2　污水水样采集与分离 ·· 31

2.2.1　污水水样采集及保存 …………………………………… 31
　　2.2.2　出水有机质的极性分离 ………………………………… 32
　　2.2.3　水样成分分析 …………………………………………… 32
2.3　量子化学理论研究方法 ………………………………………… 33
　　2.3.1　密度泛函理论 …………………………………………… 33
　　2.3.2　内禀反应坐标理论 ……………………………………… 34
　　2.3.3　过渡态理论 ……………………………………………… 34
　　2.3.4　动力学计算 ……………………………………………… 35

3　典型 PPCPs 的直接光解 …………………………………………… 38
3.1　布洛芬的直接光解 ……………………………………………… 38
3.2　卡马西平的直接光解 …………………………………………… 41
3.3　甲硝唑的直接光解 ……………………………………………… 43
3.4　十种典型 PPCPs 直接光解比较 ………………………………… 47
3.5　无机阴离子的影响 ……………………………………………… 51
3.6　降解机理分析 …………………………………………………… 54

4　非甾体类 PPCPs——布洛芬的自由基降解机制 ……………… 59
4.1　UV/H_2O_2 体系和 UV/$S_2O_8^{2-}$ 体系中布洛芬的降解动力学 ……… 59
　　4.1.1　IBU 降解动力学 ………………………………………… 59
　　4.1.2　自由基鉴定 ……………………………………………… 60
　　4.1.3　竞争动力学 ……………………………………………… 62
4.2　基于稳态假设的伪一级反应动力学模型 ……………………… 64
　　4.2.1　UV/H_2O_2 体系中基于稳态假设的伪一级反应动力学模型 …… 64
　　4.2.2　UV/$S_2O_8^{2-}$ 体系中基于稳态假设的伪一级反应动力学模型 …… 68
4.3　UV/H_2O_2 体系和 UV/$S_2O_8^{2-}$ 体系中 IBU 降解的影响因素 ……… 71
　　4.3.1　UV/H_2O_2 体系中 IBU 降解的影响因素 ……………… 71
　　4.3.2　UV/$S_2O_8^{2-}$ 体系中 IBU 降解的影响因素 ……………… 77
4.4　·OH/SO_4^{-} 降解 IBU 的反应途径 ……………………………… 81
4.5　基于量子化学计算的 ·OH/SO_4^{-} 降解 IBU 的热力学 ………… 82
　　4.5.1　·OH 与 IBU 的反应热力学 …………………………… 83
　　4.5.2　SO_4^{-} 与 IBU 的反应热力学 ………………………… 85
4.6　基于量子化学计算的 ·OH/SO_4^{-} 氧化 IBU 的动力学 ………… 88
　　4.6.1　·OH 氧化 IBU 的动力学 ……………………………… 88

4.6.2 $SO_4^-·$ 氧化 IBU 的动力学 ·········· 89
4.7 基于量子化学计算的 $·OH/SO_4^-·$ 氧化 IBU 的比较 ·········· 89
4.8 自由基氧化降解 IBU 的机理 ·········· 91

5 二苯并氮杂䓬类 PPCPs——卡马西平的自由基降解机制 ·········· 94

5.1 UV/H_2O_2 体系和 $UV/S_2O_8^{2-}$ 体系中 CBZ 的降解动力学 ·········· 94
   5.1.1 CBZ 降解动力学 ·········· 94
   5.1.2 自由基鉴定 ·········· 96
   5.1.3 竞争动力学 ·········· 96
5.2 基于稳态假设的伪一级反应动力学模型 ·········· 98
   5.2.1 UV/H_2O_2 体系中基于稳态假设的反应动力学模型 ·········· 98
   5.2.2 $UV/S_2O_8^{2-}$ 体系中基于稳态假设的反应动力学模型 ·········· 100
5.3 $·OH/SO_4^-·$ 降解 CBZ 的反应途径 ·········· 103
5.4 基于量子化学计算的 $·OH/SO_4^-·$ 氧化 CBZ 的热力学 ·········· 105
   5.4.1 $·OH$ 与 CBZ 的反应热力学 ·········· 105
   5.4.2 $SO_4^-·$ 与 CBZ 的反应热力学 ·········· 109
5.5 基于量子化学计算的 $·OH/SO_4^-·$ 氧化 CBZ 的动力学 ·········· 113
   5.5.1 $·OH$ 氧化 CBZ 的动力学 ·········· 113
   5.5.2 $SO_4^-·$ 氧化 CBZ 的动力学 ·········· 113
5.6 基于量子化学计算的 $·OH/SO_4^-·$ 氧化 CBZ 的比较 ·········· 114
5.7 自由基氧化降解 CBZ 的机理 ·········· 117
5.8 UV/H_2O_2 和 $UV/S_2O_8^{2-}$ 降解 CBZ 的中间产物分析 ·········· 119

6 含硝基咪唑环结构类 PPCPs——甲硝唑的自由基降解机制 ·········· 122

6.1 UV/H_2O_2 体系和 $UV/S_2O_8^{2-}$ 体系中 MTZ 的降解动力学 ·········· 122
   6.1.1 MTZ 降解动力学 ·········· 122
   6.1.2 自由基鉴定 ·········· 124
   6.1.3 竞争动力学 ·········· 125
6.2 基于稳态假设的伪一级反应动力学模型 ·········· 126
   6.2.1 UV/H_2O_2 体系中基于稳态假设的反应动力学模型 ·········· 126
   6.2.2 $UV/S_2O_8^{2-}$ 体系中基于稳态假设的反应动力学模型 ·········· 128
6.3 $UV/S_2O_8^{2-}$ 体系中 MTZ 降解的影响因素 ·········· 131
   6.3.1 $S_2O_8^{2-}$ 初始浓度 ·········· 131
   6.3.2 有机质 ·········· 132

6.3.3 无机阴离子 …… 134
6.3.4 pH 值 …… 135
6.4 ·OH/SO_4^{-}· 降解 MTZ 的反应途径 …… 136
6.5 基于量子化学计算的 ·OH/SO_4^{-}· 降解 MTZ 的热力学 …… 138
6.5.1 ·OH 氧化 MTZ 的热力学 …… 138
6.5.2 SO_4^{-}· 氧化 MTZ 的热力学 …… 141
6.6 基于量子化学计算的 ·OH/SO_4^{-}· 氧化 MTZ 的动力学 …… 144
6.6.1 ·OH 氧化 MTZ 的动力学 …… 144
6.6.2 SO_4^{-}· 氧化 MTZ 的动力学 …… 145
6.7 基于量子化学计算的 ·OH/SO_4^{-}· 氧化 MTZ 的对比 …… 145
6.8 自由基氧化降解 MTZ 的机理 …… 147

7 复杂环境基质对硫酸根自由基降解 PPCPs 的影响机制 …… 150

7.1 十种典型 PPCPs 的选择 …… 150
7.2 十种典型 PPCPs 与 SO_4^{-}· 二级反应速率常数 …… 152
7.3 复杂环境基质对十种典型 PPCPs 降解速率的影响 …… 154
7.4 市政污水对直接光解的影响 …… 157
7.5 无机离子对 PPCPs 降解动力学的影响机制 …… 160
7.6 有机质对 PPCPs 降解动力学的影响机制 …… 165
7.6.1 污水中有机质极性组分分离与表征 …… 165
7.6.2 有机质极性对动力学的影响机制 …… 170

附录 …… 174

附录 A 紫外活化过氧化氢体系内主要反应及 k 值汇总表 …… 174
附录 B 紫外活化过硫酸盐体系内主要反应及 k 值汇总表 …… 176

参考文献 …… 178

1 绪 论

1.1 PPCPs 类新兴有机污染物概述

药品和个人护理用品（Pharmaceutical and Personal Care Products），简称 PPCPs。这一概念是由 Christian G. Daughton 于 1999 年提出的，主要包括日常护理中常用的各种化学品（护理品、染发剂、防晒霜等）、药物（如抗生素、止痛药、类固醇、催眠药和降压药等）、诊断剂、遮光剂和消毒用品。PPCPs 是一类与人类密切相关的新兴有机污染物，这些物质会随着排泄或污水处理系统等进入环境，如：人类或者牲畜使用的药物在生物体内并未得到完全吸收和代谢，药物残留将通过排泄进入环境；个人护理品会经过洗漱、游泳等途径直接进入环境中；制药厂等企业排放的废水；药物及个人护理品的生产环节及对过期或者未使用的药品及个人护理品的处理环节都会导致部分 PPCPs 进入环境中。尽管 PPCPs 在环境中主要以微量或者痕量水平存在，但是随着现代分析方法和仪器分析水平的不断进步和提高，越来越多的 PPCPs 在世界各地的地表水和地下水中被发现。PPCPs 在废水和污泥中的检出率比较高，但是近年来在水体和土壤中检测到了每升纳克级或者毫克级水平的药品残留物的报道逐渐增多。1999—2000 年，美国对 139 条河流中的有机废水污染物（OWCs）进行了大范围监测，80% 的采样点都发现有 OWCs 的存在，共检测出六氯化苯、布洛芬等 95 种 OWCs（内含 33 种具有激素活性的 OWCs），其中咖啡因、N,N-二乙基甲酰胺、三氯生、4-壬基苯酚和磷酸三（2-氯乙基）酯等的检出频率最高。众所周知，我国是世界上药物生产和使用最多的国家之一，仅 2003 年全国土霉素和青霉素的年产量就分别突破了 1 万吨和 2.8 万吨。我国近年排放污水呈现出组成成分复杂、废水浓度升高、难被生物降解以及毒性增大等趋势，其中药品及个人护理品残留物的含量逐年上升。徐维海等人发现药品及个人护理品残留在珠江和深圳河的情况较为严重，尤其是抗生素类药品残留问题十分突出，如红霉素在河体中的含量高达 880ng/L。这些调查研究使得人们越来越关注 PPCPs 在水体中的残留问题。这类物质在环境中通常化学性质稳定、残留时间长、环境浓度低但是不易被降解，对生态环境将会造成直接危害或具有潜在威胁。Gabriel 等人在研究壬基苯酚对环境中微藻的生态效应时发现微藻体内壬基苯酚的生物富集可以高达 6940 倍，且绝大部分壬基苯酚在 1h 内即可富集于微藻内。而抗生素类会通过抑制叶绿体、酶的合成以及活性从而限制植物的生长。含有300mg/L的磺胺二甲氧嗪溶液能够提前使野草和农作物进入发芽期,且磺胺二甲氧嗪在植物体内会不断积累。此外,通过 PPCPs 对动物的生态毒理学研究发现 PPCPs 也会损害动物的健康。Sanderson 等人分析了数百种抗生素的生态毒性发现,超过50%的抗生素会毒害鱼类,近17%的抗生素可造成某种大型蚤瞬时死亡。Flippin 等人发现布洛芬会推后青鳉的产卵时间和繁殖期。因此,鉴于环境中 PPCPs 残留物不断增加及对生态环境带来的直接危害和潜在威胁,控制环境中的 PPCPs 已迫在眉睫。如今,环境中 PPCPs 降解的研究已成为国内外研究的热点领域。

1.2 PPCPs 的处理技术

PPCPs 的处理方法主要有物理去除、生物处理和化学降解等方法。

1.2.1 物理去除

物理去除的方法主要有混凝法、吸附法等。实验证明,经过混凝→沉淀→过滤常规处理工艺,药品和个人护理用品的降解效果只能达到20%~30%。Ternes 等人采用混凝工艺,以氯化铁为主要混凝剂对降血脂药苯扎贝特、抗癫痫药卡马西平和扑米酮、消炎镇痛药双氯芬酸和氯贝酸(氯贝丁酯、依托贝特、益多脂的代谢产物)进行混凝→沉淀→过滤,结果显示去除率都不到10%。Kim 等人调查了生产和中试规模的饮用水处理过程中,传统水处理工艺对 PPCPs 类有机物的降解情况,结果表明土霉素、异丙基安替比林、雄烯二酮、丙毗胺、美托洛尔、普萘洛尔、头孢噻呋、苯妥英钠、优维显、痛可宁、布洛芬等 PPCPs 类有机物不能得到有效去除。Vieno 等人筛选了接收污水排放的河流中出现的四种 β 阻滞剂、一种抗癫痫药物、一种脂质调节剂、四种抗炎药物和三种氟喹诺酮类药物,通过混凝亚铁盐、沉淀和快速砂滤组合工艺对其进行去除,发现这些药物的平均去除率只有13%。Adams 等人的研究表明,对于磺胺噻唑和磺胺氯哒嗪等抗生素在传统的(铝盐/铁盐)混凝工艺的处理效果不是很理想。众多的研究表明,传统的混凝-沉淀-过滤水处理工艺不能有效去除 PPCPs 类有机物。

吸附法常用的吸附剂是活性炭。活性炭吸附是利用活性炭的物理和化学吸附作用、氧化和还原等性能去除水中各种污染物的水处理方法。活性炭在结构上呈现晶体碳的不规则排列,交叉连接之间填充许多孔隙,在活化的过程中碳组织上的这种独特空间结构导致其堆积密度低,比表面积大(500~1700m^2/g)。由于具有较强的吸附性能,活性炭对水体中的大多数有机污染物及一些无机物有很好的吸附效果,也可以用于降低废水中的色度和臭味,应用十分广泛。Kumar 等人探索了利用活性炭吸附技术进行废水深度处理的可能性,采用活性炭固定床吸附技术对处理过和未经处理的生活污水中的雌三醇进行吸附研究,具有一定的可行性。但活性炭吸附效率受多种因素影响，主要有：

（1）自身特性，如空间结构和表面化学特性等；

（2）吸附质的理化性质，如浓度、极性、电荷电位和稳定性等；

（3）环境状况，如pH、温度及总悬浮物含量等；

（4）工艺流程，如接触系统及运行方式等。

Westerhoff等人研究了颗粒活性炭对三氯生、布洛芬、磺胺甲噁唑和双氯芬酸等的去除效果，发现去除率为10%~98%。Beltran等人采用活性炭吸附与臭氧氧化联用处理双酚酸，发现去除率得到明显提升。Nowotny等人采用粉末活性炭吸附污水处理厂出水中的PPCPs，发现PPCPs类的去除效果随粉末活性炭的添加浓度增加而增加：除显影剂外大部分药品在添加剂量为10mg/L的粉末活性炭条件下均有很好的去除效果；绝大部分药品包括除泛影酸外显影剂在添加剂量为70mg/L粉末活性炭的条件下，去除率能够达到99%左右，但是泛影酸在这两种粉末活性炭的添加剂量下去除效果均不明显。活性炭的吸附成本相对较高，且受回收率等限制。由于不同的有机物具有不同的理化性质，可以使用选择性透过膜对其进行分离，这种利用选择性透过膜对有机物进行分离的技术称为膜处理技术。膜过滤可以根据：

（1）渗透的物理化性质，如大小、极性等；

（2）膜的组成和化学结构；

（3）原理和方法，如过滤原理、驱动力等进行分类。

其中，药品与个人护理品类有机物能够被纳滤和反渗透有效去除，按照去除效果排序为：微滤（MF）<超滤（UF）<纳滤（NF）<反渗透（RO）。膜处理技术的处理效果受PPCPs的理化性质（如溶解度高低、分子量大小和电化学性质等）、滤膜性能（孔径和表面电荷等）和水质特性（pH和离子强度等）影响。Lee等人研究发现35种有机物经过反渗透（RO）处理工艺后，在出水中只有两种有机物超过了检测限，表明反渗透（RO）也能够有效去除PPCPs。Nighiem等人采用纳滤膜（NF-270和NF-90）和反渗透膜（BW-30）分离憎水性离子型化合物三氯生，10h之后发现在纳滤膜的渗透液中仍然能够检测到三氯生，但是采用反渗透膜的渗透液中未能检出三氯生，说明反渗透膜对三氯生有很好的过滤作用。

目前，高技术门槛和成本投入限制了膜处理技术在污水处理中的应用。物理去除方法对于高浓度有机废水有一定适用性，但对于微量甚至痕量级浓度的有机污染物难以达到预期效果。

1.2.2 生物处理

生物处理法主要利用微生物对有机污染物进行处理。微生物能将有机污染物作为碳源，经过厌氧和好氧作用降解有机污染物。王菊思等人研究了微生物降解

5类32种芳香化合物生物降解性,结果表明随着苯环取代基链的增长,可生物降解难度加大。活性污泥法及其衍生改良工艺由于简单经济且行之有效,是城市污水处理工艺中使用最广泛的方法。活性污泥以其独特的多孔结构、相对而言更大的比表面积和优越的吸附性能,能够很好吸附和去除水体中的悬浮物、絮凝物、胶体和可溶性的有机物质。活性污泥法主要通过污泥的吸附作用和生物转化去除 PPCPs 类有机污染物,污泥的泥龄对吸收作用有很大影响。大部分的 PPCPs 在城市污水处理系统中能够实现部分的去除,但是需要较长污泥泥龄(不小于 10d)的活性污泥才具有较好的去除效果。由于 PPCPs 形态结构的差异,降解过程对所需的活性污泥泥龄的要求也各不相同,如 2~5d 泥龄的活性污泥就可对抗生素磺胺甲恶唑起到明显的降解作用,5~15d 泥龄的污泥中才能看到对消炎药双氯芬酸的降解效果,但是在超过 20d 的活性污泥中卡马西平也不能被降解。而城市污水处理厂活性污泥的主要功能是去除 COD,污泥泥龄一般相对较短,实现不了去除 PPCPs 的目的。因此实际上污水处理厂主要通过污泥吸附去除 PPCPs,此时 PPCPs 大多以原形存在并没有实质性的降解,随着污泥施肥和填埋而继续对土壤和水体产生不良影响。Joss 等人在药物及香料的废水生物处理技术研究中发现,雌酮和雌二醇在好氧及厌氧条件下都能够被有效去除,但是好氧条件下的去除速率要高于厌氧条件。Kang 等人发现麝香类物质佳乐麝香和吐纳麝香在生物处理后出水中的水溶液中的浓度降低较大,说明这两种物质大部分存在于固相,即污泥中,可能的原因是麝香类物质具有较高的吸附性能。Kinney 等人在 9 个污水处理厂的活性污泥中均检出包括医药品、洗涤剂代谢物和防腐剂等多种水体有机污染物,且其浓度远高于相应出水中的浓度。Rosal 等人研究表明,含阻滞剂、脂质调节剂和抗生素的化合物在活性污泥处理中去除效率低于 20%。有研究表明,人工湿地对小分子的有机物去除能力十分有限。

1.2.3 化学降解

化学降解主要利用光化学、电化学和氧化法等化学方法,使有机污染物转化为易被生物降解利用的中间产物或者通过矿化作用直接生成 CO_2 和 H_2O。但是光化学的去除效率较低,而电化学的成本不经济,比较常用的是催化氧化法。用于去除 PPCPs 的氧化法分为常规氧化、高级氧化技术(AOP)等。常规氧化分为氯化和臭氧氧化。氯化一般应用于饮用水处理工艺中的消毒和低浓度 PPCPs 的去除,但对于地表和地下水体中残留的 PPCPs,其处理效果并不十分突出。Gibs 等人的研究,将萤蒽、异喹啉和五氯苯酚等 98 种药品加入饮用水处理厂的含有系统消毒残留物余氯 1.2mg/L 的出水中,结果表明对乙酰氨基酚、林可霉素等 22 种药品会在 1d 后再出水中已检测不到,其他约有 50 种药品在 10d 之后仍能够在出水中检测到,其中16种化合物的浓度降低了32%~92%。在臭氧氧化中,臭氧主要通过与有机污染物的不饱和键及中性烷基胺类等官能团发生反应,从而破坏污染物结构,再通过其他简单处理工艺将污染物彻底分解为CO_2和H_2O,从而达到去除污染物的目的。经过生物技术处理后污水中的有机污染物在臭氧与DOC的质量浓度比大于0.5时,就可以实现90%~99%去除率。但是,氯化和臭氧氧化都不可避免地存在二次污染等问题。

以羟基自由基($\cdot OH$)和硫酸根自由基(SO_4^-)为主要活性物质的高级氧化技术(AOPs)是新的通过氧化作用提高废水的可生化性能或者通过矿化作用直接对有机污染物进行降解的新型处理技术。$\cdot OH/SO_4^-$的氧化还原电位较高,可以利用自身的强氧化性能显著提高有机污染物的去除效果,并且受环境因素的限制较少,可以降解PPCPs等废水中的各种污染物,具有十分良好的应用前景,目前被广泛用于对各种难降解废水的处理。利用$\cdot OH$的强氧化性能来降解有机污染物的AOPs最先引起科学工作者的关注。$\cdot OH$氧化还原电位较高($E_0=1.89\sim2.72V$ vs. NHE),是强氧化剂,对有机污染物有很好的降解效果,但是$\cdot OH$相比于SO_4^-存在选择性比较差,半衰期极短($10^{-3}\mu s$),受基质组分(天然有机物、无机盐离子等)影响比较大等不足。以活化过硫酸盐($S_2O_8^{2-}$或PS)或者过一硫酸盐(PMS)产生的SO_4^-为主要活性物质的AOPs是引起广泛关注的新型高级氧化技术。过硫酸盐自身对有机污染物的氧化能力很弱,但在光、热、超声、过渡金属离子(Co^{2+}和Fe^{2+}等)等条件下,PS或者PMS可被激活产生SO_4^-,SO_4^-的氧化还原电位很高($E_0=2.5\sim3.1V$ vs. NHE),能对大部分的有机污染物产生降解作用,并且对于不同的物质降解效果差异很大,也即具有选择性。基于SO_4^-的AOPs与传统的处理工艺,以及以$\cdot OH$为代表的其他AOPs相比,具有以下显著的优势:

(1)过硫酸盐具有良好的稳定性,可在水体环境中保持较长的时间,甚至可达数周;

(2)过硫酸盐溶解度高,且密度比水大,因此其可与有机污染物充分反应;

(3)过硫酸盐相对利用率较高;

(4)不受pH值的影响,大部分有机污染物且降解效果最好的pH值条件在7附近,这与自然水体和污水处理厂的二级出水pH值较为接近,因此在中性水系中最好使用;

(5)SO_4^-的半衰期较长(30~40μs),增加了其与有机污染物接触时间,能充分降解有机污染物。

基于以上优点,活化过硫酸盐产生SO_4^-降解有机污染物的高级氧化技术引起了越来越多的关注。

1.3 基于·OH 和 SO_4^{-} 的高级氧化技术

$H_2O_2/S_2O_8^{2-}$ 在 UV、热、超声、过渡金属离子（Co^{2+} 和 Fe^{2+} 等）的活化作用下分解产生有强氧化性的·OH/SO_4^{-}，·OH/SO_4^{-} 可引发链式反应不断产生其他次生自由基，而后利用这些自由基通过氢-提取、自由基加成、电子转移等方式氧化有机污染物，降低其毒性和生态环境影响，甚至矿化为 CO_2、H_2O 和无机盐等产物。

1.3.1 高级氧化技术中·OH 和 SO_4^{-} 的生成

1.3.1.1 高级氧化技术中·OH 的生成

1894 年，Fenton 首次发现 H_2O_2 和 Fe^{2+} 的混合溶液能将酒石酸迅速氧化，标志着高级氧化技术的起源。Fenton 试剂中由于 H_2O_2 被 Fe^{2+} 催化分解生成了·OH，而产生的·OH 具有极强的氧化能力。加拿大科学家 Eisenhaner 于 1964 年首次将 Fenton 试剂应用到水处理中，随后大量的研究扩大了其应用范围。

传统的 AOPs 是以·OH 为主要的活性物质来降解污染物，除了芬顿试剂和类芬顿试剂法可以生成·OH 之外，臭氧及组合工艺法、半导体光催化氧化法、高铁酸盐类氧化法等也是高级氧化中常见的产生·OH 技术。

产生·OH 的工艺和技术已经非常成熟，本节主要就产生 SO_4^{-} 的工艺和技术进行详细综述和归纳。

1.3.1.2 高级氧化技术中 SO_4^{-} 的生成

过硫酸盐在 UV、热、超声、过渡金属离子（Co^{2+} 和 Fe^{2+} 等）的活化作用下能分解产生有强氧化性的 SO_4^{-}，SO_4^{-} 可引发链式反应不断产生其他次生自由基。SO_4^{-} 及次生自由基通过氧化作用降解有机污染物，降低其毒性和对生态环境影响，甚至可以矿化为 CO_2、H_2O 和无机盐等产物。下面介绍产生 SO_4^{-} 的主要技术方法。

A 热活化

过硫酸盐中的—O—O—键的键能大约在 140.2kJ/mol，—O—O—键在热活化的作用会发生断裂生成 SO_4^{-}，过硫酸盐生成 SO_4^{-} 的量子产率约为 2。热活化是最早开始研究，也是相对已经成熟的过硫酸盐活化方式，在地下水和土壤原位化学氧化修复中都有广泛的实践和应用，对于水体中的各类有机或者无机污染物均有很好的降解效果。

$$\text{heat} + S_2O_8^{2-} \longrightarrow 2SO_4^{-} \quad (1\text{-}1)$$

在 heat/$S_2O_8^{2-}$ 降解有机污染物的研究过程中,研究者们发现大部分污染物在升高温度的条件下,降解率和降解速率都会得到提升,但是也存在一部分污染物对温度不是很敏感,而且不同的污染物在不同的温度下其降解率和降解速率差别比较大。H. Hori 等人研究了全氟羧酸(PFCAs)在 heat/$S_2O_8^{2-}$ 体系中的降解情况,发现在密闭容器中使用 80℃热水降解 PFCAs 时没有任何效果,但是往体系中加入过硫酸盐后发现 PFCAs 显著地被降解,继续研究降低温度对 PFCAs 的降解影响发现,即使在温度降低条件下,PFCAs 在 heat/$S_2O_8^{2-}$ 体系中也能被有效降解,结果表明 heat/$S_2O_8^{2-}$ 产生的 SO_4^{-} 对 PFCAs 有很好的降解效果。Yongqing Zhang 等人的研究结果表明,对氯苯胺的降解速率随着温度升高与过硫酸盐的初始浓度的增大而显著地提高。

但是,在 heat/$S_2O_8^{2-}$ 降解有机污染物的实验研究中发现,并不是所有的有机污染物的降解速率都和温度正相关。H. Hori 等人发现,heat/$S_2O_8^{2-}$ 体系中全氟辛酸在体系控温在 80℃时的降解率比控温 150℃的要更高。K. C. Huang 等人用 heat/$S_2O_8^{2-}$ 处理二氯二氟甲烷和溴甲烷等 59 种挥发性有机物时发现,大部分去除效率随温度的增加而提高,但是仍然有六氯丁二烯等 22 种挥发性有机物不增反降。因此,在 heat/$S_2O_8^{2-}$ 降解有机污染物的过程中,温度的选择和控制十分有必要。

B 过渡金属离子活化

过渡金属离子与过硫酸盐可发生如下反应:

$$M^{n+} + S_2O_8^{2-} \longrightarrow M^{(n+1)+} + SO_4^{-} + SO_4^{2-} \tag{1-2}$$

其中过渡金属离子(如 Co^{2+}、Fe^{2+} 和 Mn^{2+} 等)通过 $M^{n+}/S_2O_8^{2-}$ 生成比过硫酸盐具有更高活性的 SO_4^{-},增强对有机污染物的降解性能,此活化在常温常压状态下即可进行。

Xiangrong Xu 等人发现,$Fe^{2+}/S_2O_8^{2-}$ 能加快水溶液中偶氮染料金橙 G 的降解,并且 $Fe^{2+}/S_2O_8^{2-}$ 相比于提高温度的 heat/$S_2O_8^{2-}$ 方式对降解偶氮染料金橙 G 更为高效。G. P. Anipsitakis 等人在研究使用 Co^{2+} 激发过一硫酸盐(PMS)降解水中有机污染物时发现只需极少量的 Co^{2+} 即可以激发过一硫酸盐产生 SO_4^{-},并且 Co^{2+}/PMS 体系中总有机碳(TOC)的下降速率比芬顿反应体系更快,矿化程度也比芬顿反应体系更高。但是,张金凤等人在研究 $Fe^{2+}/S_2O_8^{2-}$ 降解水溶液中敌草隆时发现,过量的 Fe^{2+} 能够增加 $S_2O_8^{2-}$ 的消耗,并与目标化合物竞争自由基,降低敌草隆的降解率。由此可知,使用 $M^{n+}/S_2O_8^{2-}$ 降解有机污染物的过程中,并不是过渡金属离子的浓度越高越好。因此选择合适过渡金属离子浓度就十分重要,还要兼顾降解效率和成本两个因素。

C UV 活化

研究表明,过硫酸盐在 UV 的照射下在室温条件就可以产生 SO_4^{-},其产生

SO_4^- 的量子产率为 1.4。Yating Lin 等人在使用低压汞灯产生的 UV（辐照强度主要集中于波长 254nm 处）激活过硫酸盐（$S_2O_8^{2-}$）降解水溶液中的苯酚实验时发现，在初始条件为（25±2）℃，苯酚的初始浓度为 0.5mmol/L 时，过硫酸盐的初始浓度为 84mmol/L，苯酚在 20min 内即被 $UV/S_2O_8^{2-}$ 降解完全。B. Neppolian 等人研究不同波长的辐射对过硫酸盐的活化作用时，发现 UV_{254nm} 对过硫酸盐的激活效果最好。日光中因含有 5%左右的紫外光，对 $S_2O_8^{2-}$ 也有一定的活化能力。B. Neppolian 等人实验发现，日光可在室温下激活过硫酸盐并产生一定数量的 SO_4^- 氧化三价砷。

J. Saien 等人在对比 UV/TiO_2、UV/H_2O_2 和 $UV/S_2O_8^{2-}$ 等技术对聚乙二醇辛基苯基醚的降解效果的研究中发现，$UV/S_2O_8^{2-}$ 具有更高降解速率。由此可见，在同样的初始条件下，$UV/S_2O_8^{2-}$ 对有机污染物的降解效率是最高的。$UV/S_2O_8^{2-}$ 降解有机污染物具有操作简单、方便高效、对环境无特殊要求，二次污染少、应用前景广阔的特点。因此，本书主要采用 UV/H_2O_2 和 $UV/S_2O_8^{2-}$ 研究 $·OH$ 和 SO_4^- 对目标化合物的降解。

D 零价铁活化

零价铁激活过硫酸盐的反应式可以表述为：

$$Fe^0 + 2S_2O_8^{2-} \longrightarrow Fe^{2+} + 2SO_4^- + 2SO_4^{2-} \quad (1-3)$$

$$Fe^{2+} + 2S_2O_8^{2-} \longrightarrow Fe^{3+} + SO_4^- + SO_4^{2-} \quad (1-4)$$

众多的实验结果表明，零价铁可以活化过硫酸盐产生自由基降解有机污染物。Zhao 等人在（20±1）℃下用零价铁激活 $S_2O_8^{2-}$ 生成 SO_4^- 降解 4-氯苯酚（4-CP），实验发现在过硫酸盐初始浓度为 3.12mmol/L 时，零价铁的初始质量浓度为 0.2g/L，4-氯苯酚在 60min 内被降解了 88%；同时发现随着零价铁初始质量浓度的提高体系中 Fe^{2+} 浓度也会随着增加，可能的主要原因是零价铁在体系中转化生成了 Fe^{2+} 进而活化 $S_2O_8^{2-}$ 降解有机污染物。S. Y. Oh 等人对比研究 $Fe^{2+}/S_2O_8^{2-}$ 和 $Fe^0/S_2O_8^{2-}$ 对 2,4-二硝基甲苯（DNT）的去除效果时，发现 $Fe^0/S_2O_8^{2-}$ 体系具有更好的降解效果，可能的原因是 $Fe^0/S_2O_8^{2-}$ 包括电子直接从零价铁转移到 $S_2O_8^{2-}$ 产生自由基和电子从铁表面吸附的 Fe^{2+} 或者铁氧化物中的 Fe^{2+} 转移到 $S_2O_8^{2-}$ 产生自由基两个部分。但是金属离子的浓度影响很大，SO_4^- 会受到过量的 Fe^{2+} 抑制，降低降解效率。

E 活性炭活化

活性炭（AC-C，Activated Carbon）是工业上应用十分广泛的吸附剂，同时 AC-C 自身也是优良的催化剂，并可以作为其他催化剂的载体。M. Kimura 等人认为 $AC-C/S_2O_8^{2-}$ 产生 SO_4^- 的反应式可以表示为：

$$AC-OOH + S_2O_8^{2-} \longrightarrow SO_4^- + HSO_4^- + AC-OO· \quad (1-5)$$

AC-C 成分比较复杂，可能包含一些金属灰分，因此在 AC-C/$S_2O_8^{2-}$ 体系中，也可能存在某些金属（或金属离子）活化过硫酸盐产生的 $SO_4^{-\cdot}$ 过程。作为吸附剂和催化剂载体的 AC-C 常用于与其他活化方式联合使用降解有机污染物。目前，AC-C 与其他活化方式联合活化 H_2O_2 降解有机污染物研究的较多，而 AC-C 与其他活化方式联合活化 $S_2O_8^{2-}$ 降解有机污染物的研究还不是很多。

Shiying Yang 等人研究了偶氮染料金橙 Ⅱ（AO7）在颗粒活性炭（GAC-C）/过硫酸盐体系中的降解，实验结果表明常温下偶氮染料金橙 Ⅱ（AO7）既能被 GAC-C/$S_2O_8^{2-}$ 体系显著降解，并且偶氮染料金橙 Ⅱ 的降解率随着 GAC-C 初始使用量和 $S_2O_8^{2-}$ 初始浓度的增加而增加，实验同时发现 AC-C 的吸附作用对有机污染物的降解具有非常强烈的抑制效果。S. G. Huling 等人在 GAC-C/$S_2O_8^{2-}$ 体系中降解甲基叔丁基甲醚（MTBE）时发现，甲基叔丁基甲醚降解率与 $S_2O_8^{2-}$ 投加速率成反比、与 GAC-C 投加量和 $S_2O_8^{2-}$ 的初始浓度成正比。

F 微波活化

微波能够实现分子水平上的能量传递，能量传递过程具有均匀、快速等特点。微波传递的能量可以激发 $S_2O_8^{2-}$ 生成高活性的 $SO_4^{-\cdot}$，量子产率为 2。与传统的 heat/$S_2O_8^{2-}$ 相比较，微波的能量传递激发 $S_2O_8^{2-}$ 降解有机污染物的特点主要有能垒低、时间短、速率快、效率高，高选择性等特点。温度对微波活化 $S_2O_8^{2-}$ 影响很大，因此微波活化过程中控制合适的温度十分有必要。Y. C. Lee 等人发现全氟辛酸（PFOA）在微波/$S_2O_8^{2-}$ 体系中能够被很好地降解和矿化，全氟辛酸的脱氟和降解过程都符合伪一级反应动力学方程，与传统的 heat/$S_2O_8^{2-}$ 体系相比较，微波/$S_2O_8^{2-}$ 体系的能耗可以下降一半以上。Lei Zhang 等人在使用微波/$S_2O_8^{2-}$ 体系降解我国广泛使用的农药乐果的研究中发现，微波/$S_2O_8^{2-}$ 体系对农药乐果具有很好的降解效果，相比于光活化，微波活化 $S_2O_8^{2-}$ 具有更高的活化效果。C. Costa 等人研究了微波活化作为常规过硫酸盐活化方式替代方案的可行性，在较短的辐照时间内即达到很好的分解速率，显示出了良好的动力学特性，在温度和微波功率受控的条件下微波/$S_2O_8^{2-}$ 的分解速率要比常规热活化的方式快 3~4 倍，同时还发现提高微波的功率水平，但是反应速率并没有明显改变，说明微波活化效率的提高只能通过向反应介质快速地提供大量能量而获得。

G 复合活化方式

单一活化方式具有自身的缺陷和限制因素，因此开发高效的复合活化方式成为近年来的热点。大量的实验数据表明，复合活化方式能够克服单一活化方式的缺陷，相比于单一活化方式更为高效。H. R. Memarian 等人在 heat/$S_2O_8^{2-}$ 降解乙腈溶液中二氢嘧啶（DHPMs）类物质时引入频率 24kHz 的超声波，实验结果表明 DHPMs 在超声波和热组合活化过硫酸盐体系中的降解率要比仅仅使用热活化的体系高出很多。Liwei Hou 等人在磁铁矿（Fe_3O_4）活化 $S_2O_8^{2-}$ 的非均相体系降解四环素的实验中进行超声波辐照，实验结果显示当过 $S_2O_8^{2-}$ 浓度和超声波功率处于最佳值时，能够实现四环素的最优降解四环素 1.5h 的降解率可以达到 89.0%。W. Chu 等人用 UV/H_2O_2 和 $S_2O_8^{2-}$ 混合溶液降解碘化 X 射线造影剂（ICM）碘普罗胺时，考察了氧化剂剂量、给药顺序和非目标有机物质对降解的影响，其中连续地向 UV/H_2O_2 体系中加入 $S_2O_8^{2-}$ 或向 $UV/S_2O_8^{2-}$ 体系中加入 H_2O_2 对碘普罗胺的降解效果都不如 UV/H_2O_2 和 $S_2O_8^{2-}$ 混合溶液体系的效果好，主要原因是已经生成的 $SO_4^{\cdot-}$ 被新加入的 H_2O_2 淬灭了，反之亦然。

此外，过一硫酸盐也能通过 UV、M^{2+} 等活化方式产生 $SO_4^{\cdot-}$。而最新的研究进展发现，某些有机化合物如苯醌也能够活化 $S_2O_8^{2-}$ 和 HSO_5^- 产生 $SO_4^{\cdot-}$ 氧化降解有机污染物。

1.3.2 反应体系中自由基的鉴定

对苯二甲酸（TPA）不发荧光，由于其对称结构的特性，在与羟基的反应中产生单一的荧光产物 2-羟基对苯二甲酸（HTPA），TPA 已被用于通过荧光测定法测量羟基自由基。

过硫酸盐被热、UV、超声波等激活生成的 $SO_4^{\cdot-}$ 可以通过与 OH^- 或 H_2O 两个反应途径生成 $\cdot OH$。许多学者通过电子顺磁共振仪（ESR）捕获实验，证明了碱性条件下（pH>8.5）可以诱导 $SO_4^{\cdot-}$ 生成 $\cdot OH$。

碱性 pH： $\quad\quad\quad\quad SO_4^{\cdot-} + OH^- \longrightarrow \cdot OH + SO_4^{2-}$ \quad\quad (1-6)

全部 pHs： $\quad\quad\quad\quad SO_4^{\cdot-} + H_2O \longrightarrow \cdot OH + SO_4^{2-} + H^+$ \quad\quad (1-7)

Norman 等人报道，相比于 $SO_4^{\cdot-}$ 与 OH^- 的二级反应速率常数（6.5±1.0）×10^7（mol/L）$^{-1}\cdot s^{-1}$，$SO_4^{\cdot-}$ 与 H_2O 的反应速率常数则非常的低 [$k[H_2O]$ = 8.3(mol/L)$^{-1}\cdot s^{-1}$]。$SO_4^{\cdot-}$ 和 $\cdot OH$ 均具有很强的氧化性，可对有机污染物进行氧化降解，但是与有机污染物的反应速率常数可能存在差别，且在反应特性上也存在差异。因此，虽然 ESR 可以鉴定自由基的存在，但是为了明确活化过硫酸盐降解有机污染物的反应机制，判断反应体系中何种自由基占主导作用，反应过程中是否有 $\cdot OH$ 存在，以及 $SO_4^{\cdot-}$ 在反应体系中的作用，需要对体系存在的各种自由基进行研究和鉴定。在芬顿反应中，对使用化学探针法测定 $\cdot OH$ 的产率已有很多研究。苯甲醚、苯甲酸、苯和苯酚，这四种化合物与 $\cdot OH/SO_4^{\cdot-}$ 的二级反应速率常数都很高 [大于1×10^9（mol/L）$^{-1}\cdot s^{-1}$]，对 $\cdot OH$ 和 $SO_4^{\cdot-}$ 都有很强的抑制作用。硝基苯和叔丁醇（t-butanol）与 $\cdot OH$ 的二级反应速率常数 $k_{\cdot OH}$ 都相比于和 $SO_4^{\cdot-}$ 的 $k_{SO_4^{\cdot-}}$ 大 3 个数量级以上，因此非常适合作为 $\cdot OH$ 的抑制剂。常用的可以用作化学探针的化合物及与 $\cdot OH/SO_4^{\cdot-}$ 的二级反应速率常数 k，见表 1-1。

表 1-1 常用探针化合物与 $\cdot OH/SO_4^{-\cdot}$ 的二级反应速率常数

探针化合物	二级反应速率常数/$(mol/L)^{-1}\cdot s^{-1}$	
	$\cdot OH$	$SO_4^{-\cdot}$
苯酚	6.6×10^9	8.8×10^9
苯甲醚	7.8×10^9	4.9×10^9
苯甲酸	4.2×10^9	1.2×10^9
苯	7.8×10^9	$(2.4\sim 3.0)\times 10^9$
乙醇	$(1.2\sim 2.8)\times 10^9$	$(1.6\sim 7.7)\times 10^7$
丙醇	2.8×10^9	6.0×10^7
甲醇	9.7×10^8	3.2×10^6
硝基苯	9.7×10^8	$<10^6$
叔丁醇	$(3.8\sim 7.6)\times 10^8$	$(7.0\sim 9.1)\times 10^5$

Anipsitakis 等人的研究表明含有 α-H 的醇类，如乙醇能够迅速地淬灭 $\cdot OH$ 和 $SO_4^{-\cdot}$ 而终止氧化反应，其中乙醇与 $SO_4^{-\cdot}$ 和 $\cdot OH$ 的二级反应速率常数分别为 $(1.6\sim 7.7)\times 10^7$ $(mol/L)^{-1}\cdot s^{-1}$、$(1.2\sim 2.8)\times 10^9$ $(mol/L)^{-1}\cdot s^{-1}$，两者比较接近。而不包含 α-H 的醇，如叔丁醇（t-butanol）也可以作为 $\cdot OH$ 的有效抑制剂，t-butanol 与 $\cdot OH$ 的二级反应速率常数为 $(3.8\sim 7.6)\times 10^8$ $(mol/L)^{-1}\cdot s^{-1}$，相比于 t-butanol 与 $SO_4^{-\cdot}$ 的二级反应速率常数 $(7.0\sim 9.1)\times 10^5$ $(mol/L)^{-1}\cdot s^{-1}$ 快约 3 个数量级。因此，通过竞争动力学以特定化合物为化学探针，利用反应速率的不同来判断研究和鉴别自由基。

Yang 等人用微波活化过硫酸盐降解金橙 II 和王萍使用热活化过硫酸盐降解金橙 II 的研究中都发现，$SO_4^{-\cdot}$ 和 $\cdot OH$ 均存在于体系中，并且都参与了金橙 II 的降解过程，但是 $SO_4^{-\cdot}$ 是体系中最重要的活性自由基，在降解金橙 II 的过程中起主要作用。张金凤等人在 Fe(II)/$K_2S_2O_8$ 体系中降解敌草隆的实验结果表明，Fe(II)/$K_2S_2O_8$ 体系中存在 $SO_4^{-\cdot}$ 和 $\cdot OH$ 两种主要自由基，其中 $SO_4^{-\cdot}$ 是由 Fe(II) 与 $K_2S_2O_8$ 作用生成的，$\cdot OH$ 主要通过以下两个途径：

(1) 酸性条件下，$K_2S_2O_8$ 水解生成 H_2O_2 再被 Fe(II) 活化生成 $\cdot OH$；

(2) Fe(II) 与 $K_2S_2O_8$ 生成的 $SO_4^{-\cdot}$ 与 H_2O 反应等链传递过程生成 $\cdot OH$。

Liang 等人使用硝基苯作为化学探针鉴定了不同 pH 值下热活化过硫酸盐体系中的自由基种类，硝基苯与 $\cdot OH$ 的反应速率是 $SO_4^{-\cdot}$ 的 3000~3900 倍，结果表明：当 pH<7 时，主要自由基是 $SO_4^{-\cdot}$；pH=9 时，$SO_4^{-\cdot}$ 和 $\cdot OH$ 共同存在，而在碱性条件下以 $\cdot OH$ 为主导。

1.3.3 ·OH 和 $SO_4^{-\cdot}$ 的生命周期

1.3.3.1 ·OH 的生命周期

A 起始阶段

过氧化氢经 UV、热、超声波、过渡金属离子（Co^{2+} 和 Fe^{2+} 等）活化作用导致分子结构中—O—O—键断裂，分解生成 ·OH。反应式如下：

$$H_2O_2 \xrightarrow{h\nu/heat} 2SO_4^{-\cdot} \tag{1-8}$$

$$H_2O_2 + Me^{n+} \longrightarrow Me^{(n+1)+} + 2\cdot OH \tag{1-9}$$

B 传播阶段

·OH 通过一系列的自由基链式传递过程生成其他的次生自由基，此过程中的主要反应包括：

$$H_2O_2 + \cdot OH \longrightarrow HO_2^{\cdot} + H_2O \tag{1-10}$$

$$\cdot OH + HO_2^{-} \longrightarrow HO_2^{\cdot} + OH^{-} \tag{1-11}$$

$$\cdot OH + RH \longrightarrow R^{\cdot} + H_2O \tag{1-12}$$

$$R^{\cdot} + H_2O_2 \longrightarrow HO_2^{\cdot} + H^+ + R \tag{1-13}$$

C 终止阶段

当体系中绝大部分有机污染物都被氧化或者矿化之后，体系中存在的过多自由基会通过相互之间快速的化学反应被淬灭。

$$\cdot OH + \cdot OH \longrightarrow 反应终止 \tag{1-14}$$

$$\cdot OH + R^{\cdot} \longrightarrow 反应终止 \tag{1-15}$$

$$2R^{\cdot} \longrightarrow 反应终止 \tag{1-16}$$

1.3.3.2 $SO_4^{-\cdot}$ 的生命周期

A 起始阶段

过硫酸盐经 UV、热、超声波、过渡金属离子（Co^{2+} 和 Fe^{2+} 等）活化作用导致分子结构中—O—O—键断裂，分解生成 $SO_4^{-\cdot}$。反应式如下：

$$S_2O_8^{2-} \xrightarrow{h\nu/heat} 2SO_4^{-\cdot} \tag{1-17}$$

$$S_2O_8^{2-} + Me^{n+} \longrightarrow Me^{(n+1)+} + SO_4^{-\cdot} + SO_4^{-} \tag{1-18}$$

B 传播阶段

$SO_4^{-\cdot}$ 通过一系列的自由基链式传递过程生成其他的次生自由基，此过程中的主要反应包括：

$$SO_4^{-\cdot} + S_2O_8^{2-} \longrightarrow S_2O_8^{-\cdot} + SO_4^{2-} \tag{1-19}$$

$$SO_4^{-\cdot} + H_2O \longrightarrow \cdot OH + HSO_4^{-} \tag{1-20}$$

$$SO_4^{-} + OH^{-} \longrightarrow \cdot OH + HSO_4^{-} \tag{1-21}$$

$$SO_4^{-} + RH \longrightarrow R\cdot + HSO_4^{-} \tag{1-22}$$

$$\cdot OH + RH \longrightarrow R\cdot + H_2O \tag{1-23}$$

$$R\cdot + S_2O_8^{2-} \longrightarrow SO_4^{-} + HSO_4^{-} + R \tag{1-24}$$

在任何 pH 值条件下，$SO_4^{-}+H_2O[k=8.3(mol/L)^{-1}\cdot s^{-1}]$ 和 $SO_4^{-}+OH^{-}$ $[k=6.5\times10^7(mol/L)^{-1}\cdot s^{-1}]$ 的反应都会发生，因此在溶液体系中 SO_4^{-} 存在时会伴生 $\cdot OH$。但 pH 值会影响过硫酸盐体系中自由基的组成，主要是影响 SO_4^{-} 与 $\cdot OH$ 相对转化，在 pH>7 的碱性环境下溶液体系中 SO_4^{-} 与 OH^{-} 生成 $\cdot OH$ 的反应得以加强，$\cdot OH$ 的存在量迅速上升，在酸性比较强的体系 OH^{-} 的量相对较少，主要以 SO_4^{-} 与 H_2O 反应为主，但是 SO_4^{-} 与 H_2O 的二级反应速率常数极低 [$k=8.3$ $(mol/L)^{-1}\cdot s^{-1}$]，因此体系中的 SO_4^{-} 是主要存在的自由基，$\cdot OH$ 和 SO_4^{-} 都能很好地降解有机污染物。因此，激活过硫酸盐产生硫酸根自由基降解有机污染物的 AOPs 对 pH 值的变化不敏感。

C 终止阶段

当体系中绝大部分有机污染物都被氧化或者矿化之后，体系中存在的过多自由基会通过相互之间快速的化学反应被淬灭。

$$SO_4^{-} + \cdot OH \longrightarrow 反应终止 \tag{1-25}$$

$$SO_4^{-} + R\cdot \longrightarrow 反应终止 \tag{1-26}$$

$$2SO_4^{-} \longrightarrow 反应终止 \tag{1-27}$$

$$\cdot OH + R\cdot \longrightarrow 反应终止 \tag{1-28}$$

$$2\cdot OH \longrightarrow 反应终止 \tag{1-29}$$

$$2R\cdot \longrightarrow 反应终止 \tag{1-30}$$

1.3.4 $\cdot OH$ 和 SO_4^{-} 降解有机物的机理

对 $\cdot OH$ 和 SO_4^{-} 降解有机污染物的反应机理研究，可通过实验和量子化学计算等方法来实现。实验方法主要有通过电子顺磁共振仪（ESR）、瞬态光谱仪、质谱仪器等分析。量子化学计算的方法主要是通过密度泛函方法（DFT）和过渡态理论等计算和模拟。Caregnato 等人用 DFT 方法研究了 SO_4^{-} 氧化没食子酸的摘氢和加成反应途径，并用实验验证了理论计算的产物。Yang 等人用 DFT 方法理论计算并对比研究了 $\cdot OH$ 和 SO_4^{-} 与布洛芬反应途径的差异。大量研究表明，$\cdot OH$ 和 SO_4^{-} 与有机污染物发生的第一步反应主要有自由基加成（add, addition）、摘氢（H-ab, Hydrogen atom abstraction）和单电子转移（SET, Single Electron Transfer）等三大途径，其反应机理总结如下。

(1) 自由基加成反应：自由基能够加成到苯环、烷链 C=C 等不饱和 C 键上。

(2) 氢提取反应：芳香类化合物取代基、醇类、烷烃、醚和酯类化合物的氢原子能被自由基提取。

(3) 单电子转移：$SO_4^{-\cdot}$ 与芳香类化合物能够发生单电子转移。

自由基与目标化合物反应的中间产物可以通过电子顺磁共振仪（ESR）、瞬态光谱仪、质谱仪器等分析，进而推断优势反应途径。·OH 被认为可能的优势反应途径是自由基加成和氢提取，与目标化合物的单电子转移发生难度比较大。多数学者认为，$SO_4^{-\cdot}$ 与醇类、烷烃、醚和酯类化合物主要通过氢提取方式，$SO_4^{-\cdot}$ 与含不饱和双键的烯烃类化合物的主要反应途径是自由基的加成反应，而 $SO_4^{-\cdot}$ 与芳香类化合物的主要反应途径是电子转移。Padmaja 等人测量了 $SO_4^{-\cdot}$ 与烷烃、烯烃、醇、醚和胺在 95% 的乙腈溶液中的反应速率常数，取代反应的反应速率常数约在 $1\times10^6 (mol/L)^{-1} \cdot s^{-1}$，加成和电子转移的反应速率常数则在 $1\times10^7 \sim 1\times10^9 (mol/L)^{-1} \cdot s^{-1}$，解释了 $SO_4^{-\cdot}$ 与烯烃类化合物的主要反应途径是自由基加成。Huie 等人通过激光闪光光解仪测定了 $SO_4^{-\cdot}$ 与 C_3—C_6 环状单酯和二酯在不同温度下的反应速率，实验结果显示相比于烷烃，酯类与 $SO_4^{-\cdot}$ 更易发生氢提取反应，可能的解释是 C—H 键的强度对 $SO_4^{-\cdot}$ 的反应速率有很大的影响，而酯类环上 α 碳上的 C—H 键相对较弱。George 等人采用激光闪光光解法测定了 $SO_4^{-\cdot}$ 与醚、醇、酯类等 VOCs 的反应速率常数，$SO_4^{-\cdot}$ 由过硫酸盐的光解产生，$SO_4^{-\cdot}$ 的浓度通过时间分辨光谱技术跟踪其光吸收的监测，证明了硫酸根自由基与醇、醚、酯等 VOCs 的主要反应途径是氢提取。Khusan 等人则是通过 $SO_4^{-\cdot}$ 与各种烷烃、醇、醚、酯等反应过渡态的量子化学计算出相应反应的活化能，发现了反应活化能与目标物 C—H 键的强度的相关性，证明了 $SO_4^{-\cdot}$ 与烷烃、醇、醚、酯等有机化合物的主要反应途径是氢提取。Beitz 等人对比研究了 ·OH 与 $SO_4^{-\cdot}$ 的反应机理，认为 $SO_4^{-\cdot}$ 与芳香族化合物的反应途径是电子转移。Neta 等人通过脉冲辐射光谱技术

测定了 SO_4^{-} 与多种芳香族化合物的反应速率常数（k），解释了 SO_4^{-} 与芳香类化合物的主要反应途径是电子转移。储高升等人采用激光光解和脉冲辐解两种技术的相互验证及空白对照、pH 值对照实验解释了水及水-乙腈混合溶液中 SO_4^{-} 与酪氨酸（TyrOH）的反应机理，借助 ·OH 与 TyrOH 的加成反应确证了直接电子转移是 SO_4^{-} 与酪氨酸（TyrOH）之间主要反应途径的机理。SO_4^{-} 与目标化合物的反应速率和选择性受有机物的特征官能团的影响。

之前一般认为，自由基与芳香族化合物的加成反应主要发生在不饱和键中，而氢摘除途径主要位于带有氢原子的基团上，而苯环上的氢不易被自由基摘除。然而，Galano 团队研究表明 edaravone、caffeine、α-mangostin 等苯环上一些位置受取代基影响，与 ·OH 并不会发生自由基加成反应。Gao 等人在雌激素与 ·OH 加成反应的研究中也发现了类似情况。Yang 等人通过计算分析发现，PCB192 受 Cl 取代的影响，使得环上取代位置上含不饱和键的碳原子并且也不能发生自由基加成反应。而在摘氢反应途径中，某些基团也可能存在类似的情况。相比于自由基加成和氢提取，SET 是化学反应中最快速的反应途径。Neta 和 Zemel 等人利用脉冲辐射光谱的方法，鉴定中间产物并推测 SO_4^{-} 与芳香类化合物可能是通过电子转移的方式进行。但量子化学计算的结果并不完全支持 SO_4^{-} 与芳香类化合物主要反应途径是电子转移的结论。量子 ·OH 和 SO_4^{-} 不同的反应活性和反应途径来源于两种自由基的内在差异。

目前，对于 SO_4^{-} 和 ·OH 降解有机污染物大多关注于实验方法去除有机污染物的效率和动力学过程的研究，缺乏结合模型预测、量子化学计算和实验验证的方法综合分析和揭示 ·OH/SO_4^{-} 降解这类新兴有机污染物的降解动力学特征、反应途径、降解机理的研究。

1.4 环境基质对自由基降解的影响

环境条件（如 pH 值、碱度等）和环境基质（如无机阴离子和有机质等）都会对 ·OH 和 SO_4^{-} 降解有机污染物产生一定的影响。

1.4.1 pH 的影响

在碱性条件下 H_2O_2 产生 ·OH 的体系中，H_2O_2 会解离生成 HO_2^{-}，HO_2^{-} 与 ·OH 的二级反应速率常数 [$7.5 \times 10^9 (mol/L)^{-1} \cdot s^{-1}$] 比 H_2O_2 与 ·OH [$2.7 \times 10^7 (mol/L)^{-1} \cdot s^{-1}$] 高两个数量级，与目标化合物竞争自由基的能力更强，因而目标化合物的降解速率可能会受到抑制。Tan 等人发现，在 pH 值中性条件下醋氨酚在 UV/H_2O_2 体系中的降解有最大的表观反应速率常数（k_{obs}），而酸性和碱性条件下醋氨酚的降解都受到抑制。随着 pH 值的上升，$S_2O_8^{2-}$ 体系中 OH^{-} 逐渐增多，OH^- 能够捕捉 SO_4^{2-} 并与之反应生成 $\cdot OH$，因而随着 pH 值的上升，体系中 $\cdot OH$ 的比例上升，而 $SO_4^{\cdot -}$ 下降。反应 pH 值条件还会影响体系中目标化合物的存在形态，不同形态的目标化合物可能因结构性质差异而具有与 $\cdot OH/SO_4^{\cdot -}$ 不同的二级反应速率常数，最终表现在影响体系中目标化合物的降解速率。Tan 等人发现，pH 值在 3~7 时醋氨酚在 $UV/S_2O_8^{2-}$ 体系降解速率被抑制，而当 pH>7 时，醋氨酚的降解速率又逐渐上升，这与醋氨酚在不同 pH 值条件下的存在形态有一定的关系。但是部分研究同样发现，碱性条件下目标化合物在 $UV/S_2O_8^{2-}$ 体系的降解效率却提升。可见，目标化合物在不同 pH 值条件下的降解速率受体系中 $\cdot OH/SO_4^{\cdot -}$ 的浓度及目标化合物形态的影响。

1.4.2 无机离子的影响

环境中常见的无机离子（主要是浓度相对较高的无机阴离子，如 Cl^-、SO_4^{2-}、NO_3^- 和 HCO_3^- 等）对 $\cdot OH/SO_4^{\cdot -}$ 降解目标化合物有重要的影响，它们能够淬灭 $\cdot OH/SO_4^{\cdot -}$ 或者受紫外光激发而生成新的自由基。NO_3^- 一方面能够与 $\cdot OH/SO_4^{\cdot -}$ 反应淬灭自由基，另一方面又能够被 UV 辐照以较低的量子产率产生 $\cdot OH$。张文兵等人发现，NO_3^- 在 UV/H_2O_2 体系中抑制了 4-硝基苯酚的降解；HCO_3^-/CO_3^{2-} 能够捕获 $\cdot OH/SO_4^{\cdot -}$ 生成氧化活性更低的 $CO_3^{\cdot -}$，从而抑制目标化合物的降解。Tan 等人发现 HCO_3^- 对 UV/H_2O_2 体系中醋氨酚的降解有抑制作用。Cl^- 能够淬灭 $\cdot OH/SO_4^{\cdot -}$，并经过系列链式反应生成具有一定氧化能力的次生氯自由基。$Cl\cdot$ 是一种选择性的强氧化剂，对含有芳香基团和含富电子基团的化合物有较高的反应活性。$Cl_2^{\cdot -}$ 和 $Cl\cdot$ 具有较强的氧化能力，氧化还原电位分别为 2.0V 和 2.47V。有研究表明，在某些情况下 $Cl\cdot$ 与有机物的反应活性比 $\cdot OH/SO_4^{\cdot -}$ 的高。如 $Cl\cdot$ 与三种取代芳烃，甲苯、苯甲酸和氯苯的反应速率比 $\cdot OH$ 的更快。$Cl_2^{\cdot -}$ 的氧化性小于 $Cl\cdot$，但是也可以选择性地与有机物反应。Cl^- 淬灭 $\cdot OH/SO_4^{\cdot -}$ 降低体系中能够与污染物反应的自由基浓度，另一方面生成的 $Cl\cdot$ 和 $Cl_2^{\cdot -}$ 等次生氯自由基具有一定的氧化性，能够继续氧化污染物，这两方面综合作用导致体系中目标化合物的降解变化。

自然水中的金属离子因浓度极低对 $\cdot OH/SO_4^{\cdot -}$ 降解目标化合物的作用可以忽略，研究发现适当浓度的过渡态金属离子（如 Cu^{2+}）能够促进有机物的降解，但是在高浓度废水过多的金属离子能够淬灭 $\cdot OH/SO_4^{\cdot -}$ 而抑制有机物的降解。Lipczynska-Kochany 等人发现，在无机阴离子对芬顿体系中 4-氯苯酚降解的抑制效果为：$ClO_2^- > NO_3^- > SO_4^{2-} > Cl^- \gg HPO_4^{2-} > HCO_3^-$。Xie 等人研究发现 $heat/S_2O_8^{2-}$ 体系中对苯胺降解的抑制影响为：$SO_4^{2-} > NO_3^- > Cl^- > HCO_3^-$。Deng 等人发现 SO_4^{2-} 和 NO_3^- 对 $UV/S_2O_8^{2-}$ 体系卡马西平的降解没有影响，而 Cl^- 有轻微的抑制作用，HCO_3^- 则有明显的抑制作用。无机离子尤其是无机阴离子对自由基降解效率的影响表明，实际污水中含有的各种离子对高级氧化处理效果的影响需要关注。

以上研究表明离子对自由基降解在不同的化合物之间存在差异，其影响机制也尚未有定论。针对无机阴离子对目标化合物降解的影响差异，需根据实验和动力学分析深入研究其影响机制。

1.4.3 有机质的影响

水环境溶解性天然有机质（NOM，Natural Organic Matters），是一类成分复杂、组分未知的混合有机物，广泛存在于天然水体和处理后的污水中。NOM既具有羧基、酚基等亲水基团，又含有脂肪碳链、芳香环等疏水基团，对芳香类污染物在水中环境化学行为有重要影响。NOM分子量从几千u到几万u，通常把有机质中可以通过 0.46μm 以下的孔径定义为溶解性有机质（DOM，Dissolved Organic Matters）。天然水体中DOM的总有机碳（TOC，Total Organic Carbon）质量浓度范围在 0.5~50mgC/L，DOM中主要成分为腐殖质，占总有机碳含量的 60%~80%，其中最重要的成分为腐殖酸和富里酸，占DOM总量的 25%~50%。

DOM/NOM影响高级氧化的途径主要为DOM产生活性氧、DOM与有机物结合及DOM与自由基反应。DOM/NOM在光照下能发生光敏化反应，产生 $\cdot OH$、$^1O_2$、$^3DOM^*$ 等活性氧组分，是自然界水体中 $\cdot OH$ 的一个重要来源，这些活性氧组分能与环境中的有机物反应，影响水体中污染物的降解行为，更有效地促进有机污染物的光降解。例如，Fang等人发现DOM能够提高过硫酸盐对PCB28的去除效率。然而，也有一些研究发现DOM能抑制有机污染物的光降解。DOM能与 $\cdot OH/SO_4^{-}$ 等自由基反应，消耗体系中的自由基。Lutze等人研究了DOM对 $\cdot OH/SO_4^{-}$ 氧化降解氯代杀虫剂的影响，发现当胡敏酸存在时，$\cdot OH$ 氧化降解氯代杀虫剂的降解效率低于 SO_4^{-}。他们测定的DOM与 $\cdot OH$ 和 SO_4^{-} 的二级反应速率常数值分别为 $6.8\times10^3 L/(mgC\cdot s)$ 和 $1.4\times10^4 L/(mgC\cdot s)$，$SO_4^{-}$ 的反应常数限值高于 $\cdot OH$。而Bu等人研究发现，添加腐殖酸后会抑制 $UV/S_2O_8^{2-}$ 体系中奥卡西平的降解速率，认为腐殖酸可能较容易与自由基反应，因而消耗自由基导致降解速率下降；另外，腐殖酸能够吸收UV导致光活化 $S_2O_8^{2-}$ 效率下降，减少 SO_4^{-} 产生。Luo等人利用 $UV/S_2O_8^{2-}$ 体系降解2,4,6-三氯苯甲醚的研究也表明NOM吸收了UV导致降解速率下降，抑制率与NOM的浓度正相关，当NOM浓度从 0.2mgC/L 提高到 3mgC/L，降解速率从 $1.71\times10^3 s^{-1}$ 下降到 $0.08\times10^3 s^{-1}$。所以NOM/DOM也是 $\cdot OH/SO_4^{-}$ 的捕获剂，可以与目标污染物竞争自由基进而导致污染物的降解速率下降。

DOM/NOM结构复杂，组分间分子量在 100~100000u（1u=1Da）。近年来，研究者利用体积排阻色谱法（SEC，Size Exclusion Chromatography）、超滤（UF，Ultrafiltration）、超速离心法（UE，Ultraeentrifugation）、流场分离（flow field-flow fractionation)等按分子量大小（M_w, molecular weight）或体积将 DOM 分离。Sarathy 等人用超滤膜将 DOM 按分子量分离后发现分子量大的 DOM 更容易与 ·OH 反应，并分解为更小的 DOM。Dong、Lee 等人利用 UF 和 SEC 方法，发现 DOM 与 ·OH 的二阶反应速率常数随表观分子量增大而降低，废水处理中小分子量的 DOM 对高级氧化影响较大。但关于 DOM 分子极性对 SO_4^- 氧化降解的影响，目前尚未有报道。因此，DOM 与 ·OH 和 SO_4^- 作用机理及影响研究将有助于实际污水处理中效率的提高。

1.5 本书概述及主要内容

1.5.1 本书概述

以 PPCPs 为代表的新兴有机污染物是一类与人类密切相关的新兴有机污染物。这类物质在环境中通常化学性质稳定、残留时间长、环境浓度低，但不易被降解，对生态环境将会造成直接危害或具有潜在威胁。近年来，PPCPs 的降解和去除研究已成为环境领域的热点。传统的处理方法如混凝→沉淀→过滤工艺等难以去除 PPCPs 或者去除效率不理想。而高级氧化技术利用生成的高氧化性和高反应活性的自由基氧化降解有机污染物，具有高效和快速的特点，显示出处理 PPCPs 的潜在优势。

以 ·OH 和 SO_4^- 为主要活性物质的高级氧化技术（AOPs）是近年来兴起的通过自由基氧化作用对有机污染物进行降解的新型处理技术。其中，以 ·OH 为活性物质的高级氧化技术是传统的高级氧化技术，而新兴的以 SO_4^- 为活性物质的高级氧化技术的研究则起步较晚，但 SO_4^- 在有机污染物降解领域中已展现出一定的潜在优势。目前，·OH/SO_4^- 降解 PPCPs 的研究仍然有一些问题没有解决，如反应体系中 ·OH 和 SO_4^- 对污染物降解的贡献不确定，·OH/SO_4^- 对有机污染物的降解机理、反应活性位点和主要反应途径不明确，影响因素分析缺乏简单、高效和实用的降解动力学模型，复杂环境基质对 SO_4^- 降解 PPCPs 的影响机制尚缺乏深入系统的研究等。与此同时，有关自由基氧化降解 PPCPs 的研究大多基于实验方法，结合量子化学计算研究自由基降解新兴有机污染物的动力学和降解机理尚不多见。上述问题如果长期得不到解决将会限制基于自由基的高级氧化技术的实际应用。

本书以 UV/H_2O_2 和 $UV/S_2O_8^{2-}$ 降解代表性新兴有机污染物的实验为基础，结合模型预测、量子化学计算等先进手段，研究 PPCPs 的降解动力学、热力学及其降解机理，为新兴有机污染物 $UV/S_2O_8^{2-}$ 高级氧化技术的开发提供科学依据，具有重要的理论价值。

1.5.2 本书主要内容

本书以 UV/H_2O_2 和 UV/$S_2O_8^{2-}$ 降解代表性 PPCPs 的实验为基础，采用模型预测、量子化学计算和实验验证相结合的方法，鉴定反应体系中的主要活性物质，明确有机污染物的主要活性位点，系统地研究和对比了传统的以 ·OH 为活性物质高级氧化技术和新兴的以 SO_4^{-} 为活性物质的高级氧化技术降解 PPCPs 的动力学特征、优势反应途径及降解机理，并对影响因素的作用进行了分析和预测。考虑 UV/$S_2O_8^{2-}$ 降解 PPCPs 的实际应用，还系统研究了复杂环境基质（无机阴离子和有机质）对体系中 PPCPs 降解动力学的影响机制，为 UV/$S_2O_8^{2-}$ 高级氧化技术在含 PPCPs 废水中的应用提供科学依据。图 1-1 为典型新兴有机污染物 PPCPs 的降解机制。

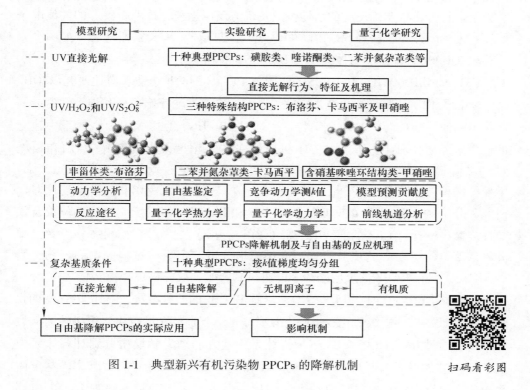

图 1-1　典型新兴有机污染物 PPCPs 的降解机制

本书的主要内容如下：

（1）采用 UV 直接光解 PPCPs 的方法，分析十种代表性 PPCPs 的直接光解动力学特征，测定十种 PPCPs 的摩尔吸光系数、量子产率和 UV 光解下的半衰期，通过密度泛函理论计算十种化合物的电子云分布和 $E_{LUMO}-E_{HOMO}$ 值，阐明了十种 PPCPs 的直接光解机理。通过密度泛函理论分别计算分子态和离子态 IBU 和 MTZ 的电子云分布和 $E_{\text{LUMO}}-E_{\text{HOMO}}$ 值，解释不同形态 IBU 和 MTZ 光解差异的机理。考察常见的无机阴离子（Cl^-、SO_4^{2-}、NO_3^- 和 HCO_3^-）对 PPCPs 直接光解的影响。

（2）采用 UV/H_2O_2 和 $UV/S_2O_8^{2-}$ 降解 PPCPs 的两种方法，对比研究以 $·OH/SO_4^{-·}$ 为活性物质的高级氧化技术降解非甾体抗炎药布洛芬（IBU）的动力学特征。通过 UV/H_2O_2 和 $UV/S_2O_8^{2-}$ 体系中建立的动力学模型分别计算体系中 $·OH$ 和 $SO_4^{-·}$ 的稳态浓度及直接光解、$·OH$ 和 $SO_4^{-·}$ 对 IBU 降解的贡献率；使用对苯二甲酸和叔丁醇鉴定体系中的主要自由基，通过竞争动力学和稳态动力学模型两种方法测定 $·OH/SO_4^{-·}$ 与 IBU 的 k 值，通过模型分析和预测 pH、$H_2O_2/S_2O_8^{2-}$ 剂量等影响因素的作用机制。采用密度泛函和过渡态理论对 $SO_4^{-·}$ 与 IBU 反应的热力学和动力学进行分析，明确反应的活性位点及优势反应途径，计算布洛芬的前线电子密度和电子云分布，解释 $SO_4^{-·}$ 降解 IBU 的反应机理。从实验和理论计算两个方面比较 $·OH/SO_4^{-·}$ 降解非甾体类药物 IBU 的热力学和动力学差异。

（3）采用 UV/H_2O_2 和 $UV/S_2O_8^{2-}$ 降解 PPCPs 的两种方法，对比研究以 $·OH/SO_4^{-·}$ 为活性物质的高级氧化技术降解二苯并氮杂䓬类治疗癫痫病和神经性疼痛的药物卡马西平（CBZ）的动力学特征。通过 UV/H_2O_2 和 $UV/S_2O_8^{2-}$ 体系中建立的动力学模型分别计算体系中 $·OH$ 和 $SO_4^{-·}$ 的稳态浓度及直接光解、$·OH$ 和 $SO_4^{-·}$ 对 CBZ 降解的贡献率，鉴定体系中的主要自由基，通过竞争动力学和稳态动力学模型两种方法测定 $·OH/SO_4^{-·}$ 与 CBZ 的 k 值。采用密度泛函和过渡态理论对比研究和分析 $·OH/SO_4^{-·}$ 与 CBZ 反应的热力学和动力学，明确反应的活性位点及优势反应途径，计算 CBZ 的前线电子密度和电子云分布，解释 $·OH/SO_4^{-·}$ 降解二苯并氮杂䓬类药物 CBZ 的反应机理。通过质谱分析鉴定反应过程的中间产物，明确 $·OH/SO_4^{-·}$ 降解 CBZ 的反应路径和降解机制，验证反应机理。

（4）采用 UV/H_2O_2 和 $UV/S_2O_8^{2-}$ 降解 PPCPs 的两种方法，对比研究以 $·OH/SO_4^{-·}$ 为活性物质的高级氧化技术降解具有硝基咪唑环结构的抗生素甲硝唑的动力学特征。通过 UV/H_2O_2 和 $UV/S_2O_8^{2-}$ 体系中建立的动力学模型分别计算体系中 $·OH$ 和 $SO_4^{-·}$ 的稳态浓度及直接光解、$·OH$ 和 $SO_4^{-·}$ 对 MTZ 降解的贡献率，鉴定体系中的主要自由基，通过竞争动力学和稳态动力学模型两种方法测定 $·OH/SO_4^{-·}$ 与 MTZ 的 k 值，通过模型分析和预测影响因素的作用。采用密度泛函和过渡态理论对比研究和分析 $·OH/SO_4^{-·}$ 与 MTZ 反应的热力学和动力学，明确反应的活性位点及优势反应途径，计算 MTZ 的前线电子密度和电子云分布，解释 $·OH/SO_4^{-·}$ 降解具有硝基咪唑环结构的 MTZ 的反应机理。

（5）系统研究复杂环境基质对 UV/$S_2O_8^{2-}$ 体系中 PPCPs 自由基降解的影响机制。测定十种典型 PPCPs 与 SO_4^{-} 的二级反应速率常数，揭示 PPCPs 结构与自由基反应 k 值差异的作用机制；分析复杂基质中 PPCPs 的降解动力学，分别计算复杂基质对 PPCPs 直接光解和自由基降解的抑制率；分别研究复杂基质中的主要成分无机阴离子（SO_4^{2-}、NO_3^-、HCO_3^- 和 Cl^-）和有机质（按照不同极性进行分离和表征）对 PPCPs 降解的影响机制，提出无机阴离子与 SO_4^{-} 反应生成的次生自由基对 PPCP 降解贡献率的计算模型。

1.5.3 本书的创新点

本书中的研究内容具有以下创新点：

（1）基于试验和量子化学计算，阐明十种代表性 PPCPs 的直接光解动力学特征和机理，揭示典型 PPCPs 化合物结构特征与直接光解效率的内在联系；

（2）基于稳态假设理论，建立 UV/H_2O_2 和 UV/$S_2O_8^{2-}$ 体系中 PPCPs 降解动力学模型，通过二级反应速率常数及自由基稳态浓度，揭示 ·OH 和 SO_4^{-} 对非甾体类 PPCPs 布洛芬（IBU）、二苯并氮杂䓬类 PPCPs 卡马西平（CBZ）和含硝基咪唑环结构类 PPCPs 甲硝唑（MTZ）降解的贡献率及其作用机制；

（3）基于密度泛函理论和过渡态理论，通过量子化学热力学计算，阐明 ·OH 和 SO_4^{-} 与三种不同结构 PPCPs（IBU、CBZ、MTZ）的优势反应途径；

（4）基于密度泛函理论和过渡态理论，通过量子化学动力学计算，阐明了 ·OH 和 SO_4^{-} 降解 PPCPs 的主要反应位点；

（5）揭示了复杂环境基质对 UV/$S_2O_8^{2-}$ 体系中 PPCPs 降解的影响机制，为自由基降解 PPCPs 的实际应用提供很好的理论支持。

2 实验方法及理论研究方法

2.1 实验方法

2.1.1 实验试剂及材料

本节用到的主要试剂及材料见表 2-1。

表 2-1 主要试剂及材料

中文名	英文名	纯度	生产厂家
布洛芬	Ibuprofen（IBU）	99%	Sigma-Aldrich
卡马西平	Carbamazepine（CBZ）	99%	Sigma-Aldrich
甲硝唑	Metronidazole（MTZ）	99%	Sigma-Aldrich
双酚 A	Bisphenol A（BPA）	99%	Sigma-Aldrich
可乐定	Clonidine（CLN）	99%	Sigma-Aldrich
甲氧苄啶	Trimethoprim（TMP）	99%	Sigma-Aldrich
新诺明	Sulfamethoxazole（SMZ）	99%	Sigma-Aldrich
恩氟沙星	Enrofloxacin（ENFX）	99%	Sigma-Aldrich
环丙沙星	Ciprofloxacin（CIP）	99%	Sigma-Aldrich
4-氯苯甲酸	4-Chlorobenzoic acid（pCBA）	99%	Sigma-Aldrich
苯乙酮	Acetophenone（ACP）	99%	Sigma-Aldrich
甲醇	Methanol	色谱纯	Merck
乙腈	Acetonitrile	色谱纯	Merck
叔丁醇	Tert-butyl alcohol（t-buantol）	99.7%	Sigma-Aldrich
磷酸	Phosphoric acid	85%~90%	Sigma-Aldrich
磷酸二氢钠	Sodium dihydrogen phosphate	99%	Sigma-Aldrich
磷酸氢二钠	Disodium hydrogen phosphate	99%	Sigma-Aldrich
过硫酸钠	Sodium persulfate	99%	Sigma-Aldrich

续表2-1

中文名	英文名	纯度	生产厂家
过氧化氢	Hydrogen peroxide	质量分数30%	国药集团
对苯二甲酸	Terephthalic acid（TPA）	99%	Sigma-Aldrich
胡敏酸	Humic acid	工业级	Sigma-Aldrich
萨旺尼河富里酸	SRFA Standard Ⅱ		IHSS

实验用到的药品和试剂，如无任何特殊说明在配制时均采用超纯水（Molresearc 1010A 纯水机制取）直接配制成所需浓度溶液。

2.1.2 光化学反应系统

本小节中所用光化学反应系统为自制，由 Lightcube 2.3 光催化反应防护箱、自制内照式反应器、赛默飞 SC150-A25B 水浴循环器、PLS-LAM254-8 低压汞灯电源、德国贺利氏 GPH212T5L/4 低压汞灯灯管、上海精科经济型磁力搅拌器等部件组成，其中核心部件为自制内照式反应器和德国贺利氏 GPH212T5L/4 低压汞灯灯管。自制内照式反应器详细结构如图 2-1 所示。

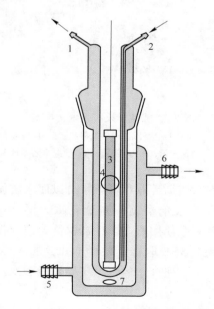

图 2-1　内照式光化学反应器
1—石英冷阱冷却水出口；2—石英冷阱冷却水入口；3—紫外线灯；
4—取样口；5—冷却水入口；6—冷却水出口；7—磁性搅拌子

设计的内照式反应器是有效容积为 450mL 的双层圆柱形玻璃套管,外套管与 SC150-A25B 水浴循环器相连,通过循环水维持系统温度的恒定 (20℃±1℃);内套管盛装反应液,低压汞灯置于内套管中央的冷阱内,冷阱通过软管接 SC150-A25B 水浴循环器,与外套管一起保证反应液的温度恒定 (20℃±1℃) 并同时给低压汞灯降温。光化学反应系统实物如图 2-2 所示。

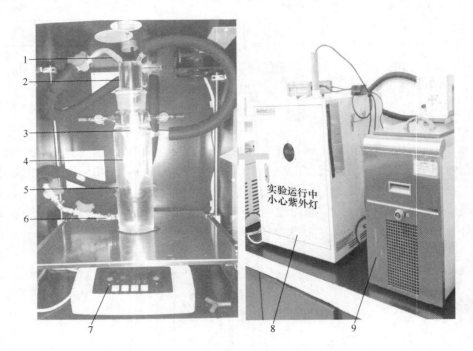

图 2-2 光化学反应系统实物图

1—出水口;2—冷阱;3—紫外灯;4—取样口;5—反应器;6—进水口;
7—磁力搅拌器;8—防护箱;9—恒温水浴循环器

实验中预先开启恒温水浴循环器和低压汞灯以使水浴循环器的水温和低压汞灯的光强稳定,反应液加入反应器前应先避光磁力搅拌 10min,使溶液混合均匀,实验过程中在反应器底端使用磁力搅拌器保持匀速搅拌。每间隔一定时间使用瑞士哈美顿博纳图斯的 2.5mL 取样针取样 1mL,加入安捷伦的 2mL 棕色进样瓶中,并立即检测分析。本节研究中的每组实验均做 3 次平行实验以减小实验误差,结果取平均值。

本实验使用的德国贺利氏低压汞灯 (GPH212T5L/4,10W,Heraeus) 通过光纤光谱仪 (USB 2000+,Ocean Optics) 光谱扫描显示其发射波长主要分布在 254nm 附近,如图 2-3 所示。

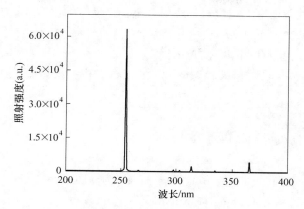

图 2-3 低压汞灯的发射光谱
（波长 200～400nm）

2.1.3 光化学反应体系有效光强及光程的测定

化学光量计测定法是光化学研究中广泛运用的一种测定光化学体系辐照强度的化学方法。相比于其他测定方法，化学光量计测定法具有操作简单、反应灵敏、数据可靠等特点，可以对辐照强度进行精确的测定并且重现性良好。因此，近年来化学光量计测定法作为一种简单且精确的辐照强度测定方法在光化学领域得到广泛的运用。

化学光量计测定法主要依据光致化学反应的原理，选定量子产率已精确测定且该值相对稳定的物质来测量光化学体系的辐照强度。化学光量计测定法选定的物质可不受形态的限制。目前，液相化学光量计测定法在光化学体系的辐照强度测定中使用较多，气相和固相化学光量计测定法使用较少。气相化学光量计测定法主要用于真空体系中辐照强度的测定。

迄今为止，数种化学光量计测定法已经开发出来，并得到广泛使用。本小节对光化学体系中低压汞灯的有效辐照强度的测定同时选用了草酸铁钾化学光量计法和过氧化氢化学光量计法测定并相互进行验证。两种化学光量计测定法都属于液相化学光量计测定法，主要适用于波长范围在 200～380nm 的光源。本小节中使用的低压汞灯主要辐照强度集中于波长为 254nm，包含于草酸铁钾化学光量计法和过氧化氢化学光量计法的测定波长范围内。

2.1.3.1 草酸铁钾化学光量计法

草酸铁钾化学光量计法利用紫外-可见分光光度计测定分析试剂 1,10 邻菲咯啉与 Fe^{2+} 反应生成的红色配合物在 510nm 处的吸光度，根据标准曲线计算得到 Fe^{2+} 的

浓度。Fe^{2+}由酸性条件下Fe^{3+}经过光辐射产生,该反应的化学计量关系如下:

$$2[Fe(C_2O_4)_3]^{3-} + h\nu \longrightarrow 2[Fe(C_2O_4)_2]^{2-} + [C_2O_4]^{2-} + 2CO_2 \quad (2\text{-}1)$$

有效光强可以按照以下两种方法计算。

(1) 计算 $[Fe^{2+}]$ 对紫外辐照时间 t 的拟合方程,求得 k_0 的值。

$$-\frac{d[Fe^{2+}]}{dt} = k_0 \quad (2\text{-}2)$$

有效辐射强度可以通过以下公式计算:

$$I_0 = k_0/\Phi \quad (2\text{-}3)$$

式中,I_0 为有效光强,(Einstein/L)·s^{-1};Φ 为草酸铁钾的量子产率,在波长254nm 处的量子产率为 1.25mol/Einstein。

(2) 有效光强 (I_0) 还可以通过以下公式计算:

$$I_0 = \Delta n/(10^{-3}\Phi V_1 t) \quad (2\text{-}4)$$

式中,I_0 为有效光强,(Einstein/L)·s^{-1};Δn 为光化学反应 t 时刻生成的 Fe^{2+} 量,mol;Φ 为草酸铁钾的量子产率,在 254nm 处的量子产率为 1.25mol/Einstein;V_1 为光照的反应液体积,mL;t 为反应时间,s。

Δn 可以通过公式 (2-5) 进行计算:

$$\Delta n = 10^{-3}V_1V_3C_t/V_2 \quad (2\text{-}5)$$

式中,V_1 为光照的反应液体积,mL;V_2 为取样分析的体积,mL;V_3 为稀释后测定吸光度的总体积,mL;C_t 为稀释后测定的 Fe^{2+} 浓度,mol/L。

C_t 可以通过测定 510nm 处的吸光度,按照公式 (2-6) 进行计算:

$$C_t = A/(\varepsilon l) \quad (2\text{-}6)$$

式中,A 为 510nm 处的吸光度;ε 为摩尔吸光系数,这个值等于之前标准曲线的斜率,$(mol/L)^{-1} \cdot cm^{-1}$;$l$ 为比色皿的光程,$l = 1cm$。

根据实验结果绘制光致生成 Fe^{2+} 的量对光照时间的拟合曲线,如图 2-4 所示。

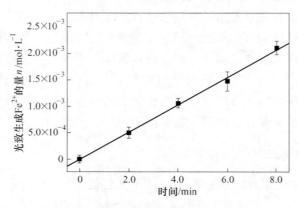

图 2-4 草酸铁钾法测定的有效光强

根据上述的有效辐照强度计算方法，测定有效辐照强度均值为 7.64×10^{-6} (Einstein/L)·s^{-1}。两个批次实验相隔过长时间，需重新测定有效光强，以排除可能出现的干扰和影响。

2.1.3.2 过氧化氢化学光量计法

基于量子产率和郎伯-比尔定律，过氧化氢的总体光解速率可以描述为：

$$-\frac{dC}{dt} = \Phi_\lambda I_0(1 - e^{-2.303\varepsilon_\lambda lC}) \tag{2-7}$$

式中，Φ_λ 为量子产率，过氧化氢在 254nm 处的量子产率为 0.5mol/Einstein；I_0 为有效光强，(Einstein/L)·s^{-1}；ε_λ 为摩尔吸光系数，过氧化氢在 254nm 处的摩尔吸光系数为 19.6(mol/L)$^{-1}$·cm^{-1}；l 为有效光程，cm；C 为过氧化氢初始浓度，mol/L。

当 $2.303\varepsilon_\lambda lC > 2$ 时，公式（2-7）可以简化为

$$-\frac{dC}{dt} = \Phi_\lambda I_0 \tag{2-8}$$

当 $2.303\varepsilon_\lambda lC < 0.02$ 时，公式（2-7）可以简化为

$$-\frac{dC}{dt} = 2.303\Phi_\lambda I_0 \varepsilon_\lambda lC \tag{2-9}$$

简化式（2-9）可以分别用来计算光化学反应体系的有效光强和有效光程。

对高浓度的 H_2O_2 在光化学反应体系中的光解实验结果进行动力学拟合，拟合零级反应动力学的 R^2 达到 0.9931，拟合度较好，如图 2-5 所示。根据上述光强计算公式，有效光强计算结果为 7.683×10^{-6} (Einstein/L)·s^{-1}，与使用草酸铁钾光量计法测定的数值一致，证明两者具有很好的重复性和有效性。

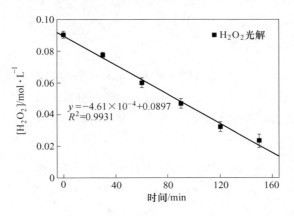

图 2-5 高浓度 H_2O_2 的光解实验结果

对低浓度的 H_2O_2 在光化学反应体系中的光解实验结果进行动力学拟合，发现一级反应动力学的拟合度最高。因此低浓度的 H_2O_2 光解更符合一级反应动力学方程。根据公式 $l = k_{obs}/2.3\varepsilon\Phi_p I_0$ 可以计算得到有效光程。图 2-6 中 H_2O_2 光解的实验结果，拟合一级反应动力学的 R^2 达到 0.9967，拟合度较好，有效光程测定为 0.9455cm。

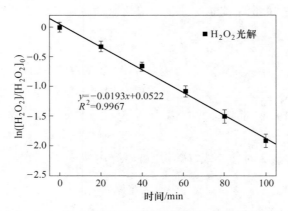

图 2-6　低浓度 H_2O_2 在 UV 体系中的降解过程及拟合伪一级反应动力学方程

$[I_0 = 6.16 \times 10^{-6}\ (\text{Einstein/L}) \cdot s^{-1}]$

试验结果表明，使用过氧化氢化学光量计法的测定值与草酸铁钾法化学光量计的测定值一致，具有很好的重复性和有效性。需要注意的是，在两个批次实验间隔过长或者间隔一定期间后，光化学反应体系的有效光强和有效光程需要重新标定，以尽可能排除出现的干扰和影响。

2.1.4　分析方法

2.1.4.1　有机物浓度的测定

实验采用 Waters 公司 ACQUITY UPLC H-Class 系列的超高效液相色谱仪测定有机物的浓度，色谱柱为 Waters ACQUITY UPLC BEH C18 柱（1.7μm，2.1mm×50mm），流动相为乙腈和磷酸盐缓冲溶液（H_3PO_4/NaH_2PO_4），磷酸盐缓冲溶液的浓度为 20mmol/L，pH 值为 3。表 2-2 为 UPLC 液相分析检测方法的主要参数。

表 2-2　UPLC 液相分析检测方法的主要参数

化合物	流速 /mL·min^{-1}	流动相/%		进样体积 /μL	柱温 /℃	检测波长 /nm
		乙腈	磷酸盐缓冲溶液			
IBU	0.3	50	50	5	35	220

续表 2-2

化合物	流速 /mL·min^{-1}	流动相/%		进样体积 /μL	柱温 /℃	检测波长 /nm
		乙腈	磷酸盐缓冲溶液			
CBZ	0.3	20	80	5	35	285
MTZ	0.3	15	85	5	35	320
BPA	0.3	35	65	5	35	230
CLN	0.3	10	90	5	35	225
TMP	0.3	15	85	5	35	285
SMZ	0.3	30	70	5	35	238
ENFX	0.3	15	85	5	35	270
CIP	0.3	15	85	5	35	275
pCBA	0.3	30	70	5	35	238
ACP	0.3	35	65	5	35	255
TPA	0.3	40	60	5	35	290
HTPA	0.3	40	60	5	35	激发：309 发射：412

2.1.4.2 中间产物测定

质谱检测前需要对样品采用固相萃取技术（SPE，Solid Phase Extraction）进行预处理以进行脱盐和浓缩。SPE萃取所用柱选用Waters Oasis HLB（1cc/30mg）小柱（美国），主要步骤如下：

（1）活化小柱，依次用10mL甲醇和10mL超纯水活化小柱；

（2）导流样品，以5~10mL/min的流速将50mL样品导流通过小柱；

（3）清除杂质，用10mL超纯水将小柱上的盐分等杂质去除；

（4）洗脱样品，用5mL甲醇将样品洗脱出来；

（5）用氮吹仪吹氮至1mL保存至2mL棕色样品瓶中待测。

经过对比测试，样品回收率均能够达到85%以上。

GC-MS分析在配备有离子阱检测器的GCMS-QP2010 Ultra上进行。使用DB5-MS熔融石英柱（Zorbax，30m×0.25mm ID，0.25μm）。氦气是1mL/min流速的载气。温度程序如下：100℃，2min，以10℃/min升至250℃，保持时间10min。进样器和GC/MS传输线分别取250℃和170℃。MS检测器在EI模式下操作，扫描范围为40~640u。

2.1.4.3 其他分析

（1）pH值：S220，METTLER TOLEDO。

(2) H_2O_2 浓度：高锰酸钾滴定法。

(3) TOC 分析测定：TOC-L，Shimadzu。

(4) 全元素分析：电感耦合等离子体原子发射光谱 ICP-OES(PS-6，Baird)。

(5) 阴离子浓度：用阴离子分离柱（Metrosep a Supp 4）和 IC 电导检测器通过离子色谱（833 basic IC plus，Metrohm Ltd.）测量，主要阴离子包括氯离子、硝酸根离子、硫酸根离子等。

(6) 紫外-可见吸收光谱：UV-4100 紫外可见分光光度计，日立，日本；UV-1800 紫外可见分光光度计，岛津，日本。

(7) 高效体积排阻色谱法（HPSEC）：SEC 在 Waters BEH SEC 125A 1.7μm, 4.6mm×150mm 排阻色谱柱中分析，流动相为 100mmol/L 的磷酸缓冲盐中加入 50mmol/L NaCl，pH=6.8，流速为 0.4mL/min。PDA 检测器波长为 254nm。SEC 色谱柱需要用已知分子量大小标样做标准曲线来确定待测有机质分子量分布。

本实验采用德国 PSS 公司的分子量为 $1×10^3 u$、$3.4×10^3 u$、$6×10^3 u$、$10×10^3 u$、$15×10^3 u$ 的聚苯乙烯磺酸钠（sodium polystyrenesulfonate）和丙酮（58u）为标准样。

描述 DOM 分子量分布的参数如下。

1) 数均分子量（M_n），分子量按照分子数分布函数的统计平均值，公式为：

$$M_n = \frac{\sum_{i=1}^{n} h_i}{\sum_{i=1}^{n} \left(\frac{h_i}{M_i}\right)} \qquad (2\text{-}10)$$

2) 重均分子量（M_w），分子量按照质量分布函数的统计平均值，公式为：

$$M_w = \frac{\sum_{i=1}^{n} h_i M_i}{\sum_{i=1}^{n} h_i} \qquad (2\text{-}11)$$

式中，h_i 为样品在洗脱体积为 i 时检测器的吸收值，相当于洗脱体积为 i 的分子数量；M_i 为洗脱体积为 i 的分子的分子量；n 为样品中不同分子量的分子数量。

3) 多分散性程度（ρ），计算公式为：

$$\rho = \frac{M_w}{M_n} \qquad (2\text{-}12)$$

单分散性：$\rho=1$；多分散性：$\rho>1$。DOM 的分子量的分布比较宽，表现出多分散性的特征。

(8) 三维荧光激发-发射光谱（3D-EEMs）：使用 Hitachi（日立）的 F-4600 FL Spectrophotometer 荧光光谱仪进行荧光 EEM 测量（3D-scan）。光谱仪使用氙

激发源，激发和发射单元狭缝设置为 10nm。为了获得荧光 EEM，激发波长以 5nm 步长从 200nm 逐渐增加到 400nm；发射波长以 5nm 步长从 200nm 逐渐增加到 500nm，扫描速度为 1200nm/min。硫酸奎宁（QS）溶液（在 0.1mol/L H_2SO_4 中 1μg 的 QS/L）用于监测荧光计中氙灯发射能量的稳定性，并且在研究期间未观察到 QS 荧光的变化。

由于 EEM 表征，只能直观体现不同样本的荧光特征差异，利用平行因子分析（PARAFAC，Parallel factor analysis）处理荧光数据集，可提取内含的环境化学信息，对其中不同组分含量定量分析。PARAFAC 方法基于三线性分解理论，即假定组分的荧光强度是不同组分浓度及特定吸收/发射光谱性质的三线性函数，通过交替最小二乘法来缩减残差和大小，解析出共有独立组分的荧光组分信号及残差信号。经前述预处理的 EEMs 可生成三维荧光矩阵 X（X=样本数×激发波长维度×发射波长维度）。利用 DOMFluor v1.7 工具箱和 Matlab 关键对 X 矩阵进行 PARAFAC 分解。

PARAFAC 分析步骤如下：

1）去除样品的去离子水背景值。

2）删除散射影响区域和异常值。计算各样品的影响力（Leverage）得分，删除样本中荧光强度或荧光峰形特殊的异常值。异常值剔除有利于后续的折半分析，提高模型的可靠性。

3）模型组分数确定与验证。结合一致性、残差图和折半分析优选最佳组分数模型。组分数 N 过高将导致过度拟合，分离组分丧失物理意义；N 过小，难以得到有效的物理意义。

4）模型结果分析。各组分的吸收系数及荧光量子产率未知，PARAFAC 模型仅可计算出分离组分的相对强度（Scores）而非浓度。模型结果给出的 FI_{max} 值：$FI_{max} = Score \times Ex(\lambda_{max}) \times Em(\lambda_{max})$，可表征出水有机质（EfOM）内含共有组分的相对浓度百分比（定量）和构成特征（定性），而共有组分的激发和发射波长载荷则可表征该组分的光谱特征。

2.2 污水水样采集与分离

2.2.1 污水水样采集及保存

2017 年 6 月，水样采集于中国湖南省长沙市岳麓区的一座城市污水处理厂（洋湖再生水厂）的二级出水。洋湖再生水厂一期项目 2011 年 9 月投入运行，处理量 4×10^4t/d，污水来源主要为住宅和商业。洋湖再生水厂是湖南省内首次采用"MSBR+人工湿地+自然湿地"工艺处理及中水回用系统的污水处理厂，经过处理后的城市污水直接排入附近的洋湖湿地公园。收集来的水样经过 0.7μm 玻璃纤维过滤器和 0.45μm 地下水过滤胶囊（Pall Gelman）预过滤。过滤后的水样用 HCl 酸化至 pH=2，经空气汽提 2h 去除 H_2S 和 NH_3，在 4℃ 温度下暗处保存，保存时间不超过 1 个月。在使用之前，使用 NaOH 将酸化后的水样 pH 值重新调整至水样的原本 pH 值。

2.2.2 出水有机质的极性分离

通过分别装有 DAX-8 和 XAD-4 树脂（非离子型大孔聚合物树脂）的 Teflon 管过滤装置对 EfOM 样品进行极性分离。Supelite™ DAX-8 和 Amberlite® XAD-4 树脂购于 Sigma-Aldrich 公司，两根带 0.2mm 基床支撑的层析（Chromaflex Chromatography）柱（1085mL，4.8cm×60cm）购于 Kontes（Vineland, NJ）。Chromaflex Chromatography 柱的 XAD-8 和 XAD-4 树脂分别能够保留出水有机质中的憎水（HPO）和中性（TPI）级分。亲水性（HPI）和无机盐则能够穿透 XAD-8 和 XAD-4 树脂成为渗透液的重要组成部分。根据 Standley 和 Kaplan 的方法对 XAD-8 和 XAD-4 树脂进行清洁、活化和组装。每个填充有 XAD-8 树脂的柱子依次用 0.1mol/L HCl 和 0.1mol/L NaOH 冲洗 3 次，最后用 0.1mol/L HCl 酸化。35L 的出水水样以每小时 15 个柱体积的流速通过两个柱子，分别从每个柱子中使用 0.1mol/L NaOH 3L 洗脱有机质。所收集的出水有机质（EfOM）各组分在使用前保存在 4℃ 避光条件下。图 2-7 为 EfOM 按极性分离示意图。

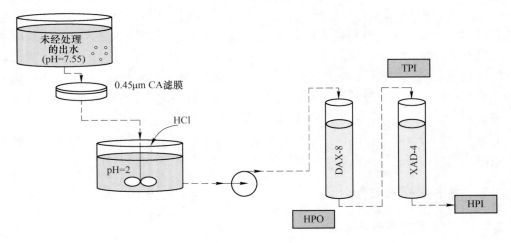

图 2-7　EfOM 按极性分离示意图

2.2.3 水样成分分析

在使用 HCl 对原始水样 pH 值调节前，对原始出水水样的主要物理化学性质进行测定，结果见表 2-3。用 TOC 分析测定仪（TOC-L，Shimadzu）定量溶液中溶解的有机碳的浓度。使用分光光度计（UV-4100，Hitachi）在 280nm 下测量特定的紫外吸光度（SUVA280），SUVA280 与芳香性密切相关。通过电感耦合等离子体原子发射光谱 ICP-OES(PS-6，Baird) 进行全元素测定，测量水样中常见元素如钠、钙等的浓度。阴离子浓度则使用阴离子分离柱（Metrosep a Supp 4）和 IC 电导检测器通过离子色谱（833 basic IC plus，Metrohm Ltd.）测量，主要阴离子包括氯离子、硝酸根离子、硫酸根离子等。

表 2-3　出水水样的主要成分及理化性质

参　　数	测定值	参　　数	测定值
pH	7.55	$Si/mmol \cdot L^{-1}$	0.217
$CaCO_3$ 碱度$/mg \cdot L^{-1}$	155.2	$Ca/mmol \cdot L^{-1}$	1.305
电导率$/\mu S \cdot cm^{-1}$	114.1	$K/mmol \cdot L^{-1}$	0.277
$Cl^-/mmol \cdot L^{-1}$	0.903	$Mg/mmol \cdot L^{-1}$	0.226
$SO_4^{2-}/mmol \cdot L^{-1}$	0.418	$Na/mmol \cdot L^{-1}$	1.022
$NO_3^-/mmol \cdot L^{-1}$	0.468	$TOC/mgC \cdot mL^{-1}$	9.46
$S/mmol \cdot L^{-1}$	0.422	$SUVA_{280}/L \cdot (mg \cdot m)^{-1}$	0.555

有机质可以通过高效体积排阻色谱法（HPSEC）和三维荧光光谱法（3D-EEMs）来表征，SEC 和 EEMs 详细介绍及其他未列出分析方法见本章分析方法部分。

2.3　量子化学理论研究方法

测不准原理和薛定谔方程的提出为认识物质的化学结构提供了新的理论工具。1927 年物理学家 F. Londan 和 W. H. Heitler 将量子力学方法应用于氢气分子的结构处理，成功解析了两个中性氢原子形成化学键的过程，标志着化学与量子力学的交叉学科——量子化学的诞生。量子化学是以量子力学为基础，用分子轨道方法来研究原子、分子或晶体的电子结构、分子间相互作用力、化学键、化学反应及其他物理参数，阐述物质的结构、性质与反应机理等，揭示物质与化学反应本质及其内在规律。核心问题是求解体系中 Schrodinger 方程中的波函数，用来描述电子运动的状态。

2.3.1　密度泛函理论

分子的基态能量仅为电子密度和一定原子核位置的泛函及分子基态确切的电子密度函数会使整个分子体系的能量降至最低是密度泛函理论（DFT）的基本定

理。与波函数理论不同，DFT 无须求解描述每个粒子运动的体系波函数，仅求解粒子密度的空间函数。基于密度泛函理论的计算方法也被称为第一性原理（First principles），密度泛函理论方法的目的就是找到联系电子密度和能量的泛函。

DFT 方法中，体系总能量可以表示成：

$$E(\rho) = E^T(\rho) + E^V(\rho) + E^J(\rho) + E^{XC}(\rho) \tag{2-13}$$

式中，$E^T(\rho)$ 为电子动能；$E^V(\rho)$ 为电子与原子核的吸引势能；$E^J(\rho)$ 为电子与电子之间的 Coulomb 排斥能；$E^{XC}(\rho)$ 为交换-相关能。

其中，$E^V(\rho)$ 和 $E^J(\rho)$ 是近点的库仑作用，$E^T(\rho)$ 和 $E^{XC}(\rho)$ 是 DFT 方法中涉及泛函的基本问题。

Kohn-Sham 等人引入密度梯度，得到更精确的交换-相关能。

$$E^{XC}(\rho) = E^X(\rho) + E^C(\rho) = \int f(\rho_\alpha(r), \rho_\beta(r), \nabla\rho_\alpha(r), \nabla\rho_\beta(r)) d^3r \tag{2-14}$$

式中，ρ_α、ρ_β 分别为 α 和 β 自旋密度；$E^{XC}(\rho)$ 为两数之和，分成交换能 $E^X(\rho)$ 和相关能 $E^C(\rho)$ 两部分。

交换能量泛函包括 S(Slater)、X(Xalpha)、B88(Becke 88)，相关能量泛函包括 PL(Perdew Local)、PW86(Perdew)、VWN(Vosko-Wilk-Nusair)、LYP(Lee-Yang-Parr) 等。其中，杂环交换-相关能量泛函中使用较为广泛的有 B3LYP、M05-2X 和 M06-2X，计算有机分子体系时在精度和效率上具有明显优势。目前，密度泛函理论已成为目前认可度较高、计算较精确的一种计算方法。

2.3.2 内禀反应坐标理论

内禀反应坐标理论是研究反应机理的重要理论工具。在化学反应的量子化学研究中，反应体系在势能面上不同位置的特征与相对关系通常使用内禀反应坐标方法（IRC，Intrinsic Reaction Coordinate）来研究。IRC 又称为最小能量路径，代表在势能面上化学反应经历的路径。内禀反应坐标通过等势能而切平面的内禀反应坐标方程直接有效的确定。

2.3.3 过渡态理论

基于统计力学和量子力学的过渡态理论（TST，Transition State Theory），又称为活化络合物理论。过渡态理论能够根据分子的结构等信息计算出基元反应的动力学参数，成为研究反应动力学的基本理论。

过渡态理论认为化学反应中从反应物（reactants）到产物（products）的过程要经历一个中间过渡态络合物（TS）。TS 由于能垒较高，极不稳定，可与反应物达到热力学平衡或进一步分解成产物。化学反应中，298K 条件下反应的热力学和动力学参数的计算方法，如焓（ΔH_R°），吉布斯自由能（ΔG_R°）和活化能（$\Delta^\ddagger G_R^\circ$）计算方法如下。

$$\Delta H_R^\circ(298\text{K}) = \sum_{\text{products}} (E_0 + H_{\text{corrected}})_{\text{products}} - \sum_{\text{reactants}} (E_0 + H_{\text{corrected}})_{\text{reactants}} \tag{2-15}$$

$$\Delta G_R^\circ(298\text{K}) = \sum_{\text{products}} (E_0 + G_{\text{corrected}})_{\text{products}} - \sum_{\text{reactants}} (E_0 + G_{\text{corrected}})_{\text{reactants}} \tag{2-16}$$

$$\Delta^\ddagger G_R^\circ(298\text{K}) = (E_0 + G_{\text{corrected}})_{\text{TS}} - \sum_{\text{reactants}} (E_0 + G_{\text{corrected}})_{\text{reactants}} \tag{2-17}$$

式中，E_0 为在绝对零度时计算的总的电子能；$G_{\text{corrected}}$ 为校正的吉布斯自由能；$H_{\text{corrected}}$ 为校正焓。

上式中，E_0、$G_{\text{corrected}}$ 和 $H_{\text{corrected}}$ 分别通过 Gaussian 计算获得。

过渡态理论主要有传统过渡态理论、变分过渡态理论。其中，变分过渡态理论又可以分为正则变分过渡态理论（CVT）和微正则变分过渡态理论（μVT）。

2.3.4 动力学计算

传统的过渡态理论（TST）可以用来对自由基与目标化合物的反应动力学进行计算和分析。根据 Eyring 和 Polanyi 推导的双分子反应速率常数的基本方程，自由基与目标化合物的二级反应速率常数 $k(T)$ 计算公式如下：

$$k(T) = \sigma \Gamma \frac{k_B T}{h} e^{-(\Delta^\ddagger G^\circ)/RT} \tag{2-18}$$

式中，σ 为等价的从反应物到产物的反应通道的数目，即反应路径数；Γ 为隧道校正；k_B、h 分别为 Boltzmann 常数（1.38×10^{-23} J/K）和 Planck 常数（6.63×10^{-34} J/s）；R 为理想气体常数，8.3145J/(mol·K)；T 为温度，K；$\Delta^\ddagger G^\circ$ 为反应的吉布斯自由能（静电势垒或最低反应途径势能），J/mol。

Wigner 方法和 Eckart 方法被分别用来对 TST 计算得到的反应速率常数进行隧道校正，Wigner 隧道校正的计算公式为：

$$\Gamma(T) = 1 + \frac{1}{24}\left(\frac{h\nu^\ddagger}{k_B T}\right) \tag{2-19}$$

式中，$\nu^\ddagger$ 为 TS 的唯一虚频。

Eckart 方法隧道校正的计算公式为：

$$k(T) = e^{\frac{E_{\text{for}}}{k_B T}} \tau \tag{2-20}$$

$$\tau = \int_0^\infty k(E) e^{-\frac{E}{k_B T}} dE \tag{2-21}$$

$$a_1 = 2\pi \frac{E_{\text{for}}}{h|\nu_{\text{TS}}|} \tag{2-22}$$

$$a_2 = 2\pi \frac{E_{\text{rev}}}{h|\nu_{\text{TS}}|} \tag{2-23}$$

$$\xi = 2\pi \frac{E}{E_{\text{for}}} \tag{2-24}$$

$$2\pi a = \frac{2\sqrt{a_1 \xi}}{a_1^{-0.5} + a_2^{-0.5}} \tag{2-25}$$

$$2\pi b = \frac{2\sqrt{|a_1(\xi-1)+a_2|}}{a_1^{-0.5} + a_2^{-0.5}} \tag{2-26}$$

$$2\pi d = 2\sqrt{|a_1 a_2 - 4\pi^2/16|} \tag{2-27}$$

$$k(E) = 1 - \frac{\cosh(2\pi a - 2\pi b) + \cosh(2\pi d)}{\cosh(2\pi a + 2\pi b) + \cosh(2\pi d)} \tag{2-28}$$

$$E_{\text{for}} = (E_0 + G_{\text{corrected}})_{\text{TS}} - \sum_{\text{reactions}} (E_0 + G_{\text{corrected}})_{\text{reactions}} \tag{2-29}$$

$$E_{\text{rev}} = (E_0 + G_{\text{corrected}})_{\text{TS}} - \sum_{\text{products}} (E_0 + G_{\text{corrected}})_{\text{products}} \tag{2-30}$$

考虑到扩散限制，使用 Collins-Kimball 理论来校正由 TST 理论计算的 k 值：

$$k_{\text{correction}} = \frac{k k_{\text{D}}}{k + k_{\text{D}}} \tag{2-31}$$

式中，k 为从 TST 计算得到的热速率常数；k_{D} 为不可逆的双分子扩散控制反应的稳态速率常数。

k_{D} 可以通过 Smoluchowski 方法来计算：

$$k_{\text{D}} = 4\pi R D_{\text{AB}} N_{\text{A}} \tag{2-32}$$

式中，R 为反应距离，一般为反应物 A 和 B 分子的半径；N_{A} 为 Avogadro 常数，$6.022\times10^{23}\,\text{mol}^{-1}$；$D_{\text{AB}}$ 为反应物 A 和 B 之间（如 SO_4^- 和 CBZ）的互扩散系数，cm^2/s，$D_{\text{AB}} = D_{\text{A}} + D_{\text{B}}$。$D_{\text{A}}$ 和 D_{B} 可以通过 Stokes-Einstein 方法理论计算：

$$D = \frac{k_{\text{B}} T}{6\pi \eta a} \tag{2-33}$$

式中，k_{B} 为 Boltzmann 常数，$1.38\times10^{-23}\,\text{J/K}$；$T$ 为温度，K；η 为溶剂的黏度，$\eta_{\text{water}} = 8.9\times10^{-4}\,\text{Pa}\cdot\text{s}[$或 $\text{kg}/(\text{m}\cdot\text{s})]$；$a$ 为溶质（反应物）的半径，cm。

An、Minakata、Galano 等人用该方法分别计算了 ·OH/SO_4^- 和 triclosan、苯系物、edaravone 等药物在水溶液中的反应速率常数，已得到应用和验证。

电子转移反应过程研究中比较著名的是 Marcus 理论。在 Marcus 理论中，电子转移的反应速率取决于给电子和得电子物质的距离、反应的自由能变化和反应物的重组能及溶剂化能。活化能（$\Delta^{\ddagger}G^{\circ}_{\text{SET}}$）的表达式为：

$$\Delta^{\ddagger}G^{\circ}_{\text{SET}} = \frac{(\lambda + \Delta G^{\circ}_{\text{SET}})^2}{4\lambda} \tag{2-34}$$

$$\lambda = \Delta E^{\circ}_{\text{SET}} - G^{\circ}_{\text{SET}} \tag{2-35}$$

式中，$\Delta G^{\circ}_{\text{SET}}$ 为 SET 反应的自由能变；λ 为重组能，它是衡量自由能变及溶质和溶剂间的重组能；$\Delta E^{\circ}_{\text{SET}}$ 为校正后反应物（$\Delta E^{\circ}_{\text{reactants}}$）与垂直产物（$\Delta E^{\circ}_{\text{vertical products}}$）的能量差，kJ/mol。

垂直产物是价态的改变，而与优化好的反应物的结构和自旋多重度相同。

$$\Delta E^{\circ}_{\text{SET}} = \Delta E^{\circ}_{\text{vertical products}} - \Delta E^{\circ}_{\text{reactants}} \tag{2-36}$$

Iuga 等人用 Marcus 理论计算了 PTZ 和 ·OH 及 HO_2^- 的 SET 反应的势能，发现 Marcu 理论能够比实验方法提供更快速及合理的结果。

本书所有的量子化学计算都在自建的量子化学计算实验室通过 Gaussian 09（Revision A.01 版本）计算完成。实验室配备有 3 台安装 Centos 7 的 Linux 操作系统的高性能服务器，通过 SSH 连接实现远程操作。相关辅助分析及数据处理软件包括 Gauss View 5.0、Spartan 14、Chemoffice 2015、Matlab 2016 和 Origan 9.0 等。量子化学计算过程中采用的方法和基组水平主要为 SMD/M06-2X/6-31+G**（第 3 章）、IEFPCM/M06-2X/6-311++G**//M06-2X/6-31+G**（第 4 章）、SMD/M05-2X/6-311++G**//M05-2X/6-31+G**（第 5 章）和 SMD/M06-2X/6-311++G**//M06-2X/6-31+G**（第 6 章）。

3 典型 PPCPs 的直接光解

PPCPs 是一类与人类密切相关的新兴有机污染物，主要包括日常护理中常用的各种化学品（护理品、染发剂、防晒霜等）、药物（如抗生素、止痛药、类固醇、催眠药和降压药、制药原料等）、诊断剂、遮光剂和消毒用品等。为此，本章选择了十种典型的 PPCPs，即可乐定（CLN）、布洛芬（IBU）、甲硝唑（MTZ）、恩氟沙星（ENFX）、新诺明（SMZ）、苯乙酮（ACP）、双酚 A（BPA）、甲氧苄啶（TMP）、卡马西平（CBZ）、环丙沙星（CIP），通过 UV 光解试验研究它们的直接光解特征及其动力学，并对其中具有化学结构和性质具有代表性的非甾体类抗炎药布洛芬（IBU）、二苯并氮杂䓬类（CBZ）和含有硝基咪唑环结构的抗生素（MTZ）的直接光解动力学进行了专门阐述。

3.1 布洛芬的直接光解

溶液中分子态（HA）和离子态的（A^-）的一元弱酸通常共存。在一定的温度下，HA 和 A^- 的占比由溶液的 pH 值决定。Henderson-Hasselbalch 方程可用于计算稀溶液中 HA 和 A^- 的比例。

$$pH = pK_a + \lg\frac{[A^-]}{HA} \tag{3-1}$$

非甾体类 PPCPs 布洛芬（IBU）是一元弱酸，IBU 的解离常数（pK_a）为 4.9（20℃）。当 pH 值低于 IBU 的 pK_a(4.9) 时，IBU 主要以分子形式存在；当 pH 值高于 IBU 的 pK_a(4.9) 时，IBU 主要以离子形式存在。在 pH = 3.00 时，分子态 IBU 占比达 98.76%，而在 pH = 7.55 时，离子态 IBU 占比达 99.78%，如图 3-1 所示。

UV 体系中 IBU 的降解符合伪一级动力学模型，如图 3-2 所示。在 $6.16×10^{-6}$（Einstein/L）$\cdot s^{-1}$ 光强的 UV 辐照下，10μmol/L 的 IBU 在 pH 值为 3.00 和 7.55 的直接光解速率分别为 $4.25×10^{-2}$（μmol/L）$\cdot min^{-1}$ 和 $28.80×10^{-2}$（μmol/L）$\cdot min^{-1}$。试验结果表明，离子态 IBU 具有更快的直接光解速率，是分子态 IBU 的近 7 倍。Chianese 等人发现，IBU 的离子态光解速率是分子态光解速率的约 1.5 倍，与本节研究发现的离子态 IBU 直接光解更快的结论一致。

摩尔吸光系数和量子产率对化合物的直接光解具有重要影响，摩尔吸光系数（ε）表示化合物吸收特定波长（λ）光的能力。ε 可以分别通过测量 pH = 3.00

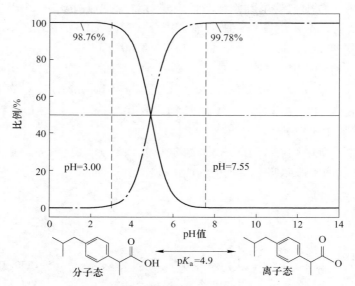

图 3-1 离子和分子态 IBU 之间的比例随 pH 值的变化

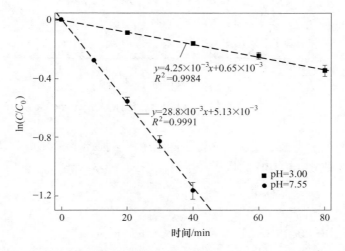

图 3-2 UV 体系中 IBU 降解动力学的降解拟合一级动力学方程

([IBU] = 10μmol/L,I_0 = 6.16×10^{-6} (Einstein/L)·s^{-1}, l = 1.32cm)

和 pH = 7.55 的 IBU(10μmol/L) 溶液在 1cm 光程 (l) 石英比色皿的吸光度 (A) 来计算:

$$A = \varepsilon \cdot [\text{IBU}] \cdot l \tag{3-2}$$

图 3-3 显示了 IBU 的摩尔吸光系数和低压汞灯的发射光谱。IBU 主要吸收

200~230nm 波长范围内的紫外光，对低压汞灯（GPH212T5L/4，10W，Heraeus）主要发射的波长254nm 的紫外光吸收能力较低。在波长254nm 处，IBU 的摩尔吸光系数分别为 248.41(mol/L)$^{-1}$·cm^{-1}（pH=3.00）和 283.64(mol/L)$^{-1}$·cm^{-1}（pH=7.55），离子态 IBU 的摩尔吸光系数比分子态的高 14.18%。Kwon 等人测定了 pH=7 时 IBU 在 254nm 处的摩尔吸光系数为 256(mol/L)$^{-1}$·cm^{-1}，介于本节研究的两个值之间。IBU 的 ε_{IBU} 与 pH 值呈现出越高、ε_{IBU} 越大的规律，表明 ε_{IBU} 依赖于溶液中 IBU 的形态比例。ε_{IBU} 相比于其他 PPCPs 的值偏低，如 Yang 测得中性条件下新诺明在 254nm 处的摩尔吸光系数为 16200(mol/L)$^{-1}$·cm^{-1}。Vogna 测得卡马西平摩尔吸光系数为 6025(mol/L)$^{-1}$·cm^{-1}。

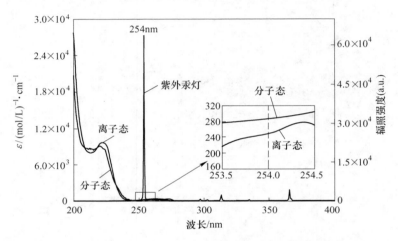

图 3-3　IBU 的摩尔吸光系数（ε）和 UV 紫外灯的发射光谱（200~400nm）

量子产率表示光化学反应中光量子的利用率，描述了有效光子总数与化合物吸收的光子总数之比。IBU 的量子产率可以用式（3-3）计算：

$$\varphi_{IBU} = \frac{r_{UV}}{I_0 \times (1 - 10^{-\varepsilon_{IBU} l [IBU]})} \tag{3-3}$$

式中，φ_{IBU} 为 IBU 在 254nm 处的量子产率，mol/Einstein；r_{UV} 为在 IBU 初始浓度为 10μmol/L 的直接光解速率，(mol/L)·s^{-1}；I_0 为紫外辐射强度；ε_{IBU} 为 IBU 在 254nm 的摩尔吸光系数；l 为反应器的光程。

φ_{IBU} 的值分别测得为 0.015mol/Einstein（pH=3.00）和 0.091mol/Einstein（pH=7.55），离子形态 IBU 的量子产率是分子形态 IBU 的接近 6.06 倍。不同的 PPCPs 具有不同的分子结构，导致它们的量子产率也差别很大。φ_{IBU} 比前人报道的卡马西平（0.0006mol/Einstein）和萘普生（0.0093mol/Einstein）要高，但是低于苯妥英钠（0.279mol/Einstein）和氯贝酸（0.539mol/Einstein）。

分子态 IBU 的 ε_{IBU} 和 φ_{IBU} 分别为 248.41(mol/L)$^{-1}$·cm^{-1} 和 0.015mol/Einstein，离子态 IBU 的 ε_{IBU} 和 φ_{IBU} 分别为 283.64(mol/L)$^{-1}$·cm^{-1} 和 0.091mol/Einstein。离子态 IBU 的 ε_{IBU} 和 φ_{IBU} 分别是分子态 IBU 的 1.14 倍和 6.06 倍，更高的摩尔吸光系数和量子产率导致离子态 IBU 的光解速率比分子态的更快。

$E_{LUMO}-E_{HOMO}$ 的差值（能带隙）反映了化合物发生电子跃迁所需要的能量，在很大程度上能够反映化合物光化学反应的特性，$E_{LUMO}-E_{HOMO}$ 的差值越小越容易被激发。利用 SMD/M06-2X/6-31+G** 的基组和方法分别计算分子和离子态 IBU 电子云密度分布及最高占据轨道占据能（HOMOs）和最低空轨道占据能（LUMOs），结果见表 3-1（红色和绿色分别代表 HOMO、LUMO 轨道正电荷和负电荷形成的电子云密度）。分析两者的 HOMO 和 LUMO 电子云分布图，发现离子态 IBU 的 LUMO 电子云分布发生改变，电子密度在 $CH_2C(CH_3)_2$ 处明显增加。同时，表 3-1 中离子态的 $E_{LUMO}-E_{HOMO}$ 的差值（8.09）比分子态 IBU 的（8.18）更低，表明离子态 IBU 吸收光子发生轨道跃迁所需能垒更低，因而离子态 IBU 光解速率更快。

表 3-1　IBU 和 IBU$^-$ 的 HOMO 和 LUMO 的电子云分布和能差计算　　（eV）

形　态	IBU	IBU$^-$
HOMO		
LUMO		
E_{HOMO}	-7.88	-7.65
E_{LUMO}	0.30	0.44
$E_{LUMO}-E_{HOMO}$	8.18	8.09

3.2　卡马西平的直接光解

二苯并氮杂䓬类 PPCPs 卡马西平（CBZ）在 UV 体系中的直接光解遵循伪一级反应动力学方程。在 pH 值为 7.55，有效光强为 7.50×10^{-6}(Einstein/L)·s^{-1}

的 UV 照射下 CBZ（10μmol/L）的直接光解降解速率为 1.38×10^{-2}（μmol/L）·min^{-1}，如图 3-4 所示。

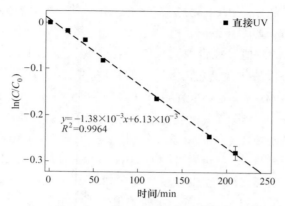

图 3-4　UV 体系中 CBZ 的降解动力学实验结果

（[CBZ]=10μmol/L，$I_0=7.50\times10^{-6}$（Einstein/L）·s^{-1}，$l=0.935cm$）

图 3-5 显示了 CBZ 的摩尔吸光系数和低压汞灯的发射光谱。CBZ 在紫外区间的主要吸收波长范围为 200~230nm 及 285nm 附近，在 254nm 处对紫外光的吸收能力比较弱。本实验使用的德国贺利氏低压汞灯（GPH212T5L/4，10W，Heraeus）通过光纤光谱仪（USB 2000+，Ocean Optics）光谱扫描，显示其发射波长主要分布在 254nm 附近。CBZ 在 254nm 处的摩尔吸光系数为 8536.47（mol/L）$^{-1}$·cm^{-1}，与 vogna 的报道值（6025（mol/L）$^{-1}$·cm^{-1}）接近，该值相比于其他 PPCPs 的摩尔吸光系数值处于中等水平。如 Kwon 等人测得中性条件时 IBU 在 254nm 处的摩尔吸光系数为 256（mol/L）$^{-1}$·cm^{-1}，Yang 测得中性条件下新诺明在 254nm 处的摩尔吸光系数为 16200（mol/L）$^{-1}$·cm^{-1}。

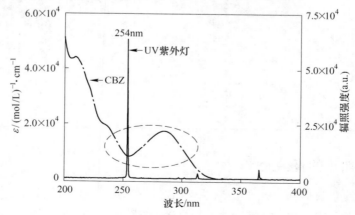

图 3-5　CBZ 的摩尔吸光系数（ε）和 UV 紫外灯的发射光谱（200~400nm）

量子产率表示光化学反应中光量子的利用率，描述了有效光子总数与化合物吸收的光子总数之比。CBZ 的量子产率可以用式（3-4）计算：

$$\varphi_{CBZ} = \frac{r_{UV}}{I_0 \times (1 - 10^{-\varepsilon_{CBZ} l [CBZ]})} \tag{3-4}$$

式中，φ_{CBZ} 为 CBZ 在 254nm 处的量子产率，mol/Einstein；r_{UV} 为 CBZ（初始浓度 10μmol/L）的直接光解速率，(mol/L)·s^{-1}；ε_{CBZ} 为 CBZ 在 254nm 的摩尔吸光系数。

本实验中，φ_{CBZ} 值测得为 3.74×10^{-4} mol/Einstein。该 φ_{CBZ} 比前人报道的甲氧苄啶（1.52×10^{-3} mol/Einstein）和萘普生（9.3×10^{-3} mol/Einstein）、苯妥英钠（0.279mol/Einstein）和氯贝酸（0.539mol/Einstein）都要低。

尽管 CBZ 的摩尔吸光系数 [8536.47(mol/L)$^{-1}$·cm^{-1}] 处于中等水平，但是极低的量子产率（3.74×10^{-4} mol/Einstein）表明 CBZ 对光量子的利用率不高，导致直接光解较弱 [1.38×10^{-2}(μmol/L)·min^{-1}]。CBZ 是一类含有 $RCONR_2$ 结构的二苯并氮杂类抗癫痫药。Kim 等人发现，具有 $RCONR_2$ 结构的 PPCPs 新兴有机污染物在 UV 照射下的降解行为十分消极。Kim 等人发现，CBZ 在 0.384mW/cm^2 强度紫外照射下的直接光解表观反应速率常数 k_{UV} 仅为 1.2×10^{-2} min^{-1}。pH=3.00 时，CBZ 直接光解速率为 1.35×10^{-2}（μmol/L）·min^{-1}；pH=7.55 时，CBZ 的直接光解速率 1.38×10^{-2}（μmol/L）·min^{-1}，两者无明显差异。分析认为，主要原因是 CBZ 在大部分 pH 值范围内始终以同一分子形态存在，导致 pH 值对 CBZ 的直接光解没有影响。

3.3 甲硝唑的直接光解

含硝基咪唑环结构类 PPCPs 甲硝唑（MTZ）的 pK_a 为 2.58 和 14.44。MTZ 在溶液存在形态的比例变化由溶液的 pH 值和 MTZ 的 pK_a 共同决定。在 pH=3.00 时，MTZ 占比达到 72.45%，MTZ^+ 占比 27.55%；而在 pH=7.55 时，分子态 MTZ 的占比几乎达到 100%，如图 3-6 所示。因此，本节研究选取分子形态的 MTZ 开展研究。

通过线性回归的方法对 MTZ 在 UV 体系中的直接降解过程进行动力学方程拟合，结果表明遵循伪一级反应动力学，如图 3-7 所示。在光强 7.50×10^{-6}（Einstein/L）·s^{-1} 的 UV 辐射下，MTZ（初始浓度 10μmol/L）的直接光解速率分别为 0.188（μmol/L）·min^{-1}（pH=7.55）和 0.147（μmol/L）·min^{-1}（pH=3.00）。

图 3-8 显示了 MTZ 的摩尔吸光系数和低压汞灯的发射光谱重叠图，可见低压汞灯（GPH212T5L/4，10W，Heraeus）发射波长主要分布在 254nm 附近。MTZ 的

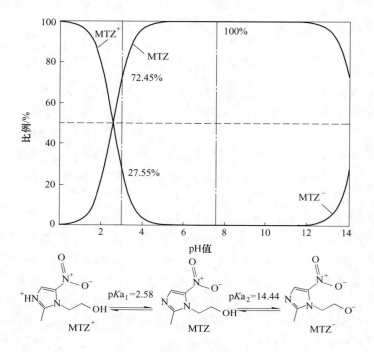

图 3-6　MTZ 不同形态之间的比例随 pH 值的变化

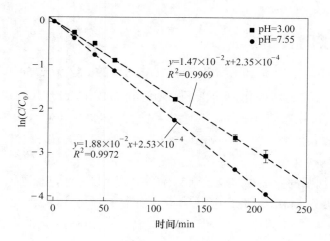

图 3-7　UV 体系中 MTZ 降解动力学的降解拟合一级动力学方程
（$[MTZ]=10\mu mol/L$，$I_0=7.50\times10^{-6}(Einstein/L)\cdot s^{-1}$，$l=0.935 cm$）

主要紫外光吸收区间位于300~350nm，对本实验使用的低压汞灯主要发射的波长254nm的紫外光吸收较弱。MTZ 在 254nm 的摩尔吸光系数分别为 2645.44(mol/L)$^{-1}$·cm^{-1}(pH=3.00)和 2201.2(mol/L)$^{-1}$·cm^{-1}(pH=7.55)。MTZ 的摩尔吸光系数暂无报道，但相比于其他 PPCPs 的摩尔吸光系数值处于中偏下水平。如 Kwon 等人报道了中性条件下 IBU 在 254nm 处的摩尔吸光系数为 256(mol/L)$^{-1}$·cm^{-1}，vogna 报道了 CBZ 在 254nm 处的摩尔吸光系数为 6025(mol/L)$^{-1}$·cm^{-1}，Yang 报道了中性条件下新诺明在 254nm 处的摩尔吸光系数为 16200(mol/L)$^{-1}$·cm^{-1}。根据 MTZ 在 pH=3.00 和 pH=7.55 时不同形态的百分比，可以推导出 MTZ$^+$ 的摩尔吸光系数为 3814.21(mol/L)$^{-1}$·cm^{-1}。

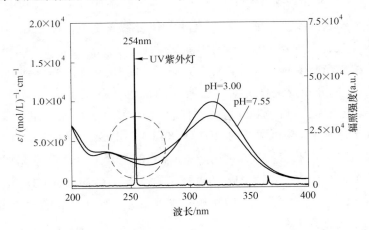

图 3-8　MTZ 的摩尔吸光系数(ε)和 UV 紫外灯的发射光谱(200~400nm)

量子产率表示光化学反应中光量子的利用率，描述了有效光子总数与化合物吸收的光子总数之比。MTZ 的量子产率可以用式（3-5）计算：

$$\varphi_{MTZ} = \frac{r_{UV}}{I_0 \times (1 - 10^{-\varepsilon_{MTZ} l [MTZ]})} \tag{3-5}$$

式中，φ_{MTZ} 为 MTZ 在 254nm 处的量子产率，mol/Einstein；r_{UV} 为在 MTZ（初始浓度 10μmol/L）的直接光解速率，(mol/L)·s^{-1}；ε_{MTZ} 为 MTZ 在 254nm 的摩尔吸光系数。

本实验中，分别测定 φ_{MTZ} 为 5.9×10^{-3} mol/Einstein(pH=3.00) 和 9.1×10^{-3} mol/Einstein(pH=7.55)，该值与 Shemer 等人的报道值 (3.3×10^{-3} mol/Einstein) 接近。φ_{MTZ} 比前人报道的甲氧苄啶 (1.52×10^{-3} mol/Einstein) 的要高，和萘普生 (9.3×10^{-3} mol/Einstein) 接近，但是低于苯妥英钠 (0.279mol/Einstein) 和氯贝酸 (0.539mol/Einstein)。根据 MTZ 在 pH=3.00 和 pH=7.55 时不同形态的百分比，可以推算出 MTZ$^+$ 的摩尔吸光系数为 2.52×10^{-3} mol/Einstein。

尽管 MTZ 的摩尔吸光系数 2201.2$(mol/L)^{-1} \cdot cm^{-1}$(pH = 7.55) 不是很低，但是较低的 φ_{MTZ}（9.1×10^{-3} mol/Einstein，pH = 7.55）导致 MTZ（初始浓度 10μmol/L）直接光解的速率仅为 0.188（μmol/L）$\cdot min^{-1}$(pH = 7.55)。MTZ 在 pH = 3.00 时同样受较低的摩尔吸光系数和量子产率的限制，导致其直接光解速率仅为 0.147（μmol/L）$\cdot min^{-1}$(pH = 3.00)。尽管 pH = 3.00 时 MTZ 的摩尔吸光系数 [2645.44 $(mol/L)^{-1} \cdot cm^{-1}$] 比 pH = 7.55 时 [2201.2 $(mol/L)^{-1} \cdot cm^{-1}$] 要略大，但是 pH = 3.00 时 MTZ 的量子产率（5.9×10^{-3} mol/Einstein）却比 pH = 7.55 时（9.1×10^{-3} mol/Einstein）要更小，因此 pH = 3.00 时 MTZ 的直接光解速率略低于 pH = 7.55 的光解速率。

$E_{LUMO}-E_{HOMO}$ 的差值（能带隙）反映了化合物发生电子跃迁所需要的能量，在很大程度上能够反映化合物光化学反应的特性，$E_{LUMO}-E_{HOMO}$ 的差值越小越容易被激发。本节利用 SMD/M06-2X/6-31+G** 的基组和方法分别计算 MTZ 和 MTZ$^+$ 电子云密度分布及最高占据轨道能（HOMOs）和最低未占据轨道能（LUMOs），结果见表 3-2（红色和绿色分别代表 HOMO、LUMO 轨道正电荷和负电荷形成的电子云密度）。分析两者的 HOMO 和 LUMO 电子云分布图，MTZ 和 MTZ$^+$ 的 LUMO 分布改变明显，且 MTZ 的 $E_{LUMO}-E_{HOMO}$ 的差值（6.67eV）比 MTZ$^+$ 的 $E_{LUMO}-E_{HOMO}$ 的差值低 0.69eV，导致 MTZ 的直接光解速率 [0.188(μmol/L)$\cdot min^{-1}$] 相比 MTZ$^+$ 的 [0.147(μmol/L)$\cdot min^{-1}$] 更快，呈现出 $E_{LUMO}-E_{HOMO}$ 的差值越低，直接光解速率越快的规律。

表 3-2 MTZ 和 MTZ$^+$ 的 HOMO 和 LUMO 的电子云分布和能差计算 (eV)

形态	MTZ	MTZ$^+$
HOMO		

续表 3-2

形 态	MTZ	MTZ$^+$
LUMO	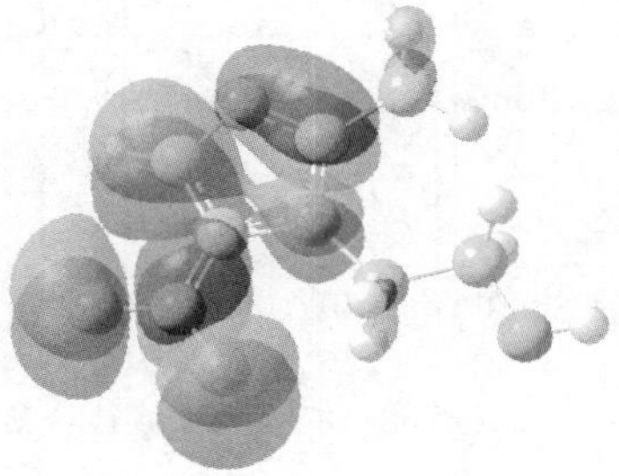	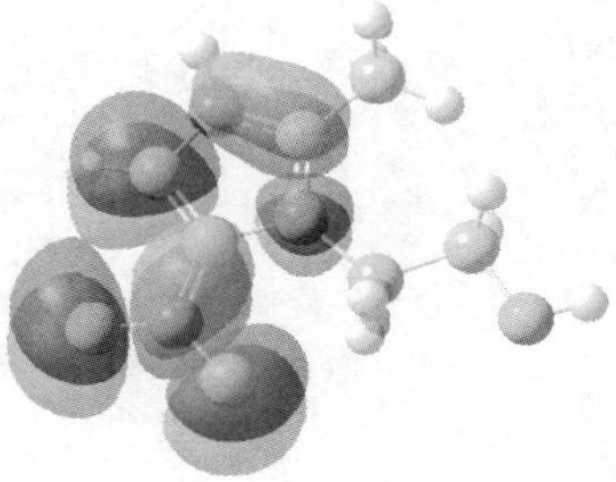
E_{HOMO}	-8.38	-9.46
E_{LUMO}	-1.71	-2.10
$E_{LUMO} - E_{HOMO}$	6.67	7.36

3.4 十种典型 PPCPs 直接光解比较

在去离子水中，PPCPs 直接光解速率可以表示为：

$$r_{UV} = -\frac{d[PPCPs]}{dt} = \varphi_{PPCPs} I_0 (1 - e^{-2.303l\varepsilon_{PPCPs}[PPCPs]}) \tag{3-6}$$

$$-\frac{d[PPCPs]}{dt} = k_{UV}[PPCPs] \tag{3-7}$$

式中，I_0 为紫外灯的辐照强度，7.50×10^{-6}(Einstein/L)·s^{-1}；l 为有效光程，取值 0.935cm；φ_{PPCPs} 为 PPCPs 的量子产率；ε_{PPCPs} 为 PPCPs 摩尔吸光系数；[PPCPs] 为溶液中 PPCPs 的浓度；k_{UV} 为 PPCPs 在去离子水的一级表观反应速率常数。

在 7.50×10^{-6}(Einstein/L)·s^{-1} 的 UV 强度和 10μmol/L 的 PPCPs 初始浓度下，各 PPCPs 的表观反应速率常数 k_{UV}(min^{-1}) 如图 3-9 所示。其中，最高的为 ENFX(0.56min^{-1})，最低的为卡马西平（2.34×10^{-3}min^{-1}）；磺胺类 SMZ 和喹酮类 ENFX、CIP 在直接 UV 照射下降解较快。

按照 k_{UV_DI} 的大小区间可以划分为 A 类（0~0.01min^{-1}）、B 类（0.01~

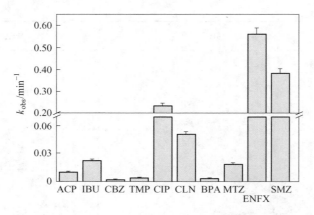

图 3-9 十种典型 PPCPs 直接光解的一级表观反应速率常数

([PPCPs]=10μmol/L，I_0=7.50×10⁻⁶(Einstein/L)·s⁻¹，l=0.935cm，pH = 7.55)

0.1min⁻¹）和 C 类（大于 0.1min⁻¹）。其中 A 类：0~0.01min⁻¹ 区间包含 CBZ、BPA 和 TMP，平均 k_{UV} 为 3.38×10⁻³min⁻¹；B 类：0.01~0.1min⁻¹ 区间包含 ACP、MTZ、IBU 和 CLN，平均 k_{UV} 为 2.57×10⁻²min⁻¹；C 类：大于 0.1min⁻¹ 区间包含有 CIP、SMZ、ENFX，平均 k_{UV} 为 3.93×10⁻¹min⁻¹（按表观反应速率常数从低到高排序）。

摩尔吸光系数代表某一物质在特定波长下的吸光能力。为了准确测定 PPCPs 的摩尔吸光系数，配置不同浓度比例的 PPCPs 溶液，取 3.5mL 加入 1cm 的石英比色皿中使用 UV-1800 分光光度计测量波长 200~400nm 的吸光度。通过下面的郎伯-比尔定律计算出 PPCPs 的十进制摩尔吸光系数。

$$A = \varepsilon \cdot [PPCPs] \cdot l \tag{3-8}$$

式中，A 为溶液在 254nm 处的吸光度；ε 为 PPCPs 在特定波长处的摩尔吸光系数，(mol/L)⁻¹·cm⁻¹；[PPCPs] 为溶液中 PPCPs 的浓度，mol/L；l 为比色皿的光程，cm。

图 3-10 显示了 PPCPs 的十进制摩尔吸光系数和低压汞灯发射光谱的叠加图。低压汞灯的辐照强度主要集中于 254nm 处。目标化合物在 254nm 处的摩尔吸光系数值范围比较大 [285.64~19576.89(mol/L)⁻¹·cm⁻¹]，最高的 CIP 为 19576.89(mol/L)⁻¹·cm⁻¹，最低的 IBU 为 285.64(mol/L)⁻¹·cm⁻¹。其中，ACP 为 8009.84(mol/L)⁻¹·cm⁻¹，BPA 为 793.42(mol/L)⁻¹·cm⁻¹，CBZ 为 8536.47(mol/L)⁻¹·cm⁻¹，TMP 为 3078.56(mol/L)⁻¹·cm⁻¹，CIP 为 19576.89(mol/L)⁻¹·cm⁻¹，CLN 为 1077.1(mol/L)⁻¹·cm⁻¹，IBU 为 285.64(mol/L)⁻¹·cm⁻¹，MTZ 为 2201.00(mol/L)⁻¹·cm⁻¹，ENFX 为 16545.52(mol/L)⁻¹·cm⁻¹，SMZ 为 16968.59(mol/L)⁻¹·cm⁻¹。本节研究中获得 BPA 的值与 Baeza 报道的 750(mol/L)⁻¹·

cm^{-1}相一致,TMP 的值与 Baeza 报道的 2942(mol/L)$^{-1}$·cm^{-1}相一致,IBU 的值与 Yuan 报道的 256(mol/L)$^{-1}$·cm^{-1}相一致,SMZ 的值与 Yi Yang 报道的 16200(mol/L)$^{-1}$·cm^{-1}及 Baeza 报道的值 16580(mol/L)$^{-1}$·cm^{-1}相一致。其他 PPCPs 的摩尔吸光系数暂未见报道。

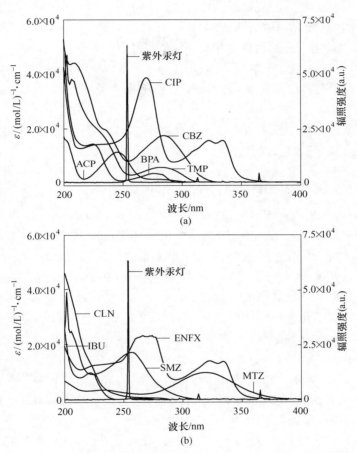

图 3-10 十种典型 PPCPs 的摩尔吸光系数(a)与低压汞灯的发射光谱叠加图(b)

处于表观反应速率常数 C 类区间的 PPCPs 的摩尔吸光系数都在 16000(mol/L)$^{-1}$·cm^{-1}以上,平均摩尔吸光系数 17697(mol/L)$^{-1}$·cm^{-1},显示出对 254nm 紫外光极强的吸收能力,因而降解速率更快。Baeza 的研究表明,磺胺类药物(SMZ)具有相比于其他类化合物更大的摩尔吸光系数,可能与它们具有对氨基苯磺酰胺结构有关。而喹诺酮类(CIP、ENFX)相比于其他类 PPCPs 的摩尔吸光系数也更高。CBZ 和 ACP 的摩尔吸光系数也比较大,可能与它们具有羰基有关。BPA 和 IBU 的摩尔吸光系数很弱,因此它们的直接光解也比较低。

摩尔吸光系数的值与 pH 值有关，而 pH 值主要影响 PPCPs 的存在形态。本节研究除了 TMP 等少数 PPCPs 以外，其他药物包括磺胺类、喹诺酮类药物都表现出离子形态比中性形式（分子形式）更高的摩尔吸光系数，如 SMZ^- 的摩尔吸光系数为 $16968.59(mol/L)^{-1} \cdot cm^{-1}$，而分子态 SMZ 为 $11808.95(mol/L)^{-1} \cdot cm^{-1}$；$IBU^-$ 的摩尔吸光系数为 $285.64(mol/L)^{-1} \cdot cm^{-1}$，而分子态 IBU 为 $248.41(mol/L)^{-1} \cdot cm^{-1}$；$MTZ^+$ 的摩尔吸光系数为 $2645.44(mol/L)^{-1} \cdot cm^{-1}$，而分子态 MTZ 为 $2201.00(mol/L)^{-1} \cdot cm^{-1}$等。磺胺类药物 SMZ 的 pK_a 为 5.81 和 1.39、在 pH = 7.55 时大部分（98.8%）以 SMZ^- 的形式存在，因此具有非常高的摩尔吸光系数。Baeza 等人也发现磺胺类药物的离子形态的摩尔吸光系数比其分子形式要大，但是 TMP 与其相反。

量子产率是光化学反应中光量子的利用率，φ_{PPCPs} 可以通过 PPCPs 的直接光解实验并以公式（3-9）进行计算：

$$\varphi_{PPCPs} = \frac{r_{UV}}{I_0 \times (1 - 10^{-\varepsilon_{PPCPs} l [PPCPs]})} \tag{3-9}$$

式中，φ_{PPCPs} 为 PPCPs 在 254nm 处的量子产率，mol/Einstein；r_{UV} 为 PPCPs 的直接光解速率，$(mol/L) \cdot s^{-1}$；I_0 为光化学反应体系的有效光强，$(Einstein/L) \cdot s^{-1}$；$\varepsilon_{PPCPs}$ 为 PPCPs 在 254nm 处的摩尔吸光系数，$(mol/L)^{-1} \cdot cm^{-1}$；$l$ 为光化学反应体系的有效光程，cm；[PPCPs] 为溶液中 PPCPs 的浓度，mol/L。

本节中的 I_0 为 7.50×10^{-6} $(Einstein/L) \cdot s^{-1}$，$l$ 为 1.32cm，[PPCPs] 为 10μmol/L。不同的化合物结构导致量子产率的差异，十种 PPCPs 量子产率的测得值分布在 3.19×10^{-4} mol/Einstein(CBZ) 到 8.51×10^{-2} mol/Einstein(IBU) 之间，其中 ACP 为 1.47×10^{-3} mol/Einstein、BPA 为 4.83×10^{-3} mol/Einstein、CBZ 为 3.19×10^{-4} mol/Einstein、TMP 为 1.52×10^{-3} mol/Einstein、CIP 为 1.56×10^{-2} mol/Einstein、CLN 为 5.10×10^{-2} mol/Einstein、IBU 为 8.51×10^{-2} mol/Einstein、MTZ 为 9.36×10^{-3} mol/Einstein、ENFX 为 4.27×10^{-2} mol/Einstein、SMZ 为 2.87×10^{-2} mol/Einstein。本节中获得 BPA 的量子产率与 Baeza 的报道值 4.6×10^{-3} mol/Einstein 一致，TMP 的量子产率与 Baeza 的报道值 1.18×10^{-3} mol/Einstein 一致，SMZ 的量子产率介于 Yang 的报道值 2.15×10^{-2} mol/Einstein 及 Baeza 的报道值 2.97×10^{-2} mol/Einstein 之间。CIP、SMZ、ENFX 以较高的摩尔吸光系数［均值 $17697(mol/L)^{-1} \cdot cm^{-1}$］和较高的量子产率（均值 2.90×10^{-2} mol/Einstein）共同决定了它们具有较高的直接光解速率。由测量值可知，虽然 CBZ［$8536.47(mol/L)^{-1} \cdot cm^{-1}$］和 TMP［$3078.56(mol/L)^{-1} \cdot cm^{-1}$］的摩尔吸光系数不是特别低，但是由于 TMP（$1.52 \times 10^{-3}$ mol/Einstein）和 CBZ（3.19×10^{-4} mol/Einstein）的量子产率极低，导致 TMP 和 CBZ 的直接光解速率较低。

表 3-3 中，CIP、ENFX 和 SMZ 在 UV 辐射下的半衰期（$t_{1/2}$）相对较短，分

别为 0.05h、0.02h 和 0.03h，而 CBZ、BPA 和 TMP 在 UV 辐射下的半衰期（$t_{1/2}$）相对较高，分别为 4.94h、3.24h 和 2.73h。由于日光中也含有一定的紫外辐射，因此对 PPCPs 也有一定的降解作用。十种 PPCPs 在 UV 照射下的半衰期差异，表明它们在自然环境中受日光照射的直接光降解可能也会存在差异。因此，那些半衰期比较长的 PPCPs（如 CBZ、TMP 等）在自然环境中残留和累积的可能性更高，对人类和生态环境的潜在威胁也更大。

表 3-3 十种 PPCPs 的 k_{UV}、半衰期、摩尔系数及量子产率

PPCPs	k_{UV} /min^{-1}	$t_{1/2}$ /h	ε_{PPCPs} /(mol/L)$^{-1} \cdot$ cm^{-1}	ε_{PPCPs} 报道值 /(mol/L)$^{-1} \cdot$ cm^{-1}	φ_{PPCPs} /mol $\cdot$ Einstein^{-1}	φ_{PPCPs} 报道值 /mol $\cdot$ Einstein^{-1}
ACP	1.02×10^{-2}	1.13	8009.84	—	1.43×10^{-3}	—
BPA	3.57×10^{-3}	3.24	793.42	750	4.68×10^{-3}	4.6×10^{-3}
TMP	4.24×10^{-3}	2.73	3078.56	2942	1.47×10^{-3}	1.18×10^{-3}
CIP	0.23	0.05	19576.89	—	1.52×10^{-2}	—
CLN	5.09×10^{-2}	0.23	1077.10	—	4.94×10^{-2}	—
IBU	2.26×10^{-2}	0.51	283.64	256	9.10×10^{-2}	0.1923
MTZ	1.89×10^{-2}	0.61	2201.00	—	9.07×10^{-3}	—
ENFX	0.56	0.02	16545.52	—	4.16×10^{-2}	—
SMZ	0.38	0.03	16968.59	16200 16580	2.80×10^{-2}	2.15×10^{-2} 2.97×10^{-2}
CBZ	2.34×10^{-3}	4.94	8536.47	5728 6070 6025	3.09×10^{-4}	—

3.5 无机阴离子的影响

在自然水体环境中存在 Cl^-、SO_4^{2-}、NO_3^- 和 HCO_3^- 等主要无机阴离子，这些离子会对 PPCPs 在水体的直接光解产生一定的影响。因此，选择了两种代表性的 PPCPs：IBU 和 MTZ，通过在单独 UV 辐射体系中加入不同浓度的 Cl^-、SO_4^{2-}、NO_3^- 和 HCO_3^- 来研究无机阴离子对单独 UV 体系中 PPCPs 降解的影响。

单独 UV 降解 IBU 的体系中分别加入 0~4mmol/L 的 Cl^-、SO_4^{2-} 和 HCO_3^-，IBU 的直接光解几乎没有受到任何影响，如图 3-11 所示。经实际测得 SO_4^{2-}、NO_3^-、HCO_3^- 和 Cl^- 在 254nm 处摩尔吸光系数极低，表 3-4 中分别为 0.31(mol/L)$^{-1} \cdot$ cm^{-1}、3.53(mol/L)$^{-1} \cdot$ cm^{-1}、0.11(mol/L)$^{-1} \cdot$ cm^{-1} 和 0.045(mol/L)$^{-1} \cdot$ cm^{-1}，相比于 IBU 的摩尔吸光系数 [283.64(mol/L)$^{-1} \cdot$ cm^{-1}] 小很多，可以

认为它们竞争紫外光的作用不明显。不同于 Cl^-、SO_4^{2-} 和 HCO_3^-，NO_3^- 对 IBU 的直接光解有促进作用，随着 NO_3^- 的浓度从 0mmol/L 增加到 4mmol/L，IBU 的直接光解速率提高了 100.33%。分析认为，主要原因是 NO_3^- 能够吸收紫外光，并在如下的一系列光解反应过程中以较低的量子产率产生 ·OH 等自由基，这些自由基能够与 IBU 进一步反应从而加快 IBU 的降解。尽管 NO_3^- 对体系中 IBU 的直接光解有促进作用，但 IBU 的直接光解相比其他高级氧化技术的降解作用仍然很低。

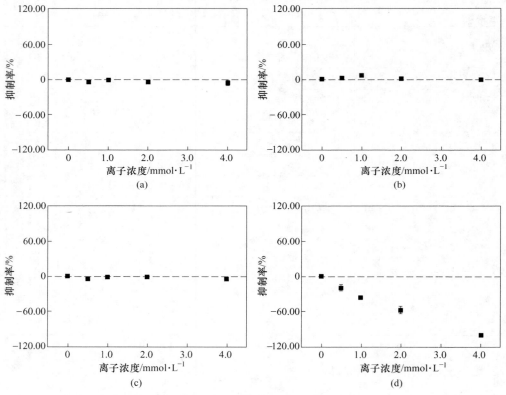

图 3-11　无机阴离子对 IBU 直接光解的影响

([IBU] = 10μmol/L，I_0 = 7.50 × 10^{-6} (Einstein/L)·s^{-1}，l = 0.935cm，pH = 7.55)

(a) SO_4^{2-}；(b) Cl^-；(c) HCO_3^-；(d) NO_3^-

表 3-4　无机阴离子的摩尔吸光系数

无机阴离子	Cl^-	SO_4^{2-}	NO_3^-	HCO_3^-
摩尔吸光系数 /(mol/L)$^{-1}$·cm^{-1}	0.045	0.31	3.53	0.11

$$NO_3^- + h\nu \longrightarrow NO_2^- + \frac{1}{2}O_2 \qquad (3\text{-}10)$$

$$NO_3^- + h\nu \longrightarrow NO_2^- + O^{\cdot-} \tag{3-11}$$

$$2NO_2^{\cdot} + H_2O \longrightarrow NO_2^- + NO_3^- + 2H^+ \tag{3-12}$$

$$\frac{1}{2}O_2 + H_2O \longrightarrow 2\cdot OH \tag{3-13}$$

$$O^{\cdot-} + H_2O \longrightarrow \cdot OH + HO^- \tag{3-14}$$

单独 UV 降解 MTZ 的体系中分别加入 0~10mmol/L 的 Cl^-、SO_4^{2-} 和 HCO_3^-，MTZ 的直接光解几乎没有受到任何影响，如图 3-12 所示。但是，NO_3^- 对 MTZ 的直接光解有促进作用，随着 NO_3^- 的浓度从 0mmol/L 增加到 10mmol/L，MTZ 的直接光解速率提高了 800%。分析认为，主要原因是 NO_3^- 能够吸收紫外光，并在一系列光解反应过程中以较低的量子产率产生 ·OH 等自由基，这些自由基能够进一步氧化 MTZ 从而加快 MTZ 的降解。尽管 NO_3^- 对体系中 MTZ 的直接光解有促进作用，但 MTZ 的直接光解相比其他高级氧化技术的降解作用仍然很低。

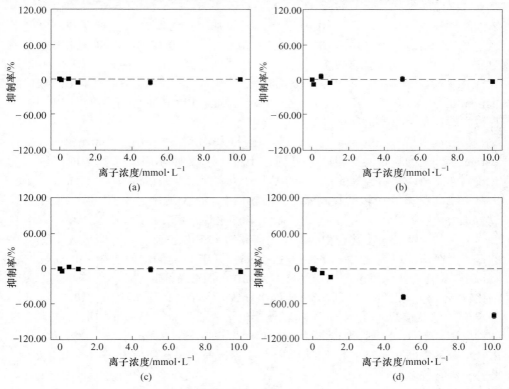

图 3-12 无机阴离子对 MTZ 直接光解的影响

([MTZ] = 10μmol/L, I_0 = 7.50 × 10^{-6}(Einstein/L)·s^{-1}, l = 0.935cm, pH = 7.55)

(a) SO_4^{2-}； (b) Cl^-； (c) HCO_3^-； (d) NO_3^-

总体而言，无机阴离子的摩尔吸光系数相对于 PPCPs[285.64~19576.89 $(mol/L)^{-1} \cdot cm^{-1}$] 来说非常小，因而和 PPCPs 竞争紫外光的作用不明显，导致 Cl^-、SO_4^{2-} 和 HCO_3^- 对 PPCPs 的降解几乎无影响。但是，NO_3^- 能够在紫外光激发作用下，通过一系列的光解过程中以较低的量子产率产生 ·OH 等自由基。尽管 ·OH 的浓度可能很低，但是由于 ·OH 与 PPCPs 的二级反应速率常数一般较高[$1 \times 10^7 \sim 1 \times 10^9 (mol/L)^{-1} \cdot s^{-1}$]，因而仍然能够显著加快 PPCPs 的降解。

3.6 降解机理分析

前节分析了十种典型 PPCPs 的直接光解动力学特征并发现不同 PPCPs 的直接光解差异较大，本节从以下几个方面对这种差异进行解释。

（1）从分子结构上分析：具有较高 k_{UV} 的 PPCPs 主要为喹诺酮类（CIP、ENFX）和磺胺类药物（SMZ）。喹诺酮类抗生素的基本骨架均为氮（杂）双并环结构，且含有较多 >NH、>N—供电子能力强的基团，而磺胺类药物则具有对氨基苯磺酰胺结构，含有较多的—SO_2—双键—级—C =N—C =C—共轭双键等不饱和键及—NH_2、>NH 等供电子能力强的基团，两类结构相对复杂，也更不稳定。而具有较低 k_{UV} 的 PPCPs 的结构比较稳定，主要基团得失电子能力差异不明显，如 IBU、TMP 含有较多供电子能力比较弱的—CH_3、—CO—CH_3。CBZ 是含有 $RCONR_2$ 结构的二苯并氮杂类抗癫痫药。Kim 等人发现具有 $RCONR_2$ 结构的化合物在 UV 照射下的降解行为十分消极。因此，PPCPs 的分子结构对 PPCPs 的直接光解速率有重要的影响。

（2）从对紫外光的吸收能力分析：紫外吸收光谱显示 CIP、SMZ 和 ENFX 对 254nm 紫外光的吸收能力更强，分列这十种 PPCPs 摩尔吸光系数的前三位，具有较高 k_{UV} 的 C 类化合物的平均摩尔吸光系数达到 17697$(mol/L)^{-1} \cdot cm^{-1}$，显示出对 254nm 紫外光极强的吸收能力，而较低 k_{UV} 的 A 类化合物平均摩尔吸光系数仅有 4136.15$(mol/L)^{-1} \cdot cm^{-1}$，B 类化合物的平均摩尔吸光系数仅为 2892.89$(mol/L)^{-1} \cdot cm^{-1}$。虽然 A 类化合物的摩尔吸光系数大于 B 类化合物，但是 A 类化合物的量子产率均值仅为 2.22×10^{-3} mol/Einstein，低于 B 类的均值 3.01×10^{-2} mol/Einstein。C 类化合物的量子产率均值（2.90×10^{-2} mol/Einstein）较高，与 B 类 PPCPs 的比较接近，但是更强的吸收紫外光能力导致 C 类 PPCPs 直接光解更快。

（3）从轨道跃迁所需能量分析：外层电子吸收紫外光从基态向激发态主要有四种轨道跃迁方式，所需能量大小顺序为：$\sigma \to \sigma^* > n \to \sigma^* > \pi \to \pi^* > n \to \pi^*$。PPCPs 苯环上的共轭键在紫外光激发作用下，吸收能量后能发生 $\pi \to \pi^*$ 轨道跃迁。此外，含有较多—S =O 双键及—C =N—C =C—共轭双键等不饱和键的 PPCPs，其不饱和键吸收较低的能量就可以发生 $\pi \to \pi^*$ 轨道跃迁，C 类的 SMZ 的—NH_2 基团还能发生 $n \to \sigma^*$ 轨道跃迁。但是，IBU 等 PPCPs 的饱和烷烃链需要吸收更多的能量才能发生 $\sigma \to \sigma^*$ 跃迁。从发生轨道跃迁的化学键所需要的能量分析，C 类化合物所需的能量比其他类都要低，可发生跃迁的形式和路径也更多。

(4) 从紫外光激发 PPCPs 降解路径分析：C 类化合物的—NH_2、—S—、—NH、—N—O—键都能发生解离形成不同的光解产物，如磺胺甲恶唑是磺胺（硫胺）的衍生物，其化学结构含—SO_2—基团。当具有—SO_2—基团的化合物用 UV 光解时，—SO_2—基团可以通过—SO_2—与其侧原子之间的键断裂而与化合物分离，这些化合物可在 UV 光解过程中通过破坏 C—S 键而降解。除了这两种类型的光降解外，预期所有磺酰胺衍生物都具有 N—H 键的断裂反应。而 A 类、B 类的解离位点和途径则相对较少，如 CBZ 仅在紫外光的诱导作用下主要断裂 C—N 键脱去—CO(NH_2) 基团而生成 5H-dibenzo[b,f]azepine；IBU 则主要在紫外光诱导下在—COOH 键上发生解离。C 类 PPCPs 具有更多的解离位置和降解路径，因而直接光解速率更高。

(5) 从体系中 PPCPs 的形态比例分析：PPCPs 在不同 pH 值条件下具有不同的形态比例，而不同形态的 PPCPs 具有不同的分子结构特性和光学特征，从而影响不同 pH 值条件下 PPCPs 的直接光解。C 类化合物的 pK_a 大多位于 7.55 附近（如 ENFX 的 pK_a 为 6.72 和 2.68，SMZ 的 pK_a 为 5.81 和 1.39），主要存在形态为离子。而大部分 A 类和 B 类 PPCPs（如 MTZ、CBZ、ACP、BPA 等）在 pH=7.55 时都是分子态或者以分子态为主。大部分 PPCPs 的离子态对紫外光的吸收能力大于分子态的，如 SMZ^- 的摩尔吸光系数为 16968.59(mol/L)$^{-1} \cdot$ cm^{-1}，而分子态 SMZ 为 11808.95(mol/L)$^{-1} \cdot$ cm^{-1}；IBU^- 的摩尔吸光系数为 285.64(mol/L)$^{-1} \cdot$ cm^{-1}，而分子态 IBU 为 248.41(mol/L)$^{-1} \cdot$ cm^{-1}；MTZ^+ 的摩尔吸光系数为 2645.44(mol/L)$^{-1} \cdot$ cm^{-1}，而分子态 MTZ 为 2201.00(mol/L)$^{-1} \cdot$ cm^{-1} 等。有研究表明，离子形态的化合物对紫外光的吸收能量更强，如离子形态 SMZ^- 的不成对电子（—N—）在紫外吸收光谱中发生"蓝移"，而且在 254nm 处的吸收更强。Baeza 等人发现磺胺类药物的离子形态的摩尔吸光系数比其分子形式要大，但是 TMP 例外。试验研究表明，IBU 和 MTZ 的直接光解速率与其形态直接相关，尤其是 IUB 的光解速率受其形态影响更为明显，离子态 IBU 的光降解速率 [28.80×10^{-3} (μmol/L)·min^{-1}] 明显高于分子态 IBU 的光降解速率 [4.25×10^{-3} (μmol/L)·min^{-1}]。

(6) 从分子微观结构上分析：$E_{LUMO}-E_{HOMO}$ 的差值（能带隙）反映了化合物发生电子跃迁所需要的能量，在很大程度上能够反映化合物光化学反应的特性，$E_{LUMO}-E_{HOMO}$ 的差值越小越容易被激发。本节研究利用 SMD/M06-2X/6-31+G** 基组和方法分别计算 PPCPs 的电子云分布及最高占据轨道能（HOMOs）和最低未占据轨道能（LUMOs），结果见表 3-5（红色和绿色分别代表 HOMO、LUMO 轨道正电荷和负电荷形成的电子云密度）。从表 3-5 中可以看出，C 类 ENFX 和 CIP 的 $E_{LUMO}-E_{HOMO}$ 相比 B 类的和 A 类 PPCPs 的 $E_{LUMO}-E_{HOMO}$ 均要低 0.15~1.98eV；C 类 SMZ 的 $E_{LUMO}-E_{HOMO}$ 相比除 CBZ 和 MTZ 以外的 B 类和 A 类 PPCPs 的 $E_{LUMO}-$

表 3-5 PPCPs 的 HOMO 和 LUMO 的电子云分布和能差计算 (eV)

A 类	CBZ	BPA	TMP
HOMO			
LUMO			
E_{HOMO}	−7.46	−7.26	−7.29
E_{LUMO}	−0.76	0.34	0.19
$E_{LUMO} - E_{HOMO}$	6.70	7.60	7.48
B 类	ACP	MTZ	IBU	CLN
HOMO				

(注：B 类一行含四列：ACP、MTZ、IBU、CLN)

续表 3-5

B 类	ACP	MTZ	IBU	CLN
LUMO				
E_{HOMO}	-8.58	-8.38	-7.88	-7.78
E_{LUMO}	-0.90	-1.71	0.30	0.13
$E_{LUMO} - E_{HOMO}$	7.68	6.67	8.18	7.91
C 类	CIP	SMZ	ENFX	
HOMO				
LUMO				
E_{HOMO}	-7.21	-7.40	-7.55	
E_{LUMO}	-1.01	-0.17	-1.03	
$E_{LUMO} - E_{HOMO}$	6.20	7.23	6.52	

E_{HOMO} 均要低 0.25~0.95eV；这表明 C 类发生轨道跃迁所需等能垒比 B 类和 A 类 PPCPs 需要的更低，因而更容易受紫外光激发发生光降解。尽管 CBZ 和 MTZ 的 $E_{LUMO}-E_{HOMO}$ 低于 SMZ 的，但是 CBZ 和 MTZ 的摩尔吸光系数分别仅为 SMZ 的 50.31% 和 12.97%，量子产率仅为 SMZ 的 1.10% 和 32.39%，较低的摩尔吸光系数和量子产率限制了 CBZ 和 MTZ 的直接光解速率，导致 CBZ 和 MTZ 的直接光解速率远低于 SMZ。

4 非甾体类 PPCPs——布洛芬的自由基降解机制

非甾体类抗炎药是全球使用量最大的一种药物种类。近年来，非甾体抗炎药物布洛芬（IBU，Ibuprofen）作为常用的消炎止痛剂得到越来越广泛的使用，但随之而来的是其在地表水中的残留问题也越来越突出。第 3 章 IBU 直接光解的研究表明，单独 UV 辐照难以对 IBU 有效降解。为此，本章研究采用 UV/H_2O_2 和 UV/$S_2O_8^{2-}$ 两种高级氧化技术降解 IBU，通过试验研究和量子化学计算从微观分子层面阐明非甾体结构类药物 IBU 的自由基降解机制。

4.1 UV/H_2O_2 体系和 UV/$S_2O_8^{2-}$ 体系中布洛芬的降解动力学

4.1.1 IBU 降解动力学

相比 UV 体系，UV/H_2O_2 和 UV/$S_2O_8^{2-}$ 体系中 IBU 的降解显著增加，如图 4-1 所示。图 4-1（a）显示在 pH=3.00、光强为 7.60×10^{-6}（Einstein/L）·s^{-1} 的 UV 体系加入 100μmol/L 的 H_2O_2/$S_2O_8^{2-}$，IBU（初始浓度 10μmol/L）的初始降解速率分别提高为 1.39（μmol/L）·min^{-1} 和 3.12（μmol/L）·min^{-1}，而该条件下单独 UV 体系中 IBU 的直接光解速率仅为 0.058（μmol/L）·min^{-1}。图 4-1（b）显示在 pH=7.55，光强为 7.60×10^{-6}（Einstein/L）·s^{-1} 的 UV 体系加入 100μmol/L 的 H_2O_2/$S_2O_8^{2-}$，IBU（初始浓度 10μmol/L）的初始降解速率分别提高为 1.53（μmol/L）·min^{-1} 和 2.25（μmol/L）·min^{-1}，而该条件下单独 UV 体系中 IBU 的直接光解速率仅为 0.15（μmol/L）·min^{-1}。

在加入 100μmol/L 的 H_2O_2/$S_2O_8^{2-}$ UV 体系中，IBU 的降解速率得到显著提高的主要原因是 IBU 降解的主导机制由紫外光激发 IBU 直接光解转变成紫外活化 H_2O_2/$S_2O_8^{2-}$ 产生 ·OH/SO_4^- 对 IBU 的介导氧化。这个结果与 Xiao 等人报道的自由基在 UV/H_2O_2 降解碘化三卤甲烷中起主要作用的结论一致。因此，体系中 IBU 的降解在很大程度上依赖于体系中 ·OH/SO_4^- 的生成。

同等条件下，IBU 在 UV/$S_2O_8^{2-}$ 体系中的降解速率比 UV/H_2O_2 体系更高（pH=3.00 和 pH=7.55 时分别高 124% 和 47%），显示 UV/$S_2O_8^{2-}$ 能更高效地降解 IBU。IBU 在 UV/$S_2O_8^{2-}$ 体系的降解速率比 UV/H_2O_2 体系更高的主要原因是，

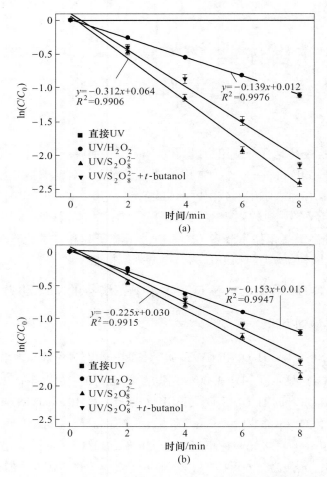

图 4-1 UV、UV/H_2O_2 和 UV/$S_2O_8^{2-}$ 体系中 IBU 降解动力学的降解拟合一级动力学方程

([IBU]=10μmol/L,[H_2O_2]=[$S_2O_8^{2-}$]=100μmol/L,I_0=7.60×10^{-6}(Einstein/L)·s^{-1})

(a) pH=3.00;(b) pH=7.55

$S_2O_8^{2-}$ 的摩尔吸光系数 [21.1(mol/L)$^{-1}$·cm^{-1}] 和量子产率 (0.7mol/Einstein) 比 H_2O_2 [19.6(mol/L)$^{-1}$·cm^{-1},0.5mol/Einstein] 均要高,同等条件下能够生成更多的 $SO_4^{-\cdot}$,且 $SO_4^{-\cdot}$ 的半衰期比 ·OH 的较长。

4.1.2 自由基鉴定

上一节动力学分析明确了 IBU 在 UV/H_2O_2 和 UV/$S_2O_8^{2-}$ 体系降解加快的主要原因是自由基的介导氧化,但是对于 UV/$S_2O_8^{2-}$ 降解 IBU 的体系中是否存在 ·OH 及 ·OH 对 IBU 降解的贡献需要进一步的研究。本小节分别使用对苯二甲酸

（TPA，Terephthalic acid）和叔丁醇来鉴定 UV/H_2O_2 和 UV/$S_2O_8^{2-}$ 体系中是否存在 ·OH。

目前，TPA 常被用于通过荧光法测量反应体系中的 ·OH。TPA 自身不发荧光，但能与 ·OH 反应生成具有荧光特性的产物 2-羟基对苯二甲酸（HTPA），如图 4-2 所示。由于 TPA 结构的对称性，2-羟基对苯二甲酸是唯一产物。

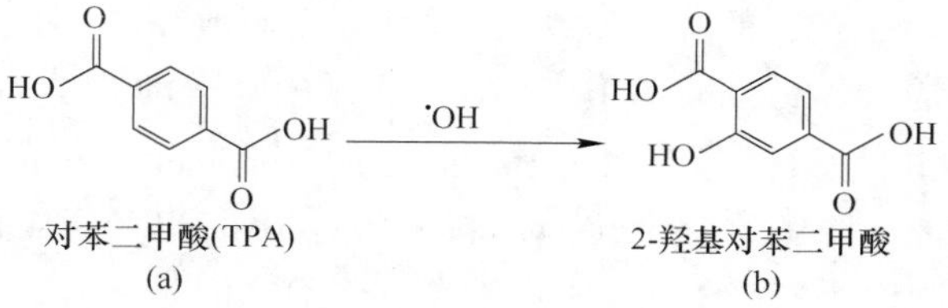

图 4-2　TPA 与 ·OH 的反应

（a）无荧光；（b）荧光

由图 4-3 可知，在 UV/H_2O_2 体系和 UV/$S_2O_8^{2-}$ 体系中均有 ·OH 存在，且同等条件下 UV/H_2O_2 体系中产生 ·OH 的速率相比于 UV/$S_2O_8^{2-}$ 体系要更高。分析认为，主要原因是 UV/$S_2O_8^{2-}$ 体系中 ·OH 是 $SO_4^{-·}$ 与 H_2O/OH^- 反应生成的次生自由基，受 $SO_4^{-·}$ 与 H_2O/OH^- 二级反应速率常数 [分别为 $6.5 \times 10^7 (mol/L)^{-1} \cdot s^{-1}$ 和 $8.3 (mol/L)^{-1} \cdot s^{-1}$] 和体系中 H_2O/OH^- 的浓度限制而数量有限。在 UV/$S_2O_8^{2-}$ 体系中，pH=3.00 时 ·OH 的产生速率与 pH=7.55 时相比均要低，主要原因是中性条件下体系中存在 OH^- 更多，而 $SO_4^{-·}$ 与 OH^- 的反应速率常数 [$6.5 \times 10^7 (mol/L)^{-1} \cdot s^{-1}$] 比 $SO_4^{-·}$ 与 H_2O [$8.3 (mol/L)^{-1} \cdot s^{-1}$] 更高，有利于 ·OH 的生成。

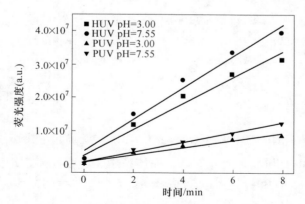

图 4-3　随时间变化的 HTPA 荧光信号强度

（[TPA]=25μmol/L，[H_2O_2]=[$S_2O_8^{2-}$]=25μmol/L，I_0=6.16×10^{-6}（Einstein/L）·s^{-1}）

本小节还通过在 UV/$S_2O_8^{2-}$ 体系加入叔丁醇（t-butanol）来验证 ·OH 的存在

及测定 $UV/S_2O_8^{2-}$ 体系中·OH 的相对贡献。t-butanol 与·OH 的 k 值为 $(3.8 \sim 7.6) \times 10^8 (mol/L)^{-1} \cdot s^{-1}$,而 t-butanol 与 $SO_4^{-\cdot}$ 的 k 值仅为 $(7.0 \sim 9.1) \times 10^5 (mol/L)^{-1} \cdot s^{-1}$,前者比后者高大约 3 个数量级。相比于 PPCPs 与 $SO_4^{-\cdot}$ 的 k 值 $[1 \times 10^8 \sim 1 \times 10^9 (mol/L)^{-1} \cdot s^{-1}]$,$t$-butanol 对 PPCPs 与 $SO_4^{-\cdot}$ 的反应影响很小。当 $UV/S_2O_8^{2-}$ 体系中存在·OH 时,加入合适的 t-butanol 能抑制 IBU 的降解;而当 $UV/S_2O_8^{2-}$ 体系中不存在·OH 时,IBU 的降解动力学不会有任何改变。因此,可以通过比较 IBU 在未加入和加入 t-butanol 的 $UV/S_2O_8^{2-}$ 体系中降解动力学的改变来判断是否存在·OH。酸性和中性条件分别加入 1mmol/L 的 t-butanol(t-butanol:IBU = 100:1)时,IBU 的 8min 降解率分别比不加叔丁醇 t-butanol 时下降了 1.6% 和 3.6%,如图 4-4 所示。这说明 $UV/S_2O_8^{2-}$ 体系中存在·OH,但是·OH 对 IBU 的降解并不起主要作用,这和上一节动力学分析的结论一致。

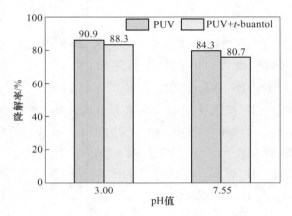

图 4-4 PUV 和 PUV+t-butanol 的 8min 降解率对比

(PUV:$UV/S_2O_8^{2-}$;[IBU] = 10μmol/L,[$S_2O_8^{2-}$] = 100μmol/L,[t-butanol] = 1mmol/L,I_0 = 7.50×10^{-6}(Einstein/L)·s^{-1})

4.1.3 竞争动力学

上一节明确了·OH 对 UV/H_2O_2 体系中 IBU 的降解起主要作用;$SO_4^{-\cdot}$ 对 $UV/S_2O_8^{2-}$ 体系中 IBU 的降解起主要作用,而体系中·OH 起次要作用。因此,本小节主要测定 IBU 与·OH/$SO_4^{-\cdot}$ 反应的重要动力学参数——二级反应速率常数 $k_{IBU,·OH}$ 和 $k_{IBU,SO_4^{-\cdot}}$。

IBU 和·OH 的二级反应速率常数($k_{IBU,·OH}$)可以通过竞争动力学的方法测定。4-氯苯甲酸(pCBA)是比较常用的测定 IBU 和·OH 的反应速率常数的参比物质。pCBA 与·OH 的二级反应速率常数已知 [中性时为 5.0×10^9 $(mol/L)^{-1} \cdot s^{-1}$,

酸性时为 $4.5×10^9$ $(mol/L)^{-1}·s^{-1}$],且 pCBA 和 ·OH 的反应受其他物质的干扰较少。$k_{IBU, ·HO}$ 可以通过公式 (4-1) 计算:

$$\frac{k_{IBU, ·OH/SO_4^{-}}}{k_{pCBA, ·OH/SO_4^{-}}} = \frac{\left(\ln\frac{[IBU]_t}{[IBU]_0}\right)_{tot} - \left(\ln\frac{[IBU]_t}{[IBU]_0}\right)_{UV}}{\left(\ln\frac{[pCBA]_t}{[pCBA]_0}\right)_{tot} - \left(\ln\frac{[pCBA]_t}{[pCBA]_0}\right)_{UV}} = \frac{k_{tot,IBU} - k_{UV,IBU}}{k_{tot,pCBA} - k_{UV,pCBA}} \quad (4-1)$$

式中,$k_{IBU, ·OH/SO_4^{-}}$ 为 IBU 与 ·OH/SO$_4^{-}$ 的二级反应速率常数;$k_{pCBA, ·OH/SO_4^{-}}$ 为 pCBA 与 ·OH/SO$_4^{-}$ 的二级反应速率常数;$k_{tot,IBU}$ 为 IBU 在 UV/H$_2$O$_2$ 或 UV/S$_2$O$_8^{2-}$ 体系的一级表观反应速率常数;$k_{UV,IBU}$ 为 IBU 直接光解的一级表观反应速率常数;$k_{tot,pCBA}$ 为 pCBA 在 UV/H$_2$O$_2$ 或 UV/S$_2$O$_8^{2-}$ 体系的一级表观反应速率常数;$k_{UV,pCBA}$ 为 pCBA 直接光解的一级表观反应速率常数。

由此可知,$k_{tot,IBU} - k_{UV,IBU}$ 即为 ·OH/SO$_4^{-}$ 对 IBU 的降解速率,$k_{tot,pCBA} - k_{UV,pCBA}$ 即为 ·OH/SO$_4^{-}$ 对 pCBA 的降解速率,用 $k_{tot,IBU} - k_{UV,IBU}$ 对 $k_{tot,pCBA} - k_{UV,pCBA}$ 绘制斜率为 $k_{IBU, ·OH/SO_4^{-}}/k_{pCBA, ·OH/SO_4^{-}}$、截距为零的直线。

在 pH=3.00 和 pH=7.55 时,IBU 和 pCBA 与 ·OH 的平均反应速率常数之比分别为 0.686 和 1.047,如图 4-5 所示。因此,计算可得分子态和离子态 IBU 的 $k_{IBU, ·OH}$ 值分别为 $(3.43±0.09)×10^9 (mol/L)^{-1}·s^{-1}$ 和 $(5.93±0.15)×10^9 (mol/L)^{-1}·s^{-1}$。Packer 等人在芬顿体系中测定的 $k_{IBU, ·OH}$ 为 $6.50×10^9 (mol/L)^{-1}·s^{-1}$,这和本节的测定值稍微有点差异。分析认为,差异可能来源于两个方面:

(1) Packer 等人是在芬顿体系中测定 $k_{IBU, ·OH}$,而本节研究是 UV/H$_2$O$_2$ 体系;

(2) Packer 等人使用的参比物质为苯乙酮,而本节使用的参比物质为 pCBA。

Kwon 等人同样在 UV/H$_2$O$_2$ 体系中使用 pCBA 为参比物质测定 $k_{IBU, ·OH}$[5.57×

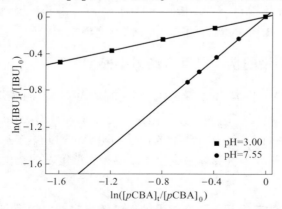

图 4-5 UV/H$_2$O$_2$ 体系中 IBU 和 pCBA 竞争动力学

([IBU]=[pCBA]=10μmol/L,[H$_2$O$_2$]=100μmol/L,I_0=6.16×10^{-6} (Einstein/L)·s^{-1},l=1.32cm)

$10^9(mol/L)^{-1} \cdot s^{-1}$,pH=7.00],则与本节的测定值 [$5.93×10^9(mol/L)^{-1} \cdot s^{-1}$,pH=7.55] 非常接近。pH=3.00 时的 k 值较 pH=7.55 时的小,主要原因是在 pH=7.55 时占据优势比例的 IBU 离子更具有亲水性,导致在水溶液中与自由基有更高的反应速率。此外,较高的 pH 值可对反应产生显著影响,例如离子态 IBU 的叔氢摘除反应过程的过渡态(TS)物质与氢键结合,显著降低活化能,从而产生更高的 $k_{·OH,IBU}$。事实上,之前研究的理论中 $k_{·OH,IBU}$ 接近扩散控制极限。表 4-1 为 IBU 与 $·OH/SO_4^{-·}$ 的二级反应速率常数汇总。

表 4-1 IBU 与 $·OH/SO_4^{-·}$ 的二级反应速率常数汇总

k	·OH		$SO_4^{-·}$	
	pH=3.00	pH=7.55	pH=3.00	pH=7.55
k_{RR}	$(3.43±0.06)×10^9$	$5.93×10^9$	$(1.12±0.42)×10^9$	$(1.13±0.38)×10^9$
k_{SS}	$(3.15±0.14)×10^9$	$5.89×10^9$	$(7.24±1.09)×10^8$	$(1.26±0.14)×10^9$
$k_{literature}$		$5.57×10^9$		$1.01×10^9$
		$(5.25±0.10)×10^9$		$3.80×10^9$
		$(6.50±0.20)×10^9$		
		$(7.40±1.20)×10^9$		
		$(7.04±0.52)×10^9$		
		$(6.08±0.11)×10^9$		
		$6.67×10^9$		

注:k_{RR} 和 k_{SS} 分别为用竞争动力学方法和动力学模型方法得到。

同时,本小节还通过竞争动力学方法得到 pH=3.00 和 pH=7.55 时的 $k_{SO_4^{-·},IBU}$ 值分别为 $(1.12±0.42)×10^9(mol/L)^{-1} \cdot s^{-1}$ 和 $(1.13±0.38)×10^9(mol/L)^{-1} \cdot s^{-1}$。在 pH=7.55 时测得的 $k_{SO_4^{-·},IBU}$ 值与之前报道的研究结果较为一致。

4.2 基于稳态假设的伪一级反应动力学模型

前节明确了 UV/H_2O_2 和 $UV/S_2O_8^{2-}$ 体系中 IBU 降解的主要机制及 IBU 与 $·OH/SO_4^{-·}$ 反应的二级反应速率常数。但是,对于 UV/H_2O_2 和 $UV/S_2O_8^{2-}$ 体系中自由基的浓度及各自由基对 IBU 降解的贡献不明确,因此本节通过基于稳态假设的伪一级反应动力学模型计算体系内自由基的稳态浓度及各自由基对 IBU 降解的贡献率。

4.2.1 UV/H_2O_2 体系中基于稳态假设的伪一级反应动力学模型

UV/H_2O_2 体系中 PPCPs 的降解动力学可以通过自由基稳态假设的伪一级反

应动力学模型来解释。此方法建立在以下假设的基础上，即 UV 激发 H_2O_2 产生的自由基（如 ·OH）对目标化合物的降解起主要作用和体系中的自由基浓度相对稳定。UV/H_2O_2 体系中存在的主要反应及反应速率常数均汇总在附录 A。UV/H_2O_2 体系（$[IBU]_0 = 10\mu mol/L$，$[H_2O_2]_0 = 625\mu mol/L$，$pH = 7.55$，$I_0 = 6.16\times 10^{-6}$（Einstein/L）·$s^{-1}$，$l = 1.32cm$）中 IBU 降解的动力学模型建立有如下步骤。

在稳态条件下，IBU 在 UV/H_2O_2 体系中的反应速率 $[r_{tot}, (mol/L)\cdot s^{-1}]$ 可以表示为式 (4-2)：

$$r_{tot} = r_{UV} + r_{·OH} \tag{4-2}$$

式中，r_{UV} 为 UV/H_2O_2 体系中 IBU 直接光解的初始反应速率；$r_{·OH}$ 为 IBU 与 ·OH 的反应速率，r_{UV} 和 $r_{·OH}$ 可以通过下面的公式表示：

$$r_{UV} = \varphi_{IBU} \times I_0 \times \frac{l\varepsilon_{IBU}[IBU]}{A} \times (1 - 10^{-A}) \tag{4-3}$$

$$r_{·OH} = k_{IBU, ·OH} \times [·OH]_{SS} \times [IBU] \tag{4-4}$$

$$A = l(\varepsilon_{IBU}[IBU] + \varepsilon_{H_2O_2}[H_2O_2]) \tag{4-5}$$

式中，I_0 为有效光强；l 为有效光程；A 为反应液的吸光度值；$\varepsilon_{H_2O_2}$ 为 H_2O_2 在 254nm 的摩尔吸光系数 $[19.6(mol/L)^{-1}\cdot cm^{-1}]$；$\varepsilon_{IBU}$ 为 IBU 在 254nm 的摩尔吸光系数；φ_{IBU} 为 IBU 在 254nm 的量子产率；$[·OH]_{SS}$ 为体系中 ·OH 的稳态浓度；$k_{IBU, ·OH}$ 为 IBU 与 ·OH 的二级反应速率常数。

本体系中，I_0 为 6.16×10^{-6}（Einstein/L）·s^{-1}，l 为 1.32cm。本小节研究的目标化合物 IBU 的摩尔吸光系数分别为 $248.41(mol/L)^{-1}\cdot cm^{-1}$（pH = 3.00）和 $283.64(mol/L)^{-1}\cdot cm^{-1}$（pH = 7.55），量子产率分别为 0.015mol/Einstein（pH = 3.00）和 0.091mol/Einstein（pH = 7.55）。

IBU 在 UV/H_2O_2 体系中遵循伪一级反应动力学方程（s^{-1}），公式如下：

$$k_{tot}[IBU] = k_{UV}[IBU] + k_{IBU, ·OH}[·OH]_{SS}[IBU] \tag{4-6}$$

在稳态条件下，·OH（$r_{0, ·OH}$）的产生速率是等于消耗速率。因此，·OH 的稳态浓度（如$[·OH]_{SS}$）可以通过式 (4-7) 计算：

$$0 = \frac{d[·OH]}{dt} = r_{0, ·OH} - (k_{IBU, ·OH}[IBU][·OH]_{SS} + k_1[H_2O_2][·OH]_{SS} +$$

$$k_2[HO_2^-][·OH]_{SS} + k_{H1}[·OH]_{SS}[H_2PO_4^-] + k_{H2}[·OH]_{SS}[HPO_4^{2-}] +$$

$$k_{Hi}[·OH]_{SS}[S_i]) \tag{4-7}$$

在 UV/H_2O_2 体系中，$r_{0, ·OH}$ 可以通过式 (4-8) 计算：

$$r_{0, ·OH} = 2\varphi_{·OH}E_H = 2\varphi_{·OH}I_0 f_{H_2O_2}(1 - 10^{-A}) \tag{4-8}$$

$$f_{H_2O_2} = \frac{l\varepsilon_{H_2O_2}[H_2O_2]}{A} \tag{4-9}$$

式中，$\varphi_{\cdot OH}$ 为 H_2O_2 在 254nm 的量子产率（0.5mol/Einstein）。

本小节中的 $r_{0,\cdot OH}$ 和 k_{tot} 的均值分别为 2.24×10^{-7}(mol/L)·s^{-1} 和 1.42×10^{-2} s^{-1}（pH=3.00），2.24×10^{-7}(mol/L)·s^{-1} 和 $1.77 \times 10^{-2} s^{-1}$（pH=7.55）。

通过以上公式，IBU 和 ·OH 的二级反应速率常数 $k_{IBU,\cdot OH}$ 及 ·OH 的稳态浓度 $[\cdot OH]_{SS}$ 分别可以通过以下公式计算：

$$k_{IBU,\cdot OH} = \frac{(k_{tot} - k_{UV})(k_1[H_2O_2] + k_2[HO_2^-] + k_{H1}[H_2PO_4^-] + k_{H2}[HPO_4^{2-}] + k_{Hi}[Si])}{2\varphi_H I_0 f_H(1 - 10^{-l\sum\varepsilon_i C_i}) - (k_{tot} - k_{UV})[IBU]} \tag{4-10}$$

$$[\cdot OH]_{SS} = \frac{2\varphi_H I_0 f_H(1 - 10^{-l\sum\varepsilon_i C_i})}{k_1[H_2O_2] + k_2[HO_2^-] + k_{IBU,\cdot OH}[IBU] + k_{H1}[H_2PO_4^-] + k_{H2}[HPO_4^{2-}] + k_{Hi}[Si]} \tag{4-11}$$

根据该动力学模型计算，可得分子态和离子态 IBU 的 $k_{IBU,\cdot OH}$ 分别为 $(3.47 \pm 0.11) \times 10^9(mol/L)^{-1}$·$s^{-1}$（pH=3.00）和 $(5.89 \pm 0.19) \times 10^9(mol/L)^{-1}$·$s^{-1}$（pH=7.55），这个值与本节中竞争动力学方法测定的值一致，验证了本动力学模型的可靠性。在初始条件为 pH=3.00 和 pH=7.55 时，$[\cdot OH]_{SS}$ 的均值分别为 4.06×10^{-12} mol/L 和 2.93×10^{-12} mol/L。Kwon 等人在 UV/H_2O_2 体系（$[H_2O_2]_0 = 0.5$mmol/L，$I_0 = 0.5$mW/cm^2，$l = 0.79$cm，$[IBU]_0 = 10\mu$mol/L，pH=7.00）中测定得到的 $[\cdot OH]_{SS}$ 为 0.27×10^{-12} mol/L，相比于本节测定的 $[\cdot OH]_{SS}$（4.06×10^{-12} mol/L，pH=3.00 和 2.93×10^{-12} mol/L，pH=7.55）偏小。分析认为，产生差异的主要原因有：

（1）本体系使用的 $[H_2O_2]_0$ 比其使用的略大；

（2）Kwon 等人研究中 I_0 和 l 都比本节中 [$I_0 = 6.16 \times 10^{-6}$（Einstein/L）·$s^{-1}$（3.83mW/cm^2），$l = 1.32$cm] 中使用的要小，导致其体系中 ·OH 的产生速率比本体系要慢。

UV/H_2O_2 体系中直接光解和 ·OH 对 IBU 降解的贡献率可以通过上述模型计算得到的 $k_{HO\cdot,IBU}$、$[\cdot OH]_{SS}$ 及式（4-2）~式（4-4）计算：

$$r_{tot}\left(\frac{r_{tot}}{r_{tot}}\right) = r_{UV}\left(\frac{r_{UV}}{r_{tot}}\right) + r_{\cdot OH}\left(\frac{r_{\cdot OH}}{r_{tot}}\right) \tag{4-12}$$

pH=3.00 的 UV/H_2O_2 体系中，r_{UV} 和 $r_{\cdot OH}$ 分别为 6.95×10^{-10}(mol/L)·s^{-1} 和

$1.41×10^{-7}(mol/L)·s^{-1}$。因此可得：

$$r_{tot}(100\%) = r_{UV}(0.49\%) + r_{·OH}(99.51\%)$$

同理，pH=7.55 的 UV/H$_2$O$_2$ 体系中，r_{UV} 和 $r_{·OH}$ 分别为 $4.72×10^{-9}(mol/L)·s^{-1}$ 和 $1.72×10^{-7}(mol/L)·s^{-1}$。因此可得：

$$r_{tot}(100\%) = r_{UV}(2.67\%) + r_{·OH}(97.33\%)$$

直接光解和 ·OH 对 IBU 的降解贡献率如图 4-6 所示。pH=3.00 时，·OH 对 IBU 降解的贡献率为 99.51%，而直接光解的贡献率仅为 0.49%；pH=7.55 时，·OH 对 IBU 降解的贡献率为 97.33%，而直接光解的贡献率仅为 2.67%。动力学模型结果表明，·OH 对体系中 IBU 的降解起主要作用，是 UV/H$_2$O$_2$ 体系中主要的活性物质。该结果也验证前节动力学分析时提出的 ·OH 在 UV/H$_2$O$_2$ 体系对 IBU 的降解起主要作用的结论。

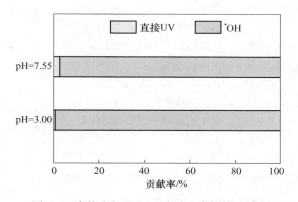

图 4-6 直接光解和 ·OH 对 IBU 降解的贡献率

UV/H$_2$O$_2$ 体系中，pH=7.55 时直接光解对 IBU 降解的贡献率从 0.49% 增加到了 2.67%，而 ·OH 的贡献率 99.51% 略微下降至 97.33%，主要原因是离子态 IBU 比分子态 IBU 直接光解能力强及 ·OH 受到体系中 HO$_2^-$ 的淬灭作用。HO$_2^-$ 淬灭 ·OH 会导致体系中 ·OH 的浓度降低，动力学模型显示 pH=7.55 的 UV/H$_2$O$_2$ 体系中 [·OH]$_{ss}$（$2.93×10^{-12}$ mol/L）小于 pH=3.00 的体系中 [·OH]$_{ss}$（$4.06×10^{-12}$ mol/L）。但是，由于离子态 IBU [$5.89×10^9(mol/L)^{-1}·s^{-1}$] 比分子态 IBU [$3.47×10^9(mol/L)^{-1}·s^{-1}$] 与 ·OH 的 k 值更高，因而 pH=7.55 时 IBU 的降解速率更快。因此，IBU 形态的相对比例是决定 IBU 在不同 pH 值条件 UV/H$_2$O$_2$ 体系中的降解速率的重要因素。由于离子态和分子态 IBU 的直接光解都较弱，因此 IBU 形态的相对比例主要通过影响体系中的 $k_{IBU,·OH}+k_{IBU^-,·OH}$，并与 HO$_2^-$ 一起控制体系中 ·OH 的稳态浓度。

4.2.2 $UV/S_2O_8^{2-}$ 体系中基于稳态假设的伪一级反应动力学模型

本小节通过建立基于稳态假设的伪一级反应动力学模型来研究 IBU 在 $UV/S_2O_8^{2-}$ 体系中的降解动力学。该模型基于以下假设,即 UV 激发 $S_2O_8^{2-}$ 产生的自由基(如 $SO_4^{-\cdot}$ 和 $\cdot OH$)在目标化合物的降解过程中起主导作用,且体系中的自由基浓度相对稳定。UV 活化 $S_2O_8^{2-}$ 产生 $SO_4^{-\cdot}$,$SO_4^{-\cdot}$ 与 H_2O/OH^- 反应生成 $\cdot OH$,因此 $UV/S_2O_8^{2-}$ 体系存在两种自由基,这也被 4.1 节所验证。$UV/S_2O_8^{2-}$ 体系中存在的主要反应及反应速率常数均汇总在附录 B。$UV/S_2O_8^{2-}$ 体系([IBU]$_0$ = 10μmol/L,[$S_2O_8^{2-}$]$_0$ = 550μmol/L,I_0 = 6.16×10^{-6}(Einstein/L)·s^{-1},l = 1.32cm,pH = 7.55)中 IBU 降解的反应动力学模型建立有如下步骤。

稳态条件下,IBU 在 $UV/S_2O_8^{2-}$ 体系中的反应速率 [r_{tot},(mol/L)·s^{-1}] 可以表示为:

$$r_{tot} = r_{UV} + r_{\cdot OH} + r_{SO_4^{-\cdot}} \tag{4-13}$$

式中,r_{UV} 为 $UV/S_2O_8^{2-}$ 体系中直接光解的初始反应速率;$r_{\cdot OH}$ 为 IBU 与 $\cdot OH$ 的反应速率;$r_{SO_4^{-\cdot}}$ 为 IBU 与 $SO_4^{-\cdot}$ 的反应速率。

r_{UV},$r_{\cdot OH}$ 和 $r_{SO_4^{-\cdot}}$ 可以通过下面的公式计算:

$$r_{UV} = \varphi_{IBU} \times I_0 \times \frac{l\varepsilon_{IBU}C_{IBU}}{A} \times (1 - e^{-2.303A}) \tag{4-14}$$

$$r_{\cdot OH} = k_{OH,IBU} \times [\cdot OH]_{SS} \times [IBU] \tag{4-15}$$

$$r_{SO_4^{-\cdot}} = k_{SO_4^{-\cdot},IBU} \times [SO_4^{-\cdot}]_{SS} \times [IBU] \tag{4-16}$$

$$A = l(\varepsilon_{IBU}[IBU] + \varepsilon_{S_2O_8^{2-}}[S_2O_8^{2-}]) \tag{4-17}$$

式中,I_0 为体系的紫外有效光强;l 为反应器的有效光程;A 为反应液的吸光度值;$\varepsilon_{S_2O_8^{2-}}$ 为 $S_2O_8^{2-}$ 在 254nm 的摩尔吸光系数 21.1(mol/L)$^{-1}$·cm^{-1};ε_{IBU} 为 IBU 在 254nm 的摩尔吸光系数;φ_{IBU} 为 IBU 在 254nm 的量子产率;[$\cdot OH$]$_{SS}$ 为体系中 $\cdot OH$ 的稳态浓度;[$SO_4^{-\cdot}$]$_{SS}$ 为体系中 $SO_4^{-\cdot}$ 的稳态浓度;$k_{OH,IBU}$ 为 IBU 与 $\cdot OH$ 的二级反应速率常数;$k_{SO_4^{-\cdot},IBU}$ 为 IBU 与 $SO_4^{-\cdot}$ 的二级反应速率常数。

IBU 在 $UV/S_2O_8^{2-}$ 体系中遵循伪一级反应动力学方程(s^{-1}),方程如下:

$$k_{tot}[IBU] = k_{UV}[IBU] + k_{SO_4^{-\cdot},IBU}[SO_4^{-\cdot}]_{SS}[IBU] + k_{HO\cdot,IBU}[\cdot OH]_{SS}[IBU] \tag{4-18}$$

在稳态条件下,$SO_4^{-\cdot}$($r_{0,SO_4^{-\cdot}}$)的产生速率是等于消耗速率的。因此,$SO_4^{-\cdot}$ 和 $\cdot OH$ 的稳态浓度(如[$SO_4^{-\cdot}$]$_{SS}$ 和[$\cdot OH$]$_{SS}$)可以通过以下公式计算:

$$r_{0,SO_4^{-\cdot}} = k_{SO_4^{-\cdot},IBU}[SO_4^{-\cdot}]_{SS}[IBU] + k_2[SO_4^{-\cdot}]_{SS}[OH^-] + k_3[SO_4^{-\cdot}]_{SS}[H_2O] + k_4[SO_4^{-\cdot}]_{SS}[S_2O_8^{2-}] + k_5[SO_4^{-\cdot}]_{SS}[SO_4^{-\cdot}]_{SS} + k_6[SO_4^{-\cdot}]_{SS}[\cdot OH]_{SS} +$$

$$k_9[SO_4^-]_{SS}[H_2PO_4^-] + k_{10}[SO_4^-]_{SS}[HPO_4^{2-}] \quad (4-19)$$

$$k_2[SO_4^-]_{SS}[OH^-] + k_3[SO_4^-]_{SS}[H_2O]$$
$$= k_{\cdot OH,IBU}[\cdot OH]_{SS}[IBU] + k_7[\cdot OH]_{SS}[S_2O_8^{2-}] +$$
$$k_{11}[\cdot OH]_{SS}[H_2PO_4^-] + k_{12}[\cdot OH]_{SS}[HPO_4^{2-}] \quad (4-20)$$

反应体系中：

$$r_{0,SO_4^-} = 2\varphi_{SO_4^-}E_S = 2\varphi_{SO_4^-}I_0 f_{S_2O_8^{2-}}(1 - e^{-2.303A}) \quad (4-21)$$

$$f_{S_2O_8^{2-}} = \frac{l\varepsilon_{S_2O_8^{2-}}C_{S_2O_8^{2-}}}{A} \quad (4-22)$$

式中，$\varphi_{SO_4^-}$ 为 $S_2O_8^{2-}$ 量子产率 0.7 mol/Einstein。

本研究体系中平均的 r_{0,SO_4^-} 和 k_{tot} 分别为 3.82×10^{-7}(mol/L)·s^{-1} 和 $2.52\times10^{-2}s^{-1}$。

为了更好地计算，下面引入 α 和 β：

$$\alpha = \frac{k_2[OH^-] + k_3[H_2O]}{k_{\cdot OH,IBU}[IBU] + k_7[S_2O_8^{2-}] + k_{11}[H_2PO_4^-] + k_{12}[HPO_4^{2-}]} \quad (4-23)$$

$$\beta = k_2[OH^-] + k_3[H_2O] + k_4[S_2O_8^{2-}] + k_9[H_2PO_4^-] + k_{10}[HPO_4^{2-}] \quad (4-24)$$

可得：

$$[\cdot OH]_{SS} = \alpha[SO_4^-]_{SS} \quad \text{和} \quad [SO_4^-]_{SS} = \frac{r_{0,SO_4^-}}{k_{SO_4^-,IBU}[IBU] + \beta}$$

这里有三个未知数（如 $k_{SO_4^-,IBU}$、$[SO_4^-]_{SS}$ 和 $[\cdot HO]_{SS}$）和三个独立的方程[见式(4-20)~式(4-22)]，可得：

$$k_{SO_4^-,IBU} = \frac{r_{0,SO_4^-}k_{\cdot OH,IBU}\alpha - \beta(k_{tot} - k_{UV})}{(k_{tot} - k_{UV})[IBU] - r_{0,SO_4^-}} \quad (4-25)$$

$$[SO_4^-]_{SS} = \frac{(k_{tot} - k_{UV})[IBU] - r_{0,SO_4^-}}{\alpha k_{\cdot OH,IBU}[IBU] - \beta} \quad (4-26)$$

$$[\cdot OH]_{SS} = \frac{\alpha[(k_{tot} - k_{UV})[IBU] - r_{0,SO_4^-}]}{\alpha k_{\cdot OH,IBU}[IBU] - \beta} \quad (4-27)$$

通过计算，本研究体系的 α 值为 6.80×10^{-3}，β 值为 $7.52\times10^3 s^{-1}$，$k_{\cdot OH,IBU}$ 使用通过竞争动力学方法测定的值 $(6.09\pm0.12)\times10^9$(mol/L)$^{-1}$·s^{-1}。$k_{SO_4^-,IBU}$ 经过推算为 $(1.26\pm0.09)\times10^9$(mol/L)$^{-1}$·s^{-1}，与竞争动力学的测定值 $(1.13\pm0.18)\times10^9$(mol/L)$^{-1}$·s^{-1} 非常接近。$[SO_4^-]_{SS}$ 和 $[\cdot OH]_{SS}$ 的平均浓度为 1.91×10^{-11} mol/L 和 1.30×10^{-13} mol/L。

已知 $k_{\cdot OH,IBU}$、$k_{SO_4^-,IBU}$、$[\cdot OH]_{SS}$、$[SO_4^-]_{SS}$ 和式(4-17)~式(4-19)，就

可以计算出直接光解 ·OH 和 SO_4^- 对 IBU 降解的贡献率。在 $UV/S_2O_8^{2-}$ 体系中，r_{UV}、$r_{·OH}$、$r_{SO_4^-}$ 的值分别为 $4.73×10^{-9}(mol/L)·s^{-1}$、$7.89×10^{-9}(mol/L)·s^{-1}$ 和 $2.39×10^{-7}(mol/L)·s^{-1}$。因此，直接光解的贡献率大约占 1.9%，·OH 的贡献率大约占 3.1%，而 SO_4^- 的贡献率达到 95%。这表明，SO_4^- 在 $UV/S_2O_8^{2-}$ 体系对 IBU 的降解过程中起主要作用。

$$r_{tot}(100\%) = r_{UV}(1.9\%) + r_{·OH}(3.1\%) + r_{SO_4^-}(95.0\%)$$

本小节还计算了 pH = 3.00 的 $UV/S_2O_8^{2-}$ 体系（$[IBU]_0 = 10\mu mol/L$，$[S_2O_8^{2-}]_0 = 100\mu mol/L$，$I_0 = 6.16×10^{-6}$ (Einstein/L)·s^{-1}，$l = 1.32 cm$）中的动力学参数，平均的 r_{0,SO_4^-} 和 k_{tot} 分别为 $9.72×10^{-8}(mol/L)·s^{-1}$ 和 $8.87×10^{-3}s^{-1}$，α 值为 $1.17×10^{-2}$，β 值为 $1.14×10^3 s^{-1}$。通过竞争动力学方法测定的 $k_{·OH,IBU}$ 为 $(3.43±0.12)×10^9(mol/L)^{-1}·s^{-1}$。$k_{SO_4^-,IBU}$ 经过动力学模型计算为 $(7.24±0.09)×10^8 (mol/L)^{-1}·s^{-1}$，与竞争动力学的测定值接近。$[SO_4^-]_{SS}$ 和 $[·OH]_{SS}$ 的平均浓度为 $1.16×10^{-11} mol/L$ 和 $1.36×10^{-13} mol/L$。直接光解 ·OH 和 SO_4^- 对 IBU 降解的贡献率，如图 4-7 所示。

$$r_{tot}(100\%) = r_{UV}(0.02\%) + r_{·OH}(5.26\%) + r_{SO_4^-}(94.72\%)$$

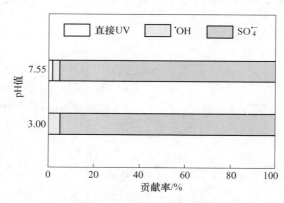

图 4-7　直接光解 ·OH 和 SO_4^- 对 IBU 降解的贡献率

值得注意的是，尽管 $k_{·OH,IBU}$ 大于 $k_{SO_4^-,IBU}$，但是同等条件下 IBU 在 $UV/S_2O_8^{2-}$ 体系的降解速率比在 UV/H_2O_2 体系中的要快，如图 4-1 所示。分析认为，产生这种现象的原因可能是：

(1) $S_2O_8^{2-}$ 的量子产率（$\varphi = 0.7 mol/Einstein$）要高于 H_2O_2（$\varphi = 0.5 mol/Einstein$），这表明在同等浓度 $S_2O_8^{2-}$ 和 H_2O_2 条件下，$S_2O_8^{2-}$ 能够生成更多的自由基。

(2) 动力学模型显示，UV/H_2O_2 体系中 $[·OH]$ 的稳态浓度（$4.06×10^{-12} mol/L$）要小于 $UV/S_2O_8^{2-}$ 体系中 $[SO_4^-]$ 的稳态浓度（$1.91×10^{-11} mol/L$）。

4.3 UV/H_2O_2 体系和 UV/$S_2O_8^{2-}$ 体系中 IBU 降解的影响因素

4.2 节在 UV/H_2O_2 和 UV/$S_2O_8^{2-}$ 降解 IBU 的体系中建立了基于稳态假设的伪一级反应动力学模型。鉴于该模型在 IBU 降解动力学分析中简单、可靠和高效的特点，本节尝试使用该动力学模型辅助研究 UV/H_2O_2 和 UV/$S_2O_8^{2-}$ 体系中 IBU 降解的影响因素。

4.3.1 UV/H_2O_2 体系中 IBU 降解的影响因素

4.3.1.1 过氧化氢初始浓度

UV/H_2O_2 体系中，伪一级反应动力学模型可以用于模拟和研究其他因素对 IBU 降解的影响。不同条件下直接光解对 IBU 降解的贡献率（$k_{cal,UV}$）和 ·OH 对 IBU 降解的贡献率（$k_{cal,·OH}$）分别通过以下公式来计算得到。

$$k_{cal,UV} = \varphi_{IBU} I_0 \frac{l\varepsilon_{IBU}}{A} \times (1 - 10^{-A}) \tag{4-28}$$

$$k_{cal,·OH} = k_{IBU,·OH}[·OH]_{SS} \tag{4-29}$$

直接光解和 ·OH 对 IBU 降解的总贡献率（$k_{cal,obs}$）为两者之和，公式如下：

$$k_{cal,obs} = k_{cal,UV} + k_{cal,·OH} \tag{4-30}$$

H_2O_2 浓度对 UV/H_2O_2 体系中 IBU 的降解有重要影响。随着 H_2O_2 的浓度从 45μmol/L 逐渐增加到 375μmol/L，实际测得 IBU 降解的伪一级反应动力学常数（$k_{exp,obs}$）从 $2.25 \times 10^{-3} s^{-1}$ 随之增加到 $10.24 \times 10^{-3} s^{-1}$，如图 4-8 所示。因此，动力学模型预测值（$k_{cal,obs}$）与实际测得值 $k_{exp,obs}$ 吻合较好。

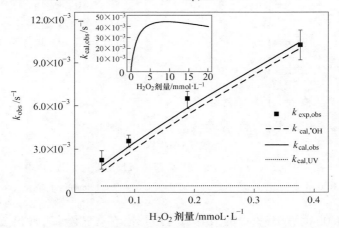

图 4-8 H_2O_2 浓度对 IBU 伪一级反应速率常数（k_{obs}）的影响

（$[IBU]_0 = 10$μmol/L，pH = 7.55，$I_0 = 7.60 \times 10^{-6}$（Einstein/L）·$s^{-1}$，$l = 0.93$cm）

动力学模型计算得到的直接光解和·OH 对 IBU 降解的贡献率表明，随着 H_2O_2 的浓度从 45μmol/L 逐渐增加到 375μmol/L，·OH 对 IBU 的降解贡献率始终大于 97%，而直接光解的贡献率不足 3%，·OH 始终是 UV/H_2O_2 体系中的主要活性物质，对 IBU 的降解起主要作用。动力学模型预测 H_2O_2 的初始浓度为 625μmol/L 的 UV/H_2O_2 体系中，·OH 和直接光解对 IBU 降解的贡献率分别为 99.20% 和 0.80%，这和实际测得 H_2O_2 的初始浓度为 625μmol/L 时·OH 和直接光解的贡献率（2.67% 和 97.33%）基本一致。Guo 等人发现，随着 H_2O_2 的浓度从 0mmol/L 逐渐增加到 5mmol/L，实验测定的环丙沙星表观速率常数（k_{app}）从 $0.39×10^{-3}s^{-1}$ 随之逐渐增加到 $3.72×10^{-3}s^{-1}$，这和本小节得到的结果一致。动力学模型模拟结果还表明，随着 H_2O_2 浓度的进一步增加，会对 IBU 的降解产生负面影响。图 4-8 的内图中，当 H_2O_2 浓度超过 10mmol/L 时，$k_{cal,obs}$ 逐渐出现下降趋势。分析认为，主要原因是·OH 能够被过量的 H_2O_2 清除，·OH 与 H_2O_2 之间的二级反应速率常数为 $2.7×10^7 (mol/L)^{-1}·s^{-1}$。

4.3.1.2 pH 值

UV/H_2O_2 体系中 pH 值条件分别为 3.00、4.00、5.35、7.55 和 8.75 时，IBU 降解的表观反应速率常数（$k_{exp,obs}$）分别为 $0.139min^{-1}$、$0.159min^{-1}$、$0.169min^{-1}$、$0.153min^{-1}$ 和 $0.125min^{-1}$，如图 4-9 所示。在 pH 值逐渐升高的过程中，IBU 降解的 $k_{exp,obs}$ 先升后降。

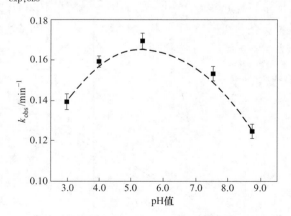

图 4-9 反应液 pH 值对 IBU 降解一级反应速率常数的影响

$([IBU]_0 = 10μmol/L，[H_2O_2]_0 = 100μmol/L，I_0 = 7.60×10^{-6} (Einstein/L)·s^{-1}，l = 0.93cm)$

当 pH = 3.00 时，98.76% 的 IBU 以分子形态存在，随着 pH 值逐渐增加离子态 IBU 比例逐渐增加。由于离子态 IBU 的摩尔吸光系数和量子产率均高于分子态，因此直接光解作用随着 pH 值的升高也相应增大。但由于离子态和分子态 IBU 的直接光解均较弱，直接光解速率的提高不是体系中 IBU 降解速率增加的主要原因。

UV/H_2O_2 体系中，IBU 在不同 pH 值条件下的形态比例及体系中 $\cdot OH$ 的浓度是控制 IBU 降解速率的关键因素。pH 值由 3.00 升高到 5.35 过程中，随着 pH 值增加，体系中离子态 IBU 的比例不断增加，而离子态 IBU 与 $\cdot OH$ 的 $k[(5.89\pm0.19)\times10^9 (mol/L)^{-1} \cdot s^{-1}]$ 是分子态的 $[(3.47\pm0.11)\times10^9 (mol/L)^{-1} \cdot s^{-1}]$ 接近 1.70 倍，因此 IBU 的降解速率也显著增加。pH 值从 3.00 升高至 7.55 的过程中，离子态 IBU 的比例逐渐接近最高，直至不再变化。但是 H_2O_2 解离出来的 HO_2^- 继续增加，HO_2^- 能以较大的二级反应速率常数 $[7.5\times10^9 (mol/L)^{-1} \cdot s^{-1}]$ 淬灭 $\cdot OH$，导致 IBU 的降解速率随着 pH 值增加而下降。动力学模型显示，pH = 7.55 的 UV/H_2O_2 体系中 $[\cdot OH]_{SS}(2.93\times10^{-12} mol/L)$ 小于 pH = 3.00 的体系中 $[\cdot OH]_{SS}(4.06\times10^{-12} mol/L)$，这验证了 $\cdot OH$ 会被逐渐增多的 HO_2^- 淬灭的结论。但是，由于此时 HO_2^- 对 $\cdot OH$ 的淬灭作用仍未完全抵消由于离子态 IBU 增加导致的降解速率增加，综合作用导致 pH = 7.55 时 IBU 的降解速率仍然高于 pH = 3.00 的降解速率。随着 pH 值继续增加，HO_2^- 对 $\cdot OH$ 的淬灭作用逐渐超过因离子态 IBU 比例增加对 k 值的贡献，导致 IBU 在 pH = 8.75 时的降解速率低于 pH = 3.00 时的降解速率。

4.3.1.3 有机质

由于腐殖酸是有机质的主要成分，因此可以通过添加不同浓度的腐殖酸来研究有机质对 UV/H_2O_2 体系中 IBU 降解的影响。图 4-10 显示，随着腐殖酸（胡敏酸）浓度从 0mgC/L 增加到 2.87mgC/L，$k_{exp,obs}$ 从 $3.55\times10^{-3} s^{-1}$ 逐渐降低至 $1.79\times10^{-3} s^{-1}$。通过模型计算，可得到加入腐殖酸的 UV/H_2O_2 体系中 IBU 降解的 $k_{cal,obs}$ 值，实际测得值 $k_{exp,obs}$ 比模型计算的 $k_{cal,obs}$ 要略大，表明腐殖酸在体系中不仅仅起到淬灭自由基和竞争紫外光的作用，腐殖酸与 $\cdot OH$ 反应生成一些次生自由基对 IBU 的降解也有一定的贡献。

本小节通过动力学模型预测腐殖酸竞争紫外光和淬灭自由基两种作用分别对 IBU 降解的抑制率。此时，加入了腐殖酸后，UV/H_2O_2 体系中溶液的整体吸光度为 $A = l(\varepsilon_{IBU}[IBU] + \varepsilon_{H_2O_2}[H_2O_2] + \varepsilon_{NOM}[腐殖酸])$，$\varepsilon_{NOM}$ 经过测定为 0.10L/(mgC·cm)。若忽略腐殖酸对紫外光的竞争（假设腐殖酸的 ε_{NOM} 为零），$k_{cal,obs}$（紫色）仅获得轻微的增加，如图 4-10 所示。若忽略腐殖酸作为淬灭自由基的作用（假设胡敏酸和 $\cdot OH$ 之间不反应），$k_{cal,obs}$（绿色）相比实际测得值获得很大的提升。这些对比研究表明，腐殖酸淬灭自由基的作用比其竞争紫外光的作用对

IBU 降解的抑制效果更大。同时，本小节对比了加入腐殖酸的 UV/H$_2$O$_2$ 体系中直接光解和 ·OH 对 IBU 降解的贡献率，结果显示 ·OH 的贡献率仍然显著高于直接光解的，·OH 仍然对 IBU 降解起主要作用。

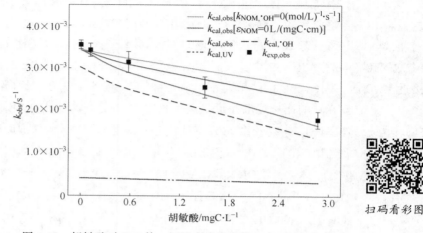

图 4-10　胡敏酸对 IBU 伪一级反应速率常数（k_{obs}）的影响

（[IBU]$_0$ = 10μmol/L，[H$_2$O$_2$]$_0$ = 100μmol/L，pH = 7.55，I_0 = 7.60×10^{-6}（Einstein/L）·s^{-1}，l = 0.93cm）

4.3.1.4　无机阴离子

在自然水体环境中，Cl$^-$、SO$_4^{2-}$、NO$_3^-$ 和 HCO$_3^-$ 是主要的无机阴离子。因此，通过在 UV/H$_2$O$_2$ 体系中加入不同浓度（0~5mmol/L）的 Cl$^-$、SO$_4^{2-}$、NO$_3^-$ 和 HCO$_3^-$ 来研究无机阴离子对体系中 IBU 降解的影响。由图 4-11 看出，NO$_3^-$ 对体系中 IBU 的降解有轻微的促进作用，与 Xiao 等人发现 UV/H$_2$O$_2$ 体系加入 NO$_3^-$ 能促进 CHCl$_2$I 的降解结果一致。在中性条件下，NO$_3^·$/NO$_3^-$（2.3~2.6V）的氧化还原电位与 ·OH/H$_2$O（2.39V）接近，因此 NO$_3^-$ 与 ·OH 的反应缓慢，对自由基的清除效果有限。但是，NO$_3^-$ 能够吸收紫外光，并在复杂光解的过程（见附录 A）中以较低的量子产率产生 ·OH。

然而，在 UV/H$_2$O$_2$ 体系加入 SO$_4^{2-}$ 和 Cl$^-$ 却对 IBU 的降解几乎没有影响。这个结果与之前 Xiao 等人和 Guo 等人的研究结论一致。Xiao 等人发现 UV/H$_2$O$_2$ 体系加入 1~5mmol/L 的 SO$_4^{2-}$ 和 Cl$^-$，CHCl$_2$I 的降解速率并未发生改变。Guo 等人也报道了 SO$_4^{2-}$ 对环丙沙星的降解没有任何影响。SO$_4^{·-}$/SO$_4^{2-}$（2.43V）和 Cl$^·$/Cl$^-$（2.41V）的氧化还原电位在中性条件与 ·OH/H$_2$O（2.39V）非常相近。本小节研究的结果表明，SO$_4^{2-}$ 对自由基的清除作用可以忽略，Cl$^-$ 对自由基的清除作用是有限的。据报道，·OH 能够和 Cl$^-$ 快速反应生成诸如 Cl$^·$、ClOH$^{·-}$ 和 Cl$_2^{·-}$ 等次生

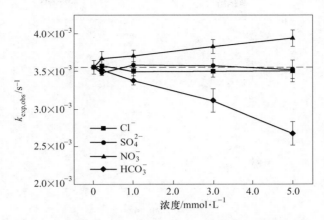

图 4-11　无机阴离子对 IBU 伪一级反应速率常数的影响

([IBU]$_0$ = 10μmol/L, [H$_2$O$_2$]$_0$ = 100μmol/L, pH = 7.55,
I_0 = 7.60×10^{-6} (Einstein/L)·s^{-1}, l = 0.93cm)

氯自由基，ClOH$^{\cdot-}$ 和 Cl$_2^{\cdot-}$ 在 pH>7.2 的条件下又能通过复杂的链式反应生成 ·OH 和 Cl^{-}。因此，UV/H$_2$O$_2$ 体系加入 Cl^{-} 生成的次生自由基与 IBU 的反应并不能被忽视。例如，Cl· 是一种选择性的强氧化剂，对含有芳香基团和含富电子基团的化合物有较高的反应活性。Cl$_2^{\cdot-}$ 和 Cl· 具有较强的氧化能力，氧化还原电位分别为 2.0V 和 2.47V。有研究表明，在某些情况下 Cl· 与有机物的反应活性比 ·OH/SO$_4^{\cdot-}$ 的高，如 Cl· 与三种取代芳烃，甲苯、苯甲酸和氯苯比 ·OH 的反应速率更快。Cl$_2^{\cdot-}$ 的氧化性小于 Cl·，但是也可以选择性的与有机物反应。因此，Cl^{-} 淬灭自由基的效应被一些中间体（如ClOH$^{\cdot-}$）释放出的 ·OH 和这些次生自由基与 IBU 的反应而抵消。

在中性条件下，HCO$_3^{-}$ 是主导的碳酸盐成分。图 4-11 中，HCO$_3^{-}$ 对 IBU 的降解具有较强的抑制作用。当 HCO$_3^{-}$ 的浓度增加到 5mmol/L 时，IBU 的降解速率被抑制了 25%。HCO$_3^{-}$ 在 UV/H$_2$O$_2$ 体系对化合物（如 PPCPs）降解的抑制作用在此前已有一些报道。分析认为，主要的原因是 HCO$_3^{-}$ 能够清除 ·OH [$k_{·OH, HCO_3^{-}}$ = 8.5×10^6(mol/L)$^{-1}$·s^{-1}]。

4.3.1.5　过渡金属离子

过渡金属离子（M^{n+}）在工业废水中十分常见，有研究结果表明过渡金属离子的存在对 UV/H$_2$O$_2$ 降解有机物会有十分重要的影响。本节研究通过往 UV/H$_2$O$_2$ 体系中逐步增加 Cu^{2+}、Zn^{2+} 和 Co^{2+} 浓度（从 0μmol/L 增加到 25μmol/L）来研究过渡金属离子对 IBU 降解的影响。由图 4-12 看出，加入 Cu^{2+} 对体系的

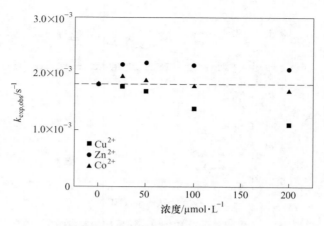

图 4-12 过渡金属离子的影响

($[IBU]_0 = 10\mu mol/L$,$[H_2O_2]_0 = 100\mu mol/L$,$pH = 7.55$,$I_0 = 5.04\times10^{-6}$(Einstein/L)·$s^{-1}$,$l = 1.42cm$)

$k_{exp,obs}$没有提高效果,但是加入 Zn^{2+} 和 Co^{2+} 的体系中 IBU 的 $k_{exp,obs}$ 从 $1.82\times10^{-3}s^{-1}$提高到 $2.17\times10^{-3}s^{-1}$ 和 $1.96\times10^{-3}s^{-1}$。过渡金属离子的存在对 IBU 降解有促进作用,是因为过渡金属离子能够激活 H_2O_2 产生更多的 ·OH,公式如下:

$$M^{n+} + H_2O_2 \longrightarrow M^{(n+1)+} + \cdot OH + OH^- \tag{4-31}$$

与此同时,生成的 $M^{(n+1)+}$ 并不稳定,$M^{(n+1)+}$ 氧化降解 IBU 可能是 k_{exp} 得以显著增加的另一个主要原因。

但是,随着体系中过渡金属离子(Cu^{2+}、Zn^{2+} 和 Co^{2+})的浓度从 $25\mu mol/L$ 继续增加到 $200\mu mol/L$,$k_{exp,obs}$ 并没有继续增加反而逐步降低,其原因是过量的过渡金属离子可以与 ·OH 继续反应进而淬灭自由基,其反应如下:

$$M^{n+} + \cdot OH \longrightarrow M^{(n+1)+} + OH^- \tag{4-32}$$

图 4-12 中,同等浓度的过渡金属离子对体系中 IBU 的抑制率与过渡金属离子和 ·OH 的二级反应速率常数($k_{\cdot OH,M^{n+}}$)有很大的相关性,Cu^{2+}、Zn^{2+} 和 Co^{2+} 与 ·OH 的二级反应速率常数分别为 $k_{\cdot OH,Cu^{2+}} = 3.5\times10^8(mol/L)^{-1}\cdot s^{-1}$,$k_{\cdot OH,Zn^{2+}} < 5\times10^5(mol/L)^{-1}\cdot s^{-1}$ 和 $k_{\cdot OH,Co^{2+}} = 8\times10^5(mol/L)^{-1}\cdot s^{-1}$。由 Cu^{2+}、Zn^{2+} 和 Co^{2+} 与 ·OH 的 k 值可知,$k_{\cdot OH,Cu^{2+}} > k_{\cdot OH,Co^{2+}} > k_{\cdot OH,Zn^{2+}}$,因而过渡金属离子对目标化合物降解的抑制率大小为:$Cu^{2+} > Zn^{2+} > Co^{2+}$,过渡金属离子不仅通过淬灭自由基,同时过量过渡金属离子还可以与水形成水合离子(如 $[Zn(H_2O)_6]^{2+}$等)作为 UV 争夺者影响 IBU 和 H_2O_2 对 UV 的吸收,其中淬灭自由基是主要作用机制。

可见,适量的过渡金属离子能够促进 UV/H_2O_2 体系中 IBU 的降解。当体系中过渡金属离子过量时,则可能出现相反的作用。

4.3.2 UV/$S_2O_8^{2-}$体系中IBU降解的影响因素

4.3.2.1 过硫酸盐初始浓度

UV/$S_2O_8^{2-}$体系中，不同条件下SO_4^{-}对IBU降解的贡献（$k_{cal,SO_4^{-}}$）和·OH对IBU降解的贡献（$k_{cal,·OH}$）可分别通过以下公式计算得到。

$$k_{cal,·OH} = k_{IBU,·OH} \times [·OH]_{SS} \tag{4-33}$$

$$k_{cal,SO_4^{-}} = k_{IBU,SO_4^{-}} \times [SO_4^{-}]_{SS} \tag{4-34}$$

由于直接光解贡献率特别低（小于2%），本小节予以忽略。因此，UV/$S_2O_8^{2-}$体系中IBU的降解（$k_{cal,obs}$）为SO_4^{-}和·OH对IBU降解的贡献之和，公式如下：

$$k_{cal} = k_{cal,·OH} + k_{cal,SO_4^{-}} \tag{4-35}$$

$S_2O_8^{2-}$初始浓度对IBU的降解速率有重要影响。图4-13为不同$S_2O_8^{2-}$初始浓度（100~500μmol/L）下的IBU表观反应速率常数实测（$k_{exp,obs}$）和模型计算值（$k_{cal,obs}$）(s^{-1})。从图中可以看出，随着$S_2O_8^{2-}$初始浓度从100μmol/L逐渐增加到500μmol/L，$k_{exp,obs}$的值从$5.9 \times 10^{-3} s^{-1}$提高到$28.7 \times 10^{-3} s^{-1}$，这与动力学模型的预测结果$k_{cal,obs}$十分吻合。模型计算结果显示不同$S_2O_8^{2-}$初始浓度下$SO_4^{-}$对IBU降解的贡献率始终大于96.5%，是UV/$S_2O_8^{2-}$体系中的主要活性物质。$SO_4^{-}$和·OH在$S_2O_8^{2-}$初始浓度为550μmol/L时的实际测得贡献率分别为95.0%和3.1%，与模型预测结果一致。Luo等人发现$S_2O_8^{2-}$初始剂量从100μmol/L增加到500μmol/L时，SO_4^{-}是主要的活性物质，对2,4,6-三氯苯胺降解的贡献率从82.6%增加到92.5%。另外，动力学模型计算结果表明本体系内的SO_4^{-}浓度比·OH浓度高两个数量级，这和Luo报道的结果一致，其研究体系中SO_4^{-}和·OH的模拟稳态浓度分别为6.71×10^{-12}mol/L和4.86×10^{-14}mol/L。

4.3.2.2 有机质

天然有机质（NOM）是在自然环境中普遍存在的大分子有机化合物的混合物，广泛分布于土壤、湖泊、河流和海洋中，NOM对有机污染物降解的影响越来越受到关注。由于胡敏酸（HA）是NOM的主要成分，因此在本小节中通过添加不同浓度的HA（0~2.8mgC/L）来考察NOM对UV/$S_2O_8^{2-}$降解IBU的影响。从图4-14可以看出，随着HA的浓度从0mgC/L增加到2.8mgC/L，$k_{exp,obs}$从$8.68 \times 10^{-3} s^{-1}$降低到$2.84 \times 10^{-3} s^{-1}$，实测的$k_{exp,obs}$与模型预测结果$k_{cal,obs}$比较吻合。HA对IBU降解的抑制作用可能存在两个方面的原因：第一，HA会和$S_2O_8^{2-}$竞争紫外光，反应液吸光度可以改写成$A = l(\varepsilon_{IBU}[IBU] + \varepsilon_{S_2O_8^{2-}}[S_2O_8^{2-}] + \varepsilon_{HA}[HA])$，实际测得$\varepsilon_{HA} = 0.10$L/(mgC·cm)；第二，在附录A中，HA可以

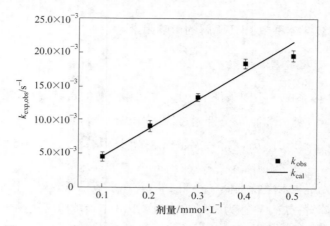

图 4-13 $S_2O_8^{2-}$ 初始浓度对 IBU 伪一级反应动力学常数的影响

（$[IBU]_0 = 10\mu mol/L$, pH=7.55, $I_0 = 7.60\times10^{-6}$ (Einstein/L)·s^{-1}, $l=0.93$cm）

与自由基反应，扮演自由基淬灭剂的角色。动力学模型可以用来预测 HA 作为紫外光竞争者和自由基抑制剂在降低 $k_{exp,obs}$ 的贡献大小。若不考虑 HA 竞争紫外光对降低 $k_{exp,obs}$ 的贡献（假设 $\varepsilon_{HA}=0$），模型预测值 $k_{cal,obs}$ 略高于实测值 $k_{exp,obs}$。若不考虑 HA 作为自由基淬灭剂的角色（假设 HA 不与自由基反应），$k_{cal,obs}$ 则明显高于实测值 $k_{exp,obs}$。由此可见，HA 淬灭自由基的作用比竞争紫外光的作用在降低 IBU 降解速率中的影响更大。动力学模型计算结果还表明，加入 NOM 的 UV/$S_2O_8^{2-}$ 体系中 $SO_4^{·-}$ 对 IBU 降解的贡献率仍然超过 90%。

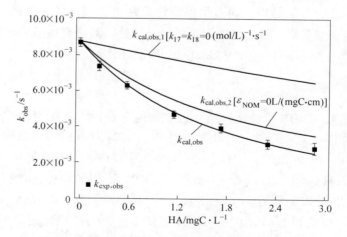

图 4-14 有机质对 IBU 伪一级反应速率常数的影响

（$[IBU]_0 = 10\mu mol/L$, $[S_2O_8^{2-}]_0 = 200\mu mol/L$, pH=7.55, $I_0 = 7.60\times10^{-6}$ (Einstein/L)·s^{-1}, $l=0.93$cm）

4.3.2.3 无机阴离子

本节研究分析了在 0~5mmol/L 浓度范围内的 SO_4^{2-}、NO_3^- 和 Cl^- 对 $UV/S_2O_8^{2-}$ 体系中 IBU 降解的影响。由图 4-15 看出,SO_4^{2-} 和 NO_3^- 的加入,对 $UV/S_2O_8^{2-}$ 体系中 IBU 降解的影响并不显著,这个结果与 Kwon 等人的研究结果一致。但 Cl^- 的加入则明显抑制了 IBU 的降解([Cl^-] = 5mmol/L),$k_{\exp,obs}$ 从 $8.27×10^{-3}s^{-1}$([Cl^-] = 0mmol/L)下降到 $7.06×10^{-3}s^{-1}$。Cl^- 对 IBU 降解的抑制作用和 Cl^- 淬灭体系内的自由基有关,Cl^- 能以较快的二级反应速率常数与 $\cdot OH$ [$4.3×10^9(mol/L)^{-1}\cdot s^{-1}$] 和 $SO_4^{-\cdot}$ [$3.0×10^8(mol/L)^{-1}\cdot s^{-1}$] 反应。由于 $UV/S_2O_8^{2-}$ 体系中的主要自由基是 $SO_4^{-\cdot}$,$SO_4^{-\cdot}$ 与 Cl^- 通过复杂的链式反应(见附录 B)快速生成次生氯自由基,如 $Cl\cdot$、$ClOH^{-\cdot}$ 和 $Cl_2^{-\cdot}$ 等。

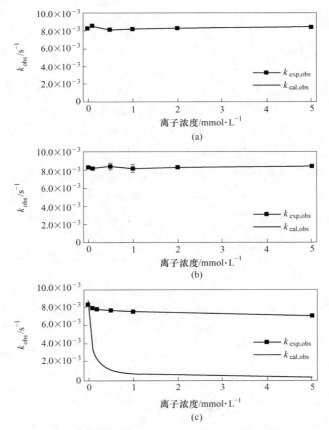

图 4-15 无机阴离子对 IBU 伪一级反应速率常数的影响

([IBU]$_0$ = 10μmol/L,[$S_2O_8^{2-}$]$_0$ = 200μmol/L,pH = 7.55,I_0 = 7.60×10^{-6}(Einstein/L)·s^{-1},l = 0.93cm)

(a) SO_4^{2-};(b) NO_3^-;(c) Cl^-

大多数的次生活性氯自由基与 IBU 的二级反应速率常数未知,难以通过稳态动力学模型来准确预测 Cl^- 对 IBU 在 $UV/S_2O_8^{2-}$ 体系降解过程的影响。因此,假设 Cl^- 在体系中仅仅起到清除 $\cdot OH$ 和 $SO_4^{-\cdot}$ 自由基的作用,模拟得到 $k_{cal,obs}$。图 4-15 中,$k_{cal,obs}$ 明显小于实测 $k_{exp,obs}$,这与实验观察到的 Cl^- 对 IBU 的降解仅有较小抑制作用不符。据此,Cl^- 与 $SO_4^{-\cdot}$ 反应生成的次生氯自由基对 IBU 降解的促进作用不能忽视。$Cl\cdot$ 和 $Cl_2^{-\cdot}$ 都是强氧化剂,氧化电位分别为 2.47V 和 2.0V;同时 $Cl\cdot$ 是一种高选择性氧化剂,可以通过与不饱和键的加成、氢-提取和单电子转移等途径与化合物的富电子部分反应。$\cdot OH/SO_4^{-\cdot}$ 和 Cl^- 可以生成 $Cl\cdot$、$ClOH\cdot$ 和 $Cl_2^{-\cdot}$ 等次生自由基,但是 Cl^- 的影响仍然取决于目标化合物的性质,可能促进目标化合物去除或者抑制降解。Ghauch 等人则报道了 $UV/S_2O_8^{2-}$ 体系中随着 Cl^- 剂量的不断增加,氯霉素的一级反应速率常数先增大后降低。

4.3.2.4 pH 值

当 $UV/S_2O_8^{2-}$ 体系中初始 pH 值分别为 3.00、4.00、5.35、7.55 和 8.75 时,IBU 降解的表观反应速率分别为 0.312min^{-1}、0.293min^{-1}、0.281min^{-1}、0.225min^{-1} 和 0.2128min^{-1}(见图 4-16),很显然随着 pH 值逐渐升高,IBU 降解速率逐渐降低。IBU 的 pK_a 在 4.9 附近,当 pH<4.9 时主要是分子形式,而 pH>4.9 时主要为离子形式。尽管离子态 IBU 直接光解比分子态 IBU 要高,但是如前述分析中性和酸性条件下直接光解对 IBU 降解的贡献率很小(小于2%)。竞争动力学方法测得离子态和分子态 IBU 与 $SO_4^{-\cdot}$ 的 k 分别为 $1.13\times10^9(mol/L)^{-1}\cdot s^{-1}$ 和 $1.12\times10^9(mol/L)^{-1}\cdot s^{-1}$,两者的差距不是十分明显。但是随着 pH 值逐渐升高,体系中 OH^- 的数量急剧增加,而 OH^- 能够淬灭 $SO_4^{-\cdot}$ [$6.5\times10^7(mol/L)^{-1}\cdot s^{-1}$],

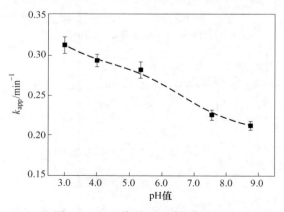

图 4-16 pH 值对 IBU 降解的影响

($[IBU]_0=10\mu mol/L$,$[S_2O_8^{2-}]=20\mu mol/L$,$I_0=6.16\times10^{-6}$(Einstein/L)$\cdot s^{-1}$,$l=1.32cm$)

但是 IBU 与 SO_4^{-} 的 k 没有显著增加，在综合作用下导致 IBU 的降解速率随着 pH 值的上升而下降。

4.4 ·OH/SO_4^{-} 降解 IBU 的反应途径

上一节通过试验和模型研究揭示了 UV/H_2O_2 和 UV/$S_2O_8^{2-}$ 体系中 ·OH/SO_4^{-} 氧化作用是非甾体类 IBU 降解的主要机制，其微观分子层面的反应途径不明，因此本节通过量子化学计算和构象分析，揭示 ·OH/SO_4^{-} 氧化降解 IBU 的反应途径。

由于离子态 IBU 结构受电离后电负性影响，难以得到摘氢途径的过渡态结构，因此，本节主要选取最低能量构象的分子态 IBU 作为研究对象。最低能量构象通过 Spartan′10 软件使用 AM1 算法确定，获得的结构再通过 Gaussian 09（Revision A.01 版本）在 M06-2X/6-31+G** 理论水平上进行优化。优化后的结构通过使用相同的算法，但是在更高的基组水平（M06-2X/6-311++G**）结合极化连续介质模型（IEFPCM）模拟水相条件下计算单点能。目前，M06-2X 已被很多科研人员广泛用于自由基-分子反应之间的热力学和动力学研究的密度泛函算法，例如，Galano 和 Alvarez-Idaboy 研究了 18 种密度泛函算法在计算水溶液中自由基-分子之间反应速率常数的性能差异，表明 M06-2X 算法在能垒计算上具有更高质量的表现。IBU 的优化结构如图 4-17 所示。

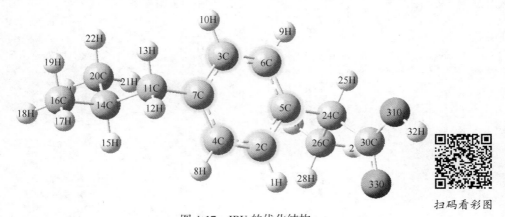

图 4-17 IBU 的优化结构
（M06-2X/6-311++G** // M06-2X/6-31+G**，IEFPCM 溶剂模型）

所有的后续优化和 ·OH/SO_4^{-} 氧化 IBU 过程的过渡态（TS）搜寻都在相同的方法下进行计算，例如 IEFPCM/M06-2X/6-311++G** //M06-2X/6-31+G**。通过虚频的数量来识别局部最小值和 TS（例如，无虚频表示局部最小值，有 1 个虚频表示为 TS），所有的过渡态都通过内禀反应坐标方法（IRC）来验证 TS 是否连接了预期的反应物和产物。

IBU 与 ·OH/SO$_4^-$ 反应可能存在自由基加成（add）、氢-提取（H-ab）和电子转移（SET）三种途径，如图 4-18 所示。这些反应途径平行发生，但速率不同。值得注意的是：由于 IBU 的分子结构具有不对称性，对于自由基加成途径，本节考虑自由基从 IBU 分子顺式"cis"和反式（"tr"或"trans"）两种加成方式，苯环的"顶部"面上的自由基加成反应相对丙酸基团代表"反式"加成，而来自苯环"底部"表面的自由基加成相对丙酸基团代表"顺式"加成。

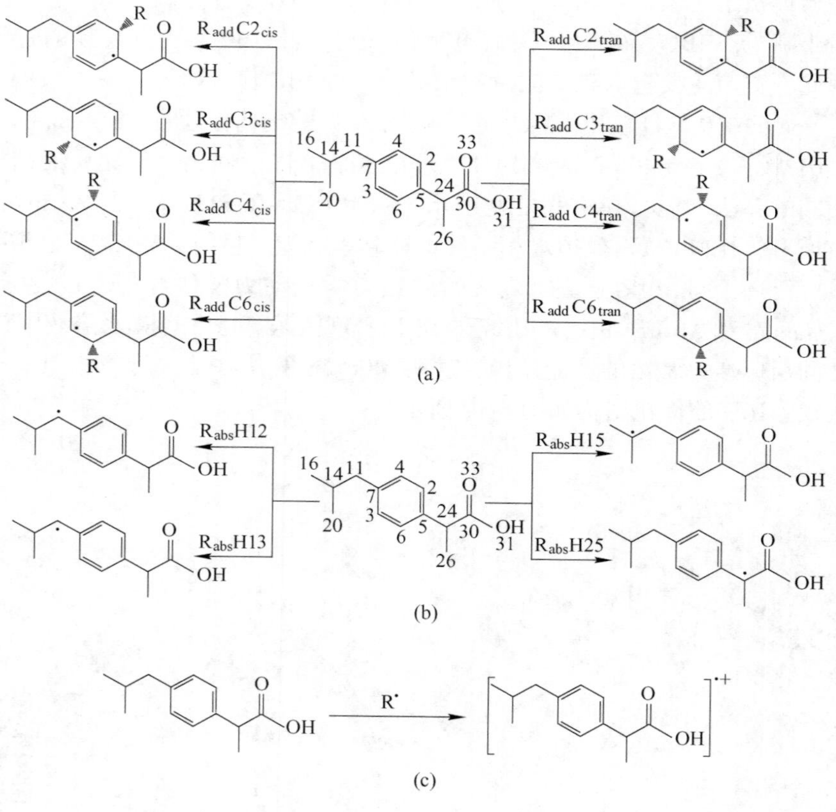

图 4-18　IBU 和 ·OH/SO$_4^-$ 的反应路径
(a) 自由基加成；(b) 氢-提取；(c) 单电子转移

4.5　基于量子化学计算的 ·OH/SO$_4^-$ 降解 IBU 的热力学

在分析 ·OH/SO$_4^-$ 氧化降解 IBU 反应途径的基础上，本节通过量子化学计算的方法研究 ·OH/SO$_4^-$ 与 IBU 反应的热力学性质，明确 ·OH/SO$_4^-$ 与 IBU 反应的优势途径。

4.5.1 ·OH 与 IBU 的反应热力学

产物与反应物的自由能变（ΔG_R°）可以判断反应能否自发进行，过渡态（TS）与反应物的自由能变即活化能（$\Delta^\ddagger G_R^\circ$）可以衡量反应需要克服的能垒，代表反应活性高低。由于同一化合物的所有反应途径都在同一理论水平上进行计算，因此，能垒变化可以反映出化合物在不同反应途径热力学上的差异，进而预测反应能否发生及反应活性的高低。

本小节在 IEFPCM/M06-2X/6-311++G**//M06-2X/6-31+G** 理论水平上研究了 ·OH 氧化 IBU 的第一步，即通过 ·OH 加成、H-提取和 SET 途径与 IBU 反应，如图 4-18 所示。每个反应路径的 TS 都在 M06-2X/6-31+G** 水平上定位，而能量则在 IEFPCM/M06-2X/6-311++G** 水平上计算。图 4-19 为 ·OH 与 IBU 反应的 TS

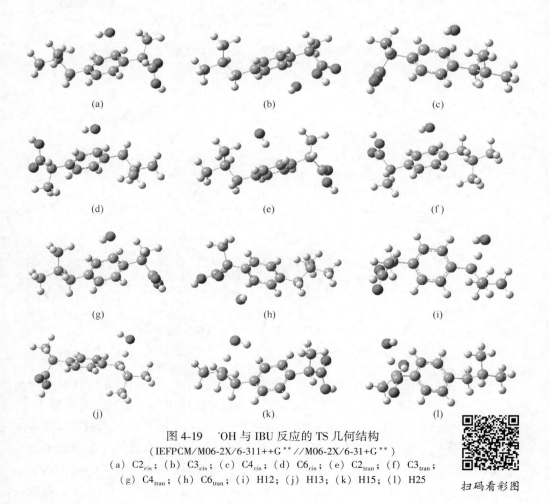

图 4-19 ·OH 与 IBU 反应的 TS 几何结构
(IEFPCM/M06-2X/6-311++G**//M06-2X/6-31+G**)
(a) C2$_{cis}$；(b) C3$_{cis}$；(c) C4$_{cis}$；(d) C6$_{cis}$；(e) C2$_{tran}$；(f) C3$_{tran}$；
(g) C4$_{tran}$；(h) C6$_{tran}$；(i) H12；(j) H13；(k) H15；(l) H25

扫码看彩图

几何结构。图 4-20 和图 4-21 分别为 ·OH 与 IBU 发生自由基加成和摘氢/SET 反应途径的势能面。

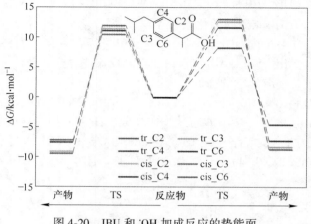

图 4-20　IBU 和 ·OH 加成反应的势能面
（M06-2X/6-311++G**//M06-2X/6-31+G**）

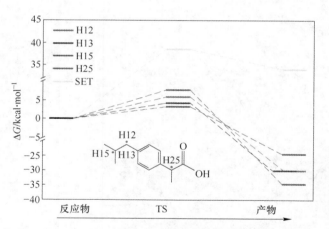

扫码看彩图

图 4-21　IBU 和 ·OH 发生氢-提取反应及 SET 的势能面
（M06-2X/6-311++G**//M06-2X/6-31+G**）

从图 4-20 可知，·OH 与 IBU 的自由基加成反应从热力学上虽然是可行的（所有 $\Delta G_R^\circ < 0$），但所有自由基加成位点的 $\Delta^\ddagger G_R^\circ$ 相比氢-提取反应的 $\Delta^\ddagger G_R^\circ$ 都要大，因此自由基加成不是 ·OH 与 IBU 的优势反应途径。·OH 与 IBU 的氢-提取反应所有的 $\Delta G_R^\circ < 0$，在 H12/H13（—CH$_2$—）、H15（—CH（CH$_3$）—）和 H25（—CH（COOH）—）位点发生摘氢反应的 ΔG_R° 值分别为 -29.99kcal/mol、-30.20kcal/mol、-24.45kcal/mol 和 -34.74kcal/mol，表明 ·OH 与 IBU 的氢-提取

反应在热力学上是可行的,且所有位点的 ΔH_R° 分别为 -29.09kcal/mol、-29.13kcal/mol、-21.89kcal/mol 和 -33.19kcal/mol, ΔH_R° 均小于零,均为放热反应。摘氢反应位点的 $\Delta^\ddagger G_R^\circ$ 分别为 5.96kcal/mol、4.29kcal/mol、3.33kcal/mol 和 7.77kcal/mol, 相比于 ·OH 与 IBU 的自由基加成反应要低。热力学数据表明, ·OH 与 IBU 的氢-提取反应比自由基加成反应更容易发生,其中 H15(—CH(CH_3)—) 由于具有最小的 $\Delta^\ddagger G_R^\circ$, 该摘氢反应途径最容易发生。

·OH 与 IBU 发生 SET 的 ΔG_{SET}° 为 38.60kcal/mol, 表明该反应途径在热力学上是不可行的。表 4-2 为 IBU 与 ·OH 反应热力学性质。

表 4-2 IBU 与 ·OH 反应热力学性质(如 ΔH_R°、ΔG_R° 和 $\Delta^\ddagger G^\circ$)

反应路径	位点	·OH						
		IEFPCM/M06-2X/6-311++G**//M06-2X/6-31+G**			Collins-Kimball 校正 /$(\text{mol/L})^{-1}\cdot s^{-1}$		k 值贡献/%	
		ΔH_R° /kcal·mol⁻¹	ΔG_R° /kcal·mol⁻¹	$\Delta^\ddagger G^\circ$ /kcal·mol⁻¹	Wigner 方法	Eckart 方法	Wigner 方法	Eckart 方法
自由基加成	C2$_{cis}$	-3.22	-9.19	11.25	4.58×10⁴	4.57×10⁴	0	0
	C3$_{cis}$	-2.82	-7.30	10.48	1.69×10⁵	1.69×10⁵	0	0
	C4$_{cis}$	-2.73	-7.54	11.22	4.85×10⁴	4.83×10⁴	0	0
	C6$_{cis}$	-2.93	-9.45	12.13	9.64×10³	9.64×10³	0	0
	C2$_{tran}$	-1.64	-8.68	12.93	2.73×10³	2.73×10³	0	0
	C3$_{tran}$	-2.11	-8.26	12.52	5.42×10³	5.43×10³	0	0
	C4$_{tran}$	-5.52	-4.57	8.17	6.82×10⁶	6.82×10⁶	0.06	0.06
	C6$_{tran}$	-2.53	-7.27	11.55	2.78×10⁴	2.78×10⁴	0	0
氢-提取	H12	-29.09	-29.99	5.96	3.85×10⁸	4.36×10⁸	3.35	3.62
	H13	-29.14	-30.20	4.29	3.69×10⁹	3.88×10⁹	32.14	32.17
	H15	-21.89	-24.45	3.33	7.39×10⁹	7.71×10⁹	64.32	63.98
	H25	-33.19	-34.74	7.77	2.14×10⁷	2.72×10⁷	0.12	0.17
电子转移	SET		34.02	38.60	—	—		
总和					1.15×10¹⁰	1.20×10¹⁰	100	100

4.5.2 $SO_4^{-\cdot}$ 与 IBU 的反应热力学

$SO_4^{-\cdot}$ 氧化 IBU 反应中 TS 的几何结构如图 4-22 所示。

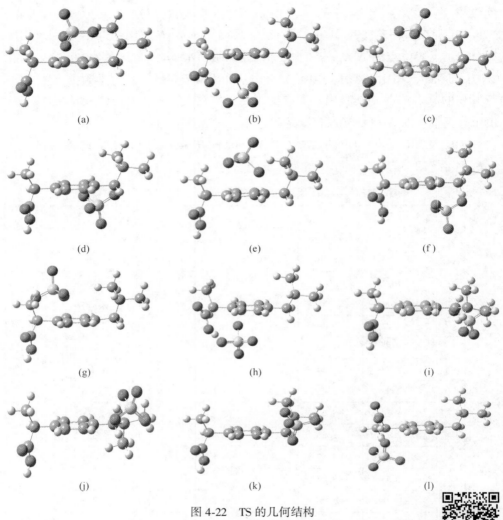

图 4-22 TS 的几何结构

(IEFPCM/M06-2X/6-311++G**//M06-2X/6-31+G**)

(a) C2$_{cis}$；(b) C3$_{cis}$；(c) C4$_{cis}$；(d) C6$_{cis}$；(e) C2$_{tran}$；(f) C3$_{tran}$；
(g) C4$_{tran}$；(h) C6$_{tran}$；(i) H12；(j) H13；(k) H15；(l) H25

扫码看彩图

$SO_4^{·-}$ 与 IBU 反应的热力学计算结果表明：除了 C4$_{cis}$（$\Delta G_R^\circ = -0.08$kcal/mol）和 C6$_{tran}$（$\Delta G_R^\circ = -0.51$kcal/mol）两个自由基加成位点，IBU 和 $SO_4^{·-}$ 的自由基加成反应在其他反应位点从热力学分析上看基本是不可行的（$\Delta G_R^\circ > 0$）。IBU 和 $SO_4^{·-}$ 的自由基加成反应的 ΔH_R° 为 $-13.5 \sim -10.6$kcal/mol，表明为放热反应。ΔH_R° 的巨大变化可能的原因是两种反应物反应生成一种产物存在更消极的 ΔS_R°，而 ΔG_R° 较大的可能原因是空间效应和芳香性的丧失。表 4-3 为 IBU 与 $SO_4^{·-}$ 反应的热力学性质。

4.5 基于量子化学计算的 $\cdot OH/SO_4^{\cdot-}$ 降解 IBU 的热力学

表 4-3　IBU 与 $SO_4^{\cdot-}$ 反应的热力学性质（如 ΔH_R°、ΔG_R° 和 $\Delta^\ddagger G^\circ$）

反应路径	位点	IEFPCM/M06-2X/6-311++G** //M06-2X/6-31+G**			k 值贡献/%	
		$SO_4^{\cdot-}$				$\cdot OH$
		ΔH_R°	ΔG_R°	$\Delta^\ddagger G^\circ$	Wigner 方法	Wigner 方法
自由基加成	C2$_{cis}$	−12.1	2.66	11.9	0	0
	C3$_{cis}$	−12.9	1.10	14.0	0	0
	C4$_{cis}$	−13.3	−0.08	12.6	0.06	0
	C6$_{cis}$	−14.1	0.19	9.68	0	0
	C2$_{tran}$	−10.6	2.21	14.5	0	0
	C3$_{tran}$	−12.7	0.94	13.9	0	0
	C4$_{tran}$	−12.5	0.52	12.8	0	0.06
	C6$_{tran}$	−13.5	−0.51	11.9	0.19	0
氢-提取	H12	−21.3	−21.6	11.4	0.74	3.35
	H13	−21.3	−21.9	11.6	0.53	32.14
	H15	−14.1	−16.1	9.28	23.77	64.32
	H25	−24.6	−24.5	8.54	74.96	0.12
电子转移	SET		19.0	18.9	—	—
总和					100	100

$SO_4^{\cdot-}$ 与 IBU 的 H-提取反应 ΔG_R° 范围为 −24.5~−16.1kcal/mol，ΔH_R° 则在 −24.6~−14.1kcal/mol 之间，表明在热力学上是可行的（$\Delta G_R^\circ<0$，$\Delta H_R^\circ<0$）。本小节研究中还发现，使用 M06-2X 算法优化提取酸性氢（如 H32）的产物是不成功的，在 H32 抽离后的优化期间会发生自行脱羧，因此预期在该位置的 $\Delta^\ddagger G^\circ$ 要低于其他位置。对于苄基，活化势垒为 8.54~11.4kcal/mol；在叔碳（C14 和 C24）上提取氢的活化能低于仲碳（C11）上。

$SO_4^{\cdot-}$ 与 IBU 发生单电子转移的 ΔG_{SET}° 为 19.0kcal/mol，表明该反应途径是不能发生的；且 SET 的 $\Delta^\ddagger G_{SET}^\circ$ 为 18.9kcal/mol，在所有的反应途径中是最高的。Caregnato 等人研究了 $SO_4^{\cdot-}$ 与没食子酸和没食子酸酯的反应，结果发现两种化合物都不与 $SO_4^{\cdot-}$ 发生 SET 反应，报道的没食子酸和没食子酸酯的 ΔG_{SET}° 分别为 223kcal/mol 和 115kcal/mol，本小节的研究结果与 Caregnato 等人的研究结果一致。IBU 与 $SO_4^{\cdot-}$ 加成、氢-提取及 SET 反应途径的势能面，如图 4-23 所示。

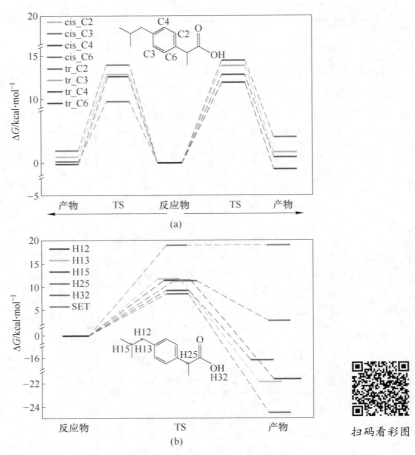

图 4-23　IBU 和 SO_4^{-} 加成(a)和氢-提取及 SET(b)反应途径的势能面
(M06-2X/6-311++G** //M06-2X/6-31+G**)

4.6　基于量子化学计算的 ·OH/SO_4^{-} 氧化 IBU 的动力学

依据 4.5 节的 ·OH/SO_4^{-} 与 IBU 反应的热力学数据，本节主要研究 ·OH/SO_4^{-} 氧化 IBU 的动力学，明确 ·OH/SO_4^{-} 与 IBU 反应的主要活性位点。

4.6.1　·OH 氧化 IBU 的动力学

传统的过渡态理论（TST）可以用来计算 ·OH 与 IBU 的二级反应速率常数，Wigner 方法和 Eckart 方法常被用来对 TST 计算得到的反应速率常数进行隧道校正，Collins-Kimball 理论被用来修正 k 值（详细计算方法见第 2 章）。使用 Wigner 和 Eckart 的方法校正得到的反应物与 ·OH 摘氢反应的 k 值分别为 $2.14×10^7$ ~ $7.39×$

$10^9(mol/L)^{-1} \cdot s^{-1}$ 和 $2.72 \times 10^7 \sim 7.71 \times 10^9 (mol/L)^{-1} \cdot s^{-1}$，使用两种隧道校正方法获得的 k 值是一致的。·OH 与 IBU 反应的总 k 值采用 Wigner 和 Eckart 的方法校正后分别为 $1.15 \times 10^{10}(mol/L)^{-1} \cdot s^{-1}$ 和 $1.20 \times 10^{10}(mol/L)^{-1} \cdot s^{-1}$，理论计算的结果与实际测得值接近。

由图 4-24 和表 4-2 看出，所有可能发生反应的位点中 H15(—CH(CH$_3$)—) 对·OH 与 IBU 反应的总 k 值的贡献率最高（64.32%），其次 H13(—CH$_2$—) 和 H12(—CH$_2$—) 分别为 32.14% 和 3.35%，而 H25(—CH(COOH)—) 的贡献微乎其微。因此可推断氢提取是·OH 与 IBU 反应的主要途径，H15(—CH(CH$_3$)—) 和 H13(—CH$_2$—) 是反应的主要活性位点。

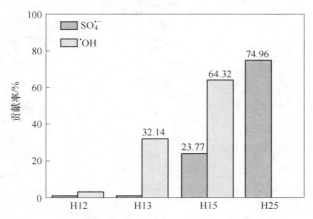

图 4-24 活性位点对·OH/SO$_4^{-\cdot}$ 与 IBU 的 k 值贡献率

4.6.2 SO$_4^{-\cdot}$ 氧化 IBU 的动力学

与·OH 不同的是，SO$_4^{-\cdot}$ 与 IBU 所有可能发生反应的位点中 H25(—CH(COOH)—)对 k 的贡献率最高（74.96%），其次为 H15(—CH(CH$_3$)—)，贡献了整体 k 的 23.77%，H13(—CH$_2$—) 和 H12(—CH$_2$—) 的贡献微乎其微（1.61%），如图 4-24 所示。结果表明，氢提取是 SO$_4^{-\cdot}$ 与 IBU 反应的主要途径，H25(—CH(COOH)—)、H15(—CH(CH$_3$)—) 是反应的主要活性位点。

4.7 基于量子化学计算的·OH/SO$_4^{-\cdot}$ 氧化 IBU 的比较

在前两节·OH/SO$_4^{-\cdot}$ 氧化 IBU 的热力学和动力学分析的基础上，为了评估 SO$_4^{-\cdot}$ 和·OH 氧化 IBU 的相对效率，本节在 IEFPCM/M06-2X/6-311++G**//M06-2X/6-31G* 理论水平上比较了两者的势能面，如图 4-25 和图 4-26 所示。

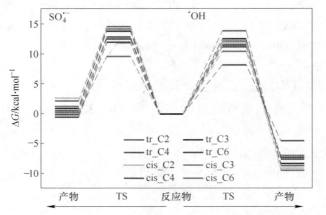

图 4-25　比较 IBU 与 ·OH/SO$_4^{\cdot-}$ 加成反应途径的势能面

（IEFPCM/M06-2X/6-311++G**//M06-2X/6-31G*）

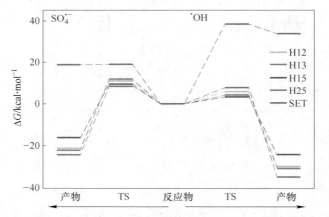

图 4-26　比较 IBU 与 ·OH/SO$_4^{\cdot-}$ 发生氢-提取及 SET 反应途径的势能面

（IEFPCM/M06-2X/6-311++G**//M06-2X/6-31G*）

图 4-25 结果表明，对于自由基加成反应，SO$_4^{\cdot-}$ 氧化 IBU 的 $\Delta^{\ddagger}G^\circ$ 要高于 ·OH 氧化 IBU 的 $\Delta^{\ddagger}G^\circ$ 大约 1.38kcal/mol；而对于氢-提取反应，SO$_4^{\cdot-}$ 的 $\Delta^{\ddagger}G^\circ$ 相比于 ·OH 高约 4.87kcal/mol，如图 4-26 所示。这两个数据表明，SO$_4^{\cdot-}$ 氧化 IBU 的反应活性相比于 ·OH 要低，证实和解释了实际测得的 $k_{·OH}$ 要显著高于 $k_{SO_4^{\cdot-}}$。较小的 $k_{SO_4^{\cdot-}}$ 可能是由于 SO$_4^{\cdot-}$ 的粒径要大于 ·OH，SO$_4^{\cdot-}$ 和 ·OH 的摩尔体积分别为 47.3cm^3/mol 和 13.3cm^3/mol。因此，IBU 分子上的丙酸和异丁基产生空间位阻，防止 SO$_4^{\cdot-}$ 过于接近。在之前的研究中发现，·OH 与 IBU 的自由基加成反应在 IEFPCM/B3LYP/6-311++G**//B3LYP/6-31G* 的理论水平上所有的位点从热力

学上都是可行的。Caregnato 等人在 IEFPCM/B3LYP/6-311++G** 理论水平上研究 SO_4^- 与没食子酸和没食子酸酯的反应动力学，他们也得出了 SO_4^- 在目标化合物的苯环上直接加成在热力学上是不可行的。

4.8 自由基氧化降解 IBU 的机理

前面通过量子化学计算对 IBU 与 ·OH/SO_4^- 的反应进行热力学和动力学分析，明确了 IBU 与 ·OH/SO_4^- 的优势反应途径和主要的活性位点，解释了 ·OH/SO_4^- 降解 IBU 的动力学差异。本节主要计算了 IBU 的最高占据分子轨道（HOMO）和最低未占据分子轨道（LUMO）的电子云分布及前线电子密度，通过前线轨道理论进一步解释 ·OH/SO_4^- 与 IBU 的反应机理。

IBU 的 HOMO 和 LUMO 电子云分布见图 4-27，红色和绿色分别代表 HOMO、LUMO 轨道正电荷和负电荷形成的电子云密度。电子云分布可以描述分子间的化学稳定性和电荷转移相互作用。根据前线轨道理论，HOMO 电子云分布密度决定了亲电试剂进攻各位置的相对难易程度，而 LUMO 上电子云分布密度决定了亲核反应在各位置的难易程度。HOMO 电子云分布与 LUMO 电子云分布接近意味着该区域电子密度大，能更容易被亲电性的自由基攻击；HOMO 电子云分布与 LUMO 电子云分布差异较大，说明该区域内电荷存在明显的内部转移。所以，从电子云分布可分析不同反应位点差异。由图 4-27 中 IBU 的电子分布可知，H12/H13（—CH_2—）、H15（—CH(CH_3)—）和 H25（—CH(COOH)—）因存在 HOMO 分布成为主要的摘氢活性位点，其中 ·OH/SO_4^- 与 H15（—CH(CH_3)—）发生氢提取反应的势垒最低，也最容易发生。而 HOMO 和 LUMO 在苯环上分布稍微有差异，亲电试剂比较容易加成到苯环上；但是，由于发生加成反应的吉布斯自由能（ΔG_R°）大于零，活化能（$\Delta^{\ddagger}G^{\circ}$）也很高，因此自由基加成难以发生。

根据 Fukui Kenichi 的前线轨道理论，前线电子密度 FED_r 可以通过式（4-36）计算：

$$FED_r = \sum_i (C_{ri}^{HOMO})^2 + \sum_i (C_{ri}^{LUMO})^2 \qquad (4-36)$$

式中，r 为原子序号；i 为 r 原子中的 2S、2Px、2Py 和 2Pz 轨道。

计算得到 IBU 中 C 原子和 O 原子的 FED_r，见表 4-4。

前线轨道理论表明，具有较高前线电子密度的原子更易与自由基反应。Ohko、张霞等人对雌二醇的研究中也发现，在 FED_r 较大区域更容易发生自由基加成反应。从表 4-4 中可以看出，IBU 分子苯环上 C2 和 C3 原子具有最高的前线电子密度，分别为 0.0989 和 0.0919；其次为 C4 和 C6 原子具有较高的前线电子密度，分别为 0.0474 和 0.0414；接着是 C5（0.0196）和 C7（0.0208）。因此，

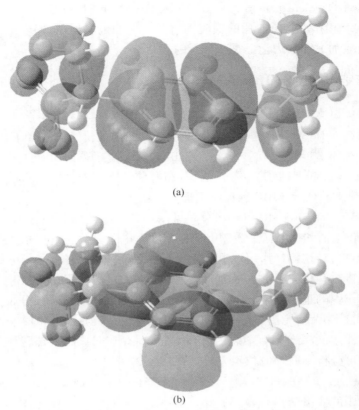

图 4-27 IBU 的前线轨道 HOMO 和 LUMO
（红色和绿色分别代表分子轨道的正相位和负相位）
（a）HOMO；（b）LUMO

扫码看彩图

表 4-4 **IBU 的前线电子密度**（SMD/M06-2X/6-31+(d,p)）

原子	$2FED_{HOMO}^2$	FED_r	原子	$2FED_{HOMO}^2$	FED_r
C2	0.0507	0.0989	C16	0.0018	0.0045
C3	0.0506	0.0919	C20	7.81×10^{-6}	8.50×10^{-6}
C4	0.0357	0.0474	C24	0.0002	0.0011
C5	0.0038	0.0196	C26	0.0002	0.0011
C6	0.0302	0.0414	C30	0.0008	0.0011
C7	0.0038	0.0208	O31	0.0074	0.0123
C11	0.0006	0.0036	O33	0.0057	0.0125
C14	0.0006	0.0015			

这些位点也更容易与 ·OH/SO$_4^{-}$ 发生自由基加成反应。量子化学的热力学计算表明，·OH 能与 IBU 在苯环位点发生自由基加成，但是受限于较高的势垒，苯环上的自由基加成反应并不是 ·OH 与 IBU 的优势反应途径。SO$_4^{-}$ 的活性低于 ·OH，且受较大的空间位阻作用，在苯环上的自由基加成反应难以发生。

同时可以看出，除去难以发生摘氢的甲基（C16、C20 和 C26）和羧基上的碳原子（C30），可能发生摘氢反应途径的位置 C11（—CH$_2$—）、C14（—CH(CH$_3$)—）和 C24(—CH(COOH)—) 上的前线电子密度都比较低，显示对氢原子的束缚能力也较低。上述位点连接的 H12/H13（—CH$_2$—）、H15（—CH(CH$_3$)—）和 H25(—CH(COOH)—) 都有 HOMO 分布，且 $2FED^2_{HOMO}$ 和 FED_r 相比其他氢原子要高出许多，C11—H12/C11—H13、C14—H15 和 C24—H25 的键解离能相比其他 C—H 也要低 17.9~30.0kcal/mol，因而这些位置也更容易与自由基发生摘氢反应。

Madhavan、Skoumal、Jacobs 和 Scheers 等人分别通过 UV/H$_2$O$_2$、Fenton 试剂、γ 射线辐射等高级氧化方式降解 IBU，在主要降解中间体和降解产物中发现有 2-[4-(羟基异丁基) 苯基] 丙酸、2-4-(异丁基苯基)-2 羟基丙酸、对异丁基苯乙酮（IBAP）、4-异丁基苯酚等由氢提取及后续反应产生的产物存在，而加成反应的产物几乎没有报道。这也证实了本节的计算结果，即氢提取是 ·OH 与 IBU 反映的主要途径。其中摘氢产物 2-(4-(2-羟基-2-甲基丙基) 苯基) 丙酸并没有频繁出现在报道中，可能的原因是其易被氧化而转化为其他产物。

SO$_4^{-}$ 氧化 IBU 的产物已有报道。例如，Kwon 等人使用带大气压化学电离模式的单四极杆质谱仪 IBU 降解的中间体及推测在 pH = 7.00 的 UV/S$_2$O$_8^{2-}$ 体系中的降解路径。他们发现 4-异丁基乙酰丙酮（4-IBAP）的生成与时间有关，并提出 SO$_4^{-}$ 的氧化机制；且推测 SO$_4^{-}$ 从苯环中提取一个电子或者加成到苯环，导致脱羧随后加氧，最终形成 4-IBAP。本节的量子力学计算表明，IBU 苯环上的 SET 路径不太可行，但是支持先提取丙酸基团的苄基碳上的氢原子。Paul 等人（2014）使用 γ 辐射研究了在 pH = 7.00 的 S$_2$O$_8^{2-}$ 溶液中 IBU 的辐射分解，发现 SO$_4^{-}$ 通过苯自由基阳离子形成优先产生苄基型自由基。该结论同样支持其他实验中检测到的 IBU 氧化副产物，这些副产物包含 2-[4-(1-羟基-2-甲基丙基) 苯基] 丙酸主要通过苄基型自由基失去异丁基的苄基 H 而形成。此外，2-[4-(1-羟基-2-甲基丙基) 苯基] 丙酸由苄基自由基的失去丙酸基团上的苄基氢原子而形成（没有发生脱羧反应），而 2-[4-(1-羟基-2-甲基丙基) 苯基] 丙酸通过异丁基中失去叔 H 形成。这些检测到的副产物支持氢-提取是 SO$_4^{-}$ 氧化 IBU 的可行路径，这与计算结果是一致的。

5 二苯并氮杂䓬类 PPCPs——卡马西平的自由基降解机制

卡马西平（CBZ，Carbamazepine）是一种治疗癫痫病和神经性疼痛的药物，属二苯并氮杂䓬类。CBZ 由于在治疗癫痫病和神经性疼痛的良好效果而被广泛使用，每年全球需消耗高达 1014t。CBZ 在大量使用的同时其在水体中的残留经过长期不断的积累也越来越多，全世界都有检测到 CBZ 在地表水中残留的报道，被认为是检出频率极高的药物残留之一，对人体健康和生态环境构成了巨大的威胁。CBZ 性质稳定，传统的生化处理工艺难以对其进行有效降解，张永军等人的研究表明，传统的生物处理工艺对 CBZ 的去除效果不到 10%。本书第 3 章中 CBZ 的直接光解研究表明，直接光解对其的降解作用也并不明显。为此，本章研究通过高级氧化技术产生自由基降解 CBZ，明确自由基降解二苯并氮杂䓬类药物 CBZ 的作用机制。

5.1 UV/H_2O_2 体系和 UV/$S_2O_8^{2-}$ 体系中 CBZ 的降解动力学

5.1.1 CBZ 降解动力学

CBZ 在 UV/H_2O_2 和 UV/$S_2O_8^{2-}$ 体系中的降解过程通过线性回归的方法对动力学方程拟合，结果表明 CBZ 的降解遵循伪一级反应动力学。由图 5-1 可以看出，在单独 UV 体系中加入 100μmol/L 的 H_2O_2/$S_2O_8^{2-}$ 后，CBZ 的降解明显加快。在 pH=3.00 的 UV/H_2O_2 和 UV/$S_2O_8^{2-}$ 体系中，CBZ 的初始降解速率分别为 1.14 （μmol/L）·min^{-1} 和 1.54 （μmol/L）·min^{-1}；在 pH=7.55 的 UV/H_2O_2 和 UV/$S_2O_8^{2-}$ 体系中，CBZ 的初始降解速率分别为 1.18 （μmol/L）·min^{-1} 和 1.19 （μmol/L）·min^{-1}。而在无 UV 辐照的对照处理中，CBZ 几乎无降解。因此推断，UV/H_2O_2 和 UV/$S_2O_8^{2-}$ 体系中 CBZ 降解速率相比单独 UV 辐照显著提高的主要原因是 UV 活化 H_2O_2/$S_2O_8^{2-}$ 生成的自由基对 CBZ 的介导氧化。

相比于 pH=3.00 的 UV/$S_2O_8^{2-}$ 体系，CBZ 的降解在 pH=7.55 的 UV/$S_2O_8^{2-}$ 体系中受到明显抑制，降解速率从 1.54 （μmol/L）·min^{-1} 下降到 1.19 （μmol/L）·min^{-1}，而 CBZ 的降解速率在不同 pH 值的 UV/H_2O_2 体系则几乎没有改变。CBZ 的 pK_a 为 13.92，大部分 pH 值范围内 CBZ 始终以同一分子形态存在，CBZ

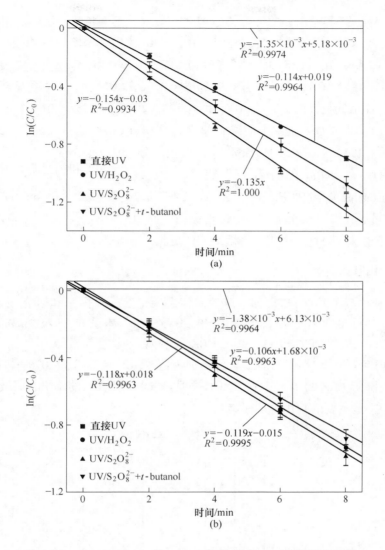

图 5-1　UV、UV/H_2O_2 和 UV/$S_2O_8^{2-}$ 体系中 CBZ 的降解动力学

([CBZ]=10μmol/L，[H_2O_2]=[$S_2O_8^{2-}$]=100μmol/L，I_0=7.50×10^{-6}（Einstein/L）·s^{-1}）
(a) pH=3.00；(b) pH=7.55

与 ·OH/$SO_4^{-·}$ 的二级反应速率常数基本保持不变，因此不同 pH 值的体系内自由基浓度成为决定 CBZ 降解速率的关键因素。随着 pH 值的增加，OH^- 的浓度迅速提高，OH^- 能与 $SO_4^{-·}$ 反应淬灭自由基，导致体系中 $SO_4^{-·}$ 浓度的变化，而 OH^- 被认为和 ·OH 不会发生反应。尽管 UV/H_2O_2 体系中 H_2O_2 离解生成的 HO_2^- 能够与

·OH反应，但是其浓度较低且 CBZ 与 ·OH 的二级反应速率常数[$k_{\text{CBZ, ·OH/SO}_4^-}$ = 7.35×10^9(mol/L)$^{-1}$·s^{-1}]较高，导致其淬灭 ·OH 的作用对 CBZ 的降解影响较小。因此，pH=7.55 时 CBZ 在 UV/$S_2O_8^{2-}$ 体系降解速率比 UV/H_2O_2 体系受到的抑制更明显，导致该体系中 CBZ 的降解速率相比 pH=3.00 的 UV/$S_2O_8^{2-}$ 体系显著降低。

对比 pH 值同为 3 时 CBZ 在 UV/H_2O_2 和 UV/$S_2O_8^{2-}$ 体系中的降解速率，可以发现 CBZ 在 UV/$S_2O_8^{2-}$ 体系中的降解速率[1.54（μmol/L）·min^{-1}]比在 UV/H_2O_2 体系[1.14（μmol/L）·min^{-1})]更快。分析认为，导致这种差异的主要原因是 $S_2O_8^{2-}$ 在 254nm 处的摩尔吸光系数[21.1(mol/L)$^{-1}$·cm^{-1}]和量子产率（0.7mol/Einstein）均比 H_2O_2 在 254nm 的摩尔吸光系数[19.6(mol/L)$^{-1}$·cm^{-1}]和量子产率（0.5mol/Einstein）更高，因而 UV/$S_2O_8^{2-}$ 在同等条件下能生成更多的自由基且 SO_4^- 的半衰期相比 ·OH 更长。

5.1.2 自由基鉴定

下面利用叔丁醇（t-butanol）来鉴定体系中主要的自由基和研究 ·OH 对 CBZ 降解的相对贡献大小。由图 5-2 看出，UV/$S_2O_8^{2-}$ 体系中加入 1mmol/L 的 t-butanol（t-butanol∶CBZ=100∶1），CBZ 的表观反应速率常数（k_{app}）在 pH=3.00 和 pH=7.55 时均有抑制，k_{app} 分别下降了 12.34% 和 11.07%；结果表明 UV/$S_2O_8^{2-}$ 降解 CBZ 的体系中存在 ·OH，但是 ·OH 对 CBZ 的降解并不起主要作用，而 SO_4^- 是主要的自由基离子。

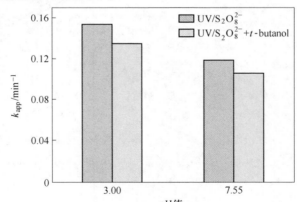

图 5-2　UV/$S_2O_8^{2-}$ 和 UV/$S_2O_8^{2-}$+t-butanol 体系中 CBZ 降解对比
([CBZ]=10μmol/L，[$S_2O_8^{2-}$]=100μmol/L，[t-butanol]=1mmol/L，I_0=7.50×10^{-6}（Einstein/L）·s^{-1})

5.1.3 竞争动力学

5.1.1 和 5.1.2 两节明确了 ·OH 和 SO_4^- 分别是 UV/H_2O_2 和 UV/$S_2O_8^{2-}$ 体系

中的主要活性物质，对 CBZ 的降解起主要作用。因此，本小节主要测定 CBZ 与 $\cdot OH/SO_4^{\cdot-}$ 反应的重要动力学参数-二级反应速率常数 $k_{CBZ,\cdot OH}$ 和 $k_{CBZ,SO_4^{\cdot-}}$。

本小节以 4-氯苯甲酸（pCBA）为参比物质 [$k_{\cdot OH, pCBA} = 5.0 \times 10^9 (mol/L)^{-1} \cdot s^{-1}$ 和 $k_{SO_4^{\cdot-}, pCBA} = 3.60 \times 10^8 (mol/L)^{-1} \cdot s^{-1}$]，利用竞争动力学方法来研究 $\cdot OH/SO_4^{\cdot-}$ 和 CBZ 的二级反应速率常数（详细介绍见第 4 章），其计算公式如下：

$$\frac{k_{CBZ,\cdot OH/SO_4^{\cdot-}}}{k_{pCBA,\cdot OH/SO_4^{\cdot-}}} = \frac{\left(\ln\frac{[CBZ]_t}{[CBZ]_0}\right)_{tot} - \left(\ln\frac{[CBZ]_t}{[CBZ]_0}\right)_{UV}}{\left(\ln\frac{[pCBA]_t}{[pCBA]_0}\right)_{tot} - \left(\ln\frac{[pCBA]_t}{[pCBA]_0}\right)_{UV}} = \frac{k_{tot,CBZ} - k_{UV,CBZ}}{k_{tot,pCBA} - k_{UV,pCBA}} \tag{5-1}$$

由式（5-1）可知，$k_{tot,CBZ} - k_{UV,CBZ}$ 为 $\cdot OH/SO_4^{\cdot-}$ 对 CBZ 的降解速率，$k_{tot,pCBA} - k_{UV,pCBA}$ 即为 $\cdot OH/SO_4^{\cdot-}$ 对 pCBA 的降解速率，以 $k_{tot,CBZ} - k_{UV,CBZ}$ 对 $k_{tot,pCBA} - k_{UV,pCBA}$ 绘制斜率为 $k_{CBZ,\cdot OH/SO_4^{\cdot-}}/k_{pCBA,\cdot OH/SO_4^{\cdot-}}$、截距为零的直线，如图 5-3 所示。表 5-1 为 CBZ 与 $\cdot OH/SO_4^{\cdot-}$ 的二级反应速率常数汇总。

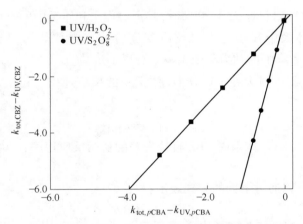

图 5-3 UV/H_2O_2 和 UV/$S_2O_8^{2-}$ 体系中 CBZ 和 pCBA 竞争动力学实验结果

（[CBZ] = [pCBA] = 10μmol/L，[H_2O_2] = 100μmol/L，[$S_2O_8^{2-}$] = 100μmol/L，$I_0 = 7.50 \times 10^{-6}$（Einstein/L）$\cdot s^{-1}$，$l = 0.935$cm，pH = 7.55）

表 5-1 CBZ 与 $\cdot OH/SO_4^{\cdot-}$ 的二级反应速率常数汇总

k	$\cdot OH$	$SO_4^{\cdot-}$
k_{RR}	$(7.35 \pm 0.15) \times 10^9$	$(1.89 \pm 0.07) \times 10^9$
k_{SS}	$(7.67 \pm 0.13) \times 10^9$	$(6.72 \pm 0.59) \times 10^8$

续表 5-1

k	·OH	$SO_4^{-·}$
k_{TST}	8.50×10^9	1.65×10^9
$k_{literature}$	8.80×10^9	1.92×10^9

注：k_{RR}、k_{SS} 和 k_{TST} 分别为用竞争动力学方法、动力学模型方法和量子化学计算得到。

通过竞争动力学方法测得 $k_{·OH,CBZ}$ 和 $k_{SO_4^{-·},CBZ}$ 分别为 $(7.35 \pm 0.15) \times 10^9 (mol/L)^{-1} \cdot s^{-1}$ 和 $(1.89 \pm 0.07) \times 10^9 (mol/L)^{-1} \cdot s^{-1}$，$k_{·OH,CBZ}$ 是 $k_{SO_4^{-·},CBZ}$ 的 3.89 倍。$k_{·OH,CBZ}$ 与 Huber 等人的报道值接近 $[8.80 \times 10^9 (mol/L)^{-1} \cdot s^{-1}]$，而 $k_{SO_4^{-·},CBZ}$ 与 Matt 等人的测得值 $[1.92 \times 10^9 (mol/L)^{-1} \cdot s^{-1}]$ 一致。

5.2 基于稳态假设的伪一级反应动力学模型

5.2.1 UV/H$_2$O$_2$ 体系中基于稳态假设的反应动力学模型

UV/H$_2$O$_2$ 体系中 PPCPs 的降解动力学可以通过自由基稳态假设的伪一级反应动力学模型来解释。此方法建立在以下假设的基础上，UV 激发 H$_2$O$_2$ 产生的自由基（如 ·OH）对目标化合物的降解起主要作用和体系中的自由基浓度相对稳定。UV/H$_2$O$_2$ 体系中存在的主要反应及反应速率常数均汇总在附录 A。UV/H$_2$O$_2$ 体系中 CBZ 降解的动力学模型建立有以下步骤。

在稳态条件下，CBZ 在 UV/H$_2$O$_2$ 体系中的反应速率 $[r_{tot}, (mol/L) \cdot s^{-1}]$ 可以表示为：

$$r_{tot} = r_{UV} + r_{·OH} \quad (5-2)$$

式中，r_{UV} 为 UV/H$_2$O$_2$ 体系中 CBZ 直接光解的初始反应速率；$r_{·OH}$ 为 CBZ 与 ·OH 的反应速率。

r_{UV} 和 $r_{·OH}$ 可以通过下面的公式表示：

$$r_{UV} = \varphi_{CBZ} \times I_0 \times \frac{l\varepsilon_{CBZ}[CBZ]}{A} \times (1 - 10^{-A}) \quad (5-3)$$

$$r_{·OH} = k_{CBZ, ·OH} \times [·OH]_{SS} \times [CBZ] \quad (5-4)$$

$$A = l(\varepsilon_{CBZ}[CBZ] + \varepsilon_{H_2O_2}[H_2O_2]) \quad (5-5)$$

式中，I_0 为有效光强；l 为有效光程；A 为反应液的吸光度值；$\varepsilon_{H_2O_2}$ 为 H$_2$O$_2$ 在 254nm 处的摩尔吸光系数 $[19.6(mol/L)^{-1} \cdot cm^{-1}]$；$\varepsilon_{CBZ}$ 为 CBZ 在 254nm 处的摩尔吸光系数；φ_{CBZ} 为 CBZ 在 254nm 处的量子产率；$[·OH]_{SS}$ 为体系中 ·OH 的稳态浓度；$k_{CBZ, ·OH}$ 为 CBZ 与 ·OH 的二级反应速率常数。

CBZ 在 UV/H$_2$O$_2$ 体系中遵循伪一级反应动力学方程（s^{-1}），公式如下：

$$k_{tot}[\text{CBZ}] = k_{UV}[\text{CBZ}] + k_{\text{CBZ},\cdot\text{OH}}[\cdot\text{OH}]_{SS}[\text{CBZ}] \tag{5-6}$$

在稳态条件下，·OH（$r_{0,\cdot\text{OH}}$）的产生速率等于消耗速率。因此，·OH 的稳态浓度（如$[\cdot\text{OH}]_{SS}$）可以通过式（5-7）计算：

$$0 = \frac{d[\cdot\text{OH}]}{dt} = r_{0,\cdot\text{OH}} - (k_{\text{CBZ},\cdot\text{OH}}[\text{CBZ}][\cdot\text{OH}]_{SS} + k_1[\text{H}_2\text{O}_2][\cdot\text{OH}]_{SS} +$$

$$k_2[\text{HO}_2^-][\cdot\text{OH}]_{SS} + k_{H1}[\cdot\text{OH}]_{SS}[\text{H}_2\text{PO}_4^-] +$$

$$k_{H2}[\cdot\text{OH}]_{SS}[\text{HPO}_4^{2-}] + k_{Hi}[\cdot\text{OH}]_{SS}[\text{Si}]) \tag{5-7}$$

在 UV/H_2O_2 体系中，$r_{0,\cdot\text{OH}}$ 可以通过以下公式计算：

$$r_{0,\cdot\text{OH}} = 2\varphi_{\cdot\text{OH}} E_H = 2\varphi_{\cdot\text{OH}} I_0 f_{\text{H}_2\text{O}_2}(1-10^{-A}) \tag{5-8}$$

$$f_{\text{H}_2\text{O}_2} = \frac{l\varepsilon_{\text{H}_2\text{O}_2}[\text{H}_2\text{O}_2]}{A} \tag{5-9}$$

式中，$\varphi_{\cdot\text{OH}}$ 为 H_2O_2 在 254nm 处的量子产率（0.5mol/Einstein）。

通过以上公式，CBZ 和 ·OH 的二级反应速率常数 $k_{\text{CBZ},\cdot\text{OH}}$ 及 ·OH 的稳态浓度 $[\cdot\text{OH}]_{SS}$ 分别可以通过以下公式计算：

$k_{\text{CBZ},\cdot\text{OH}}$

$$= \frac{(k_{tot} - k_{UV})(k_1[\text{H}_2\text{O}_2] + k_2[\text{HO}_2^-] + k_{H1}[\text{H}_2\text{PO}_4^-] + k_{H2}[\text{HPO}_4^{2-}] + k_{Hi}[\text{Si}])}{2\varphi_H I_0 f_H(1-10^{-l\sum\varepsilon_i C_i}) - (k_{tot} - k_{UV})[\text{CBZ}]}$$

$$\tag{5-10}$$

$[\cdot\text{OH}]_{SS}$

$$= \frac{2\varphi_H I_0 f_H(1-10^{-l\sum\varepsilon_i C_i})}{k_1[\text{H}_2\text{O}_2] + k_2[\text{HO}_2^-] + k_{\text{CBZ},\cdot\text{OH}}[\text{CBZ}] + k_{H1}[\text{H}_2\text{PO}_4^-] + k_{H2}[\text{HPO}_4^{2-}] + k_{Hi}[\text{Si}]}$$

$$\tag{5-11}$$

在本研究体系中，$[\text{CBZ}]_0 = 10\mu\text{mol/L}$，$[\text{H}_2\text{O}_2]_0 = 100\mu\text{mol/L}$，pH=7.55，$I_0 = 7.50\times10^{-6}$（Einstein/L）·$\text{s}^{-1}$，$l=0.935\text{cm}$，$r_{0,\cdot\text{OH}}$ 和 k_{tot} 的均值分别为 2.88×10^{-8}(mol/L)·s^{-1} 和 $1.97\times10^{-3}\text{s}^{-1}$。动力学模型计算结果表明，CBZ 与 ·OH 的 $k_{\text{CBZ},\cdot\text{OH}}$ 为 $(7.67\pm0.13)\times10^9(\text{mol/L})^{-1}\cdot\text{s}^{-1}$，这个值与本研究竞争动力学方法测得值 $[7.35\times10^9(\text{mol/L})^{-1}\cdot\text{s}^{-1}]$ 一致，验证了本动力学模型的可靠性。动力学模型计算得到 $[\cdot\text{OH}]_{SS}$ 的均值为 $2.57\times10^{-13}\text{mol/L}$，该值与 Kwon 等人的报道结果接近。Kwon 等人在 UV/H_2O_2 体系（$[\text{H}_2\text{O}_2]_0 = 0.5\text{mmol/L}$，$I_0 = 0.5\text{mW/cm}^2$，$l=0.79\text{cm}$，$[\text{CBZ}]_0 = 10\mu\text{mol/L}$，pH=7.00）中测定的 $[\cdot\text{OH}]_{SS}$ 为 $0.27\times10^{-12}\text{mol/L}$。尽管 Kwon 等人研究中的 $[\text{H}_2\text{O}_2]_0$ 比本体系的要大，但是 Kwon 等人的研究中 I_0 和 l 都比本体系（$I_0 = 7.50\times10^{-6}$（Einstein/L）·s^{-1}（4.66mW/cm^2），$l=0.935\text{cm}$）的要小，综合作用导致两者的 $[\cdot\text{OH}]_{SS}$ 接近。

UV/H₂O₂ 体系中直接光解和 ·OH 对 CBZ 降解的贡献率可以通过上述模型计算得到的 $k_{\cdot OH,CBZ}$，$[\cdot OH]_{SS}$ 等求得，计算方法见第 4 章。在本小节研究的 UV/H₂O₂ 体系中，r_{UV} 和 $r_{\cdot OH}$ 分别为 1.26×10^{-11}(mol/L)·s⁻¹ 和 9.99×10^{-7}(mol/L)·s⁻¹。因此可得：

$$r_{tot}(100\%) = r_{UV}(0.06\%) + r_{\cdot OH}(99.94\%)$$

直接光解和 ·OH 对 CBZ 降解的贡献率，·OH 对 CBZ 降解的贡献率为 99.94%，而直接光解的贡献率仅为 0.06%。·OH 对体系中 CBZ 的降解起最主要作用，是 UV/H₂O₂ 体系中主要的活性物质。

5.2.2　UV/S₂O₈²⁻ 体系中基于稳态假设的反应动力学模型

本小节通过建立基于稳态假设的伪一级反应动力学模型来研究 CBZ 在 UV/S₂O₈²⁻ 体系中的降解动力学。该模型基于以下假设，即 UV 激发 S₂O₈²⁻ 产生的自由基（如 SO₄·⁻ 和 ·OH）在目标化合物的降解过程中起主导作用，且体系中的自由基浓度相对稳定。UV 活化 S₂O₈²⁻ 产生 SO₄·⁻，SO₄·⁻ 与 H₂O/OH⁻反应生成 ·OH，因此 UV/S₂O₈²⁻ 体系存在两种自由基。UV/S₂O₈²⁻ 体系中存在的主要反应及反应速率常数均汇总在附录 B。UV/S₂O₈²⁻ 体系中 CBZ 降解的反应动力学模型建立有如下步骤。

稳态条件下，CBZ 在 UV/S₂O₈²⁻ 体系中的反应速率 $[r_{tot}$，(mol/L)·s⁻¹$]$ 可以表示为：

$$r_{tot} = r_{UV} + r_{\cdot OH} + r_{SO_4^{\cdot-}} \tag{5-12}$$

式中，r_{UV} 为 UV/S₂O₈²⁻ 体系中直接光解的初始反应速率；$r_{\cdot OH}$ 为 CBZ 与 ·OH 的反应速率；$r_{SO_4^{\cdot-}}$ 为 CBZ 与 SO₄·⁻ 的反应速率。

r_{UV}、$r_{\cdot OH}$ 和 $r_{SO_4^{\cdot-}}$ 可以通过下面的公式表示：

$$r_{UV} = \varphi_{CBZ} \times I_0 \times \frac{l\varepsilon_{CBZ}C_{CBZ}}{A} \times (1 - e^{-2.303A}) \tag{5-13}$$

$$r_{\cdot OH} = k_{\cdot OH,CBZ} \times [\cdot OH]_{SS} \times [CBZ] \tag{5-14}$$

$$r_{SO_4^{\cdot-}} = k_{SO_4^{\cdot-},CBZ} \times [SO_4^{\cdot-}]_{SS} \times [CBZ] \tag{5-15}$$

$$A = l(\varepsilon_{CBZ}[CBZ] + \varepsilon_{S_2O_8^{2-}}[S_2O_8^{2-}]) \tag{5-16}$$

式中，I_0 为体系的紫外有效光强；l 为反应器的有效光程；A 为反应液的吸光度值；$\varepsilon_{S_2O_8^{2-}}$ 为 S₂O₈²⁻ 在 254nm 处的摩尔吸光系数，取值 21.1(mol/L)⁻¹·cm⁻¹；ε_{CBZ} 为 CBZ 在 254nm 处的摩尔吸光系数；φ_{CBZ} 为 CBZ 在 254nm 处的量子产率；$[\cdot OH]_{SS}$ 为体系中 ·OH 的稳态浓度；$[SO_4^{\cdot-}]_{SS}$ 为体系中 SO₄·⁻ 的稳态浓度；$k_{\cdot OH,CBZ}$ 为 CBZ 与 ·OH 的二级反应速率常数；$k_{SO_4^{\cdot-},CBZ}$ 为 CBZ 与 SO₄·⁻ 的二级反应速率常数。

5.2 基于稳态假设的伪一级反应动力学模型

CBZ 在 UV/$S_2O_8^{2-}$ 体系中遵循伪一级反应动力学方程 (s^{-1}),公式如下:

$$k_{tot}[CBZ] = k_{UV}[CBZ] + k_{SO_4^-,CBZ}[SO_4^-]_{SS}[CBZ] + k_{·OH,CBZ}[·OH]_{SS}[CBZ] \tag{5-17}$$

在稳态条件下,SO_4^- (r_{0,SO_4^-}) 的产生速率是等于消耗速率的。因此,SO_4^- 和 ·OH 的稳态浓度(如 $[SO_4^-]_{SS}$ 和 $[·OH]_{SS}$)可以通过以下公式计算:

$$\begin{aligned}r_{0,SO_4^-} &= k_{SO_4^-,CBZ}[SO_4^-]_{SS}[CBZ] + k_2[SO_4^-]_{SS}[OH^-] + \\ & \quad k_3[SO_4^-]_{SS}[H_2O] + k_4[SO_4^-]_{SS}[S_2O_8^{2-}] + \\ & \quad k_5[SO_4^-]_{SS}[SO_4^-]_{SS} + k_6[SO_4^-]_{SS}[·OH]_{SS} + \\ & \quad k_9[SO_4^-]_{SS}[H_2PO_4^-] + k_{10}[SO_4^-]_{SS}[HPO_4^{2-}]\end{aligned} \tag{5-18}$$

$$\begin{aligned}k_2[SO_4^-]_{SS}[OH^-] &+ k_3[SO_4^-]_{SS}[H_2O] \\ = k_{·OH,CBZ}[·OH]_{SS}[CBZ] &+ k_7[·OH]_{SS}[S_2O_8^{2-}] + \\ k_{11}[·OH]_{SS}[H_2PO_4^-] &+ k_{12}[·OH]_{SS}[HPO_4^{2-}]\end{aligned} \tag{5-19}$$

反应体系中,

$$r_{0,SO_4^-} = 2\varphi_{SO_4^-} E_S = 2\varphi_{SO_4^-} I_0 f_{S_2O_8^{2-}} (1 - e^{-2.303A}) \tag{5-20}$$

$$f_{S_2O_8^{2-}} = \frac{l\varepsilon_{S_2O_8^{2-}} C_{S_2O_8^{2-}}}{A} \tag{5-21}$$

式中,$\varphi_{SO_4^-}$ 为 $S_2O_8^{2-}$ 量子产率,取值 0.7 mol/Einstein。

为了更好地计算,下面引入 α 和 β:

$$\alpha = \frac{k_2[OH^-] + k_3[H_2O]}{k_{·OH,CBZ}[CBZ] + k_7[S_2O_8^{2-}] + k_{11}[H_2PO_4^-] + k_{12}[HPO_4^{2-}]} \tag{5-22}$$

$$\beta = k_2[OH^-] + k_3[H_2O] + k_4[S_2O_8^{2-}] + k_9[H_2PO_4^-] + k_{10}[HPO_4^{2-}] \tag{5-23}$$

可得:

$$[·OH]_{SS} = \alpha[SO_4^-]_{SS} \quad \text{和} \quad [SO_4^-]_{SS} = \frac{r_{0,SO_4^-}}{k_{SO_4^-,CBZ}[CBZ] + \beta}$$

这里有 3 个未知数(如 $k_{SO_4^-,CBZ}$、$[SO_4^-]_{SS}$ 和 $[·OH]_{SS}$)和 3 个独立的方程 [见式 (5-21)~式 (5-23)],可得:

$$k_{SO_4^-,CBZ} = \frac{r_{0,SO_4^-} k_{OH·,CBZ} \alpha - \beta(k_{tot} - k_{UV})}{(k_{tot} - k_{UV})[CBZ] - r_{0,SO_4^-}} \tag{5-24}$$

$$[SO_4^-]_{SS} = \frac{(k_{tot} - k_{UV})[CBZ] - r_{0,SO_4^-}}{\alpha k_{·OH,CBZ}[CBZ] - \beta} \tag{5-25}$$

$$[·OH]_{SS} = \frac{\alpha[(k_{tot} k_{UV})[CBZ] - r_{0,SO_4^-}]}{\alpha k_{·OH,CBZ}[CBZ] - \beta} \tag{5-26}$$

在本研究体系中，$[CBZ]_0 = 10\mu mol/L$，$[S_2O_8^{2-}]_0 = 100\mu mol/L$，$pH = 7.55$，$I_0 = 7.50 \times 10^{-6}$（Einstein/L）$\cdot s^{-1}$，$l = 0.935 cm$，$r_{0,SO_4^{-\cdot}}$ 和 k_{tot} 的均值分别为 4.34×10^{-8}（mol/L）$\cdot s^{-1}$ 和 $1.98 \times 10^{-3} s^{-1}$。$\alpha$ 的值经过计算为 6.31×10^{-3}，β 的值经过计算为 $9.00 \times 10^3 s^{-1}$。$k_{SO_4^{-\cdot},CBZ}$ 通过稳态动力学模型计算得到为 $(6.72 \pm 0.59) \times 10^8$（mol/L）$^{-1} \cdot s^{-1}$，略低于竞争动力学测得值。体系中 $[SO_4^{-\cdot}]_{SS}$ 和 $[\cdot OH]_{SS}$ 通过稳态动力学模型计算得到的均值为 2.75×10^{-12} mol/L 和 1.74×10^{-14} mol/L，$[SO_4^{-\cdot}]_{SS}$ 要高出 $[\cdot OH]_{SS}$ 约两个数量级。

由前面得到的 $k_{\cdot OH,CBZ}$、$k_{SO_4^{-\cdot},CBZ}$、$[\cdot OH]_{SS}$、$[SO_4^{-\cdot}]_{SS}$ 等参数，通过动力学模型可计算直接光解、$\cdot OH$ 和 $SO_4^{-\cdot}$ 对 CBZ 降解的贡献率，具体计算方法见第 4 章。在本研究的 $UV/S_2O_8^{2-}$ 体系中，r_{UV}、$r_{\cdot OH}$ 和 $r_{SO_4^{-\cdot}}$ 值分别为 1.30×10^{-11}（mol/L）$\cdot s^{-1}$、1.28×10^{-9}（mol/L）$\cdot s^{-1}$ 和 1.85×10^{-8}（mol/L）$\cdot s^{-1}$，因此计算得到直接光解的贡献率为 0.07%、$\cdot OH$ 的贡献率为 6.45%，而 $SO_4^{-\cdot}$ 的贡献率最高，达到 93.48%，如图 5-4 所示。这表明，$SO_4^{-\cdot}$ 在 $UV/S_2O_8^{2-}$ 体系中对 CBZ 的降解起主要作用。

$$r_{tot}(100\%) = r_{UV}(0.07\%) + r_{\cdot OH}(6.45\%) + r_{SO_4^{-\cdot}}(93.48\%)$$

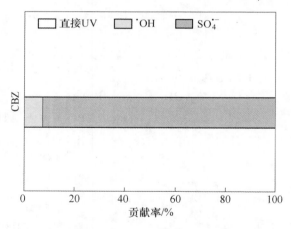

图 5-4　直接光解、$\cdot OH$ 和 $SO_4^{-\cdot}$ 对 CBZ 降解的贡献率

基于稳态假设的动力学模型表明：在 UV/H_2O_2 和 $UV/S_2O_8^{2-}$ 体系中，自由基对 CBZ 的降解都起主要的贡献，同时模型能够很好地用于预测 CBZ 在 UV/H_2O_2 体系和 $UV/S_2O_8^{2-}$ 体系的动力学参数，测定的 k 值与竞争动力学测得的 k 值吻合较好。稳态动力学模型计算结果显示，$pH = 3.00$ 时 $UV/S_2O_8^{2-}$ 体系中 $SO_4^{-\cdot}$ 的稳态浓度 $[SO_4^{-\cdot}]_{SS}$（5.48×10^{-12} mol/L）相比 UV/H_2O_2 体系 $[\cdot OH]_{SS}$（2.47×10^{-13} mol/L）高 22.19 倍，$pH = 7.55$ 时 $UV/S_2O_8^{2-}$ 体系中 $SO_4^{-\cdot}$ 的稳态浓度 $[SO_4^{-\cdot}]_{SS}$（2.75×10^{-12} mol/L）相比 UV/H_2O_2 体系 $[\cdot OH]_{SS}$（2.57×10^{-13} mol/L）

高10.7倍。UV/$S_2O_8^{2-}$体系中能与CBZ反应的$SO_4^{-\cdot}$浓度更高，导致UV/$S_2O_8^{2-}$体系中CBZ的降解速率在pH=3.00时显著快于UV/H_2O_2体系，而在pH=7.55时与UV/H_2O_2体系大致相等。总体而言，UV/$S_2O_8^{2-}$体系对CBZ的降解更为高效，尤其在酸性条件下。

5.1节CBZ降解动力学分析表明，体系中自由基的浓度是不同pH值条件的UV/H_2O_2和UV/$S_2O_8^{2-}$体系中CBZ降解差异的关键因素。本节通过稳态动力学模型推算了不同pH值条件下UV/$S_2O_8^{2-}$体系中自由基浓度的变化，计算结果表明随着pH值上升，体系中OH^-的浓度增大，而OH^-能够淬灭$SO_4^{-\cdot}$导致体系内$SO_4^{-\cdot}$稳态浓度的下降。同样初始条件下（$[CBZ]_0 = 10\mu mol/L$，$[S_2O_8^{2-}]_0 = 100\mu mol/L$，$I_0 = 7.50 \times 10^{-6}$（Einstein/L）·$s^{-1}$，$l = 0.935cm$），pH=3.00时的$[SO_4^{-\cdot}]_{SS}$和$[·OH]_{SS}$的均值分别为$5.48\times10^{-12}$mol/L和$3.06\times10^{-14}$mol/L，而pH=7.55时的$[SO_4^{-\cdot}]_{SS}$和$[·OH]_{SS}$的均值分别下降为$2.75\times10^{-12}$mol/L和$1.74\times10^{-14}$mol/L。尽管$[SO_4^{-\cdot}]_{SS}$依然是体系中的主要自由基（占比大于99%），但pH=7.55时$[SO_4^{-\cdot}]_{SS}$相比pH=3.00时下降约50%。由于CBZ的pK_a为13.94，pH=3.00和pH=7.55时均以分子形态存在，与$SO_4^{-\cdot}$的二级反应速率常数固定。因此，CBZ在pH=3.00时UV/$S_2O_8^{2-}$体系中降解速率[1.54（$\mu mol/L$）·min^{-1}]要显著快于pH=7.55时[1.19（$\mu mol/L$）·min^{-1}]。而在UV/H_2O_2体系中，pH=3.00和pH=7.55时$[·OH]_{SS}$非常接近，分别为2.47×10^{-13}mol/L和2.57×10^{-13}mol/L，因而不同pH值的UV/H_2O_2体系中CBZ降解速率的差异不明显。

5.3 $·OH/SO_4^{-\cdot}$降解CBZ的反应途径

5.2节分析表明，$·OH/SO_4^{-\cdot}$氧化CBZ是UV/H_2O_2和UV/$S_2O_8^{2-}$体系中CBZ降解的主要作用机制，因此探明$·OH/SO_4^{-\cdot}$与CBZ的反应机理显得尤为重要。本节通过量子化学计算和构象分析，揭示$·OH/SO_4^{-\cdot}$氧化降解CBZ的反应途径。

CBZ的pK_a为13.94，大部分条件下都以分子形式存在，因此，本节主要计算分子态CBZ与$·OH/SO_4^{-\cdot}$的反应过程，并选取通过Spartan'10软件使用AM1算法确定的最低能量构象作为研究对象。然后，获得的最低能量构象再通过Gaussian 09（Revision A.01版本）在M05-2X/6-31+G**理论水平上进行优化，得到的CBZ优化结构如图5-5所示。

所有的后续优化和$·OH/SO_4^{-\cdot}$氧化CBZ过程的过渡态（TS）搜寻都在相同的方法下进行计算（如SMD/M05-2X/6-311++G**//M05-2X/6-31+G**）。通过虚频的数量来识别局部最小值和TS（例如，无虚频表示局部最小值，有1个虚频表示为TS）。所有的TS都通过内禀反应坐标方法（IRC）来验证TS是否连接了预期的反应物和产物。对于所有稳定点（即局部最小值和TS），均通过计算M05-2X/6-31+G**水平的振动频率来确定零点能。

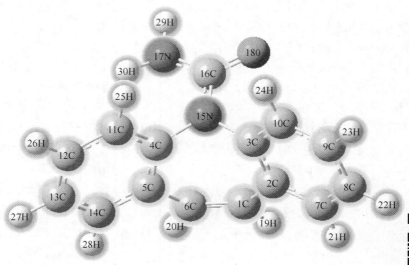

图 5-5　CBZ 的优化结构

(M05-2X/6-311++G**//M05-2X/6-31+G**，SMD 溶剂模型)

扫码看彩图

本节研究的 CBZ 与 ·OH/SO$_4^-$· 反应有自由基加成（add）、氢-提取（H-ab）和电子转移（SET）三种可能途径，如图 5-6 所示。对于 CBZ 而言，自由基加成反应主要发生在氮杂环及双侧苯环的不饱和双键上（—C=C—）；氢-提取反应主要发生于含 H 原子位点，之前的研究表明苯环上的摘氢反应一般很难发生。对于自由基加成位点 C1(C6)、C2(C5)、C3(C4)、C7(C14)、C8(C13) 和 C9(C12)，以及摘氢位点 H19(H20)、H21(H28)、H22(H27)、H23(H26)、H24(H25) 和 H29(H30) 分别进行了简并处理。

(a)

图 5-6 CBZ 和 ·OH/SO$_4^{-}$ 的可能反应途径
(a) 自由基加成；(b) 氢-提取；(c) 单电子转移

5.4 基于量子化学计算的 ·OH/SO$_4^{-}$ 氧化 CBZ 的热力学

5.3 节分析了 CBZ 与 ·OH/SO$_4^{-}$ 反应的三种可能途径，本节将通过量子化学计算的方法对 CBZ 与 ·OH/SO$_4^{-}$ 的热力学性质进行研究，揭示优势反应途径。

5.4.1 ·OH 与 CBZ 的反应热力学

·OH 与 CBZ 反应过程中过渡态（TS）的几何结构，如图 5-7 所示。每个反应途径的 TS 都在 M05-2X/6-31+G** 水平上定位，而能量则在 SMD/M05-2X/6-311++G** 的更高水平上计算。·OH 与 CBZ 反应的热力学性质见表 5-2。图 5-8 和图 5-9 则分别展示了自由基加成、氢提取和单电子转移反应的势能面。

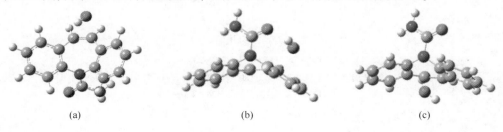

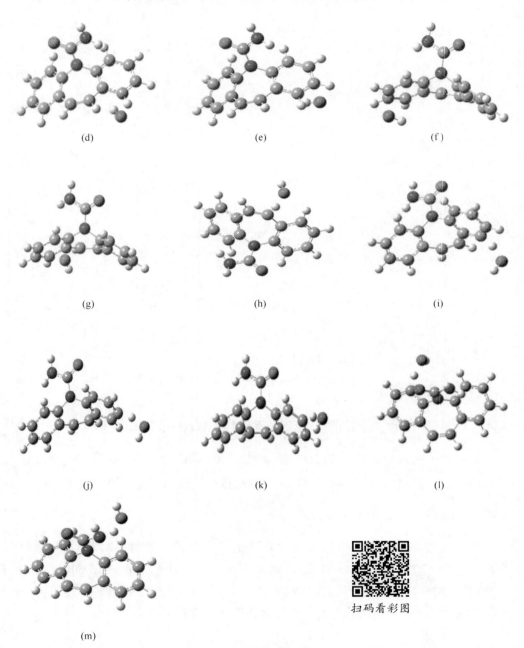

图 5-7 TS 的几何结构

(SMD/M05-2X/6-311++G**//M05-2X/6-31+G**)

(a) C1；(b) C2；(c) C3；(d) C7；(e) C8；(f) C9；(g) C10；(h) H19；(i) H21；(j) H22；(k) H23；(l) H24；(m) H29

5.4 基于量子化学计算的 $\cdot OH/SO_4^{\cdot-}$ 氧化 CBZ 的热力学

表 5-2 CBZ 与 $\cdot OH$ 反应热力学性质（如 ΔH_R°、ΔG_R° 和 $\Delta^\ddagger G^\circ$）

反应路径	位点	$\cdot OH$ SMD/M05-2X/6-311++G** //M05-2X/6-31+G**			Collins-Kimball 校正 $k/(mol/L)^{-1} \cdot s^{-1}$		k 值贡献/%	
		ΔH_R° /kcal·mol^{-1}	ΔG_R° /kcal·mol^{-1}	$\Delta^\ddagger G^\circ$ /kcal·mol^{-1}	Wigner 方法	Eckart 方法	Wigner 方法	Eckart 方法
自由基加成	C1	−33.25	−26.27	3.66	6.78×10⁹	6.07×10⁹	67.10	71.39
	C2	−12.46	−5.08	8.61	8.48×10⁶	6.23×10⁶	0	0.07
	C3	−22.98	−15.35	7.33	6.10×10⁷	4.14×10⁷	0.60	0.49
	C7	−19.80	−13.35	5.24	1.78×10⁹	1.32×10⁹	17.66	15.54
	C8	−15.40	−8.70	7.40	6.07×10⁷	4.29×10⁷	0.60	0.50
	C9	−20.47	−13.96	5.57	1.13×10⁹	8.21×10⁸	11.20	9.66
	C10	−16.07	−9.54	6.47	2.76×10⁸	1.95×10⁸	2.73	2.29
氢-提取	H19	−9.39	−13.75	10.59	5.72×10⁵	1.31×10⁶	0.01	0.02
	H21	−4.92	−9.48	11.37	1.49×10⁵	3.08×10⁵	0	0
	H22	−5.31	−9.90	10.75	4.49×10⁵	1.14×10⁶	0	0.01
	H23	−5.16	−9.64	10.32	9.26×10⁵	2.17×10⁶	0.01	0.03
	H24	−4.12	−8.72	12.02	6.81×10⁴	5.27×10⁵	0	0.01
	H29	−7.20	−11.85	15.93	9.10×10¹	9.55×10²	0	0
单电子转移	SET		7.53	8.08	—	—	—	—
总和					1.01×10¹⁰	8.50×10⁹	100	100

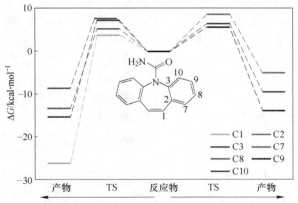

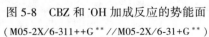

图 5-8 CBZ 和 $\cdot OH$ 加成反应的势能面
（M05-2X/6-311++G** //M05-2X/6-31+G**）

扫码看彩图

$\cdot OH$ 与 CBZ 的自由基加成反应中，C1（−26.27kcal/mol）、C2（−5.08kcal/mol）、C3（−15.35kcal/mol）、C7（−13.35kcal/mol）、C8（−8.70kcal/mol）、C9（−13.96kcal/mol）和 C10（−9.54kcal/mol）位点上的 ΔG_R° 均小于零（见图 5-8 和表 5-2），表明 $\cdot OH$ 与 CBZ 在上述位点发生自由基加成反应在热力学上是可行的。

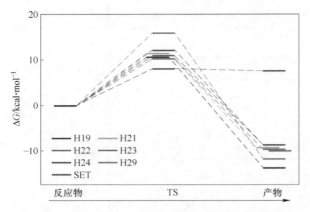

图 5-9　CBZ 和 ·OH 的氢-提取反应及 SET 的势能面
（M05-2X/6-311++G**//M05-2X/6-31+G**）

扫码看彩图

表 5-2 中，上述位点的加成反应均是放热反应，ΔH_R° 的区间在 -16.07 ~ -33.25kcal/mol 之间，ΔH_R° 的巨大变化可能是由于两种反应物生成了一个产物的负熵 ΔS_R° 作用。加成反应首先在氮杂环不饱和双键 C 原子 C1 位点上的 $\Delta^{\ddagger}G_R^\circ$ 最小（3.66kcal/mol）；其次为双侧苯环的不饱和双键 C 原子 C7 和 C9 位点，$\Delta^{\ddagger}G_R^\circ$ 分别为 5.24kcal/mol 和 5.57kcal/mol；这表明 C1/C6、C7/C14 和 C9/C12 位点的自由基加成反应更容易发生。

·OH 与 CBZ 的氢-提取反应中，各氢-提取位点的 ΔG_R° 值分别为 H19（-13.75kcal/mol）、H21（-9.48kcal/mol）、H22（-9.90kcal/mol）、H23（-9.64kcal/mol）、H24（-8.72kcal/mol）和 H29（-11.85kcal/mol），其中 H24 位点具有最小的 ΔG_R°，如图 5-9 和表 5-2 所示。上述位点的 ΔG_R° 均小于零，表明上述位点的氢-提取反应在热力学上都是可行的，且所有位点的 ΔH_R° 均小于零，显示所有位点的氢-提取反应均是放热反应。值得注意的是，上述 ·OH 与 CBZ 发生氢-提取反应的各位点 $\Delta^{\ddagger}G_R^\circ$ 值均较大，分别达到 10.59kcal/mol、11.37kcal/mol、10.75kcal/mol、10.32kcal/mol、12.02kcal/mol 和 15.93kcal/mol。相比 ·OH 与 CBZ 发生自由基加成反应的平均 $\Delta^{\ddagger}G_R^\circ$ 为 6.33kcal/mol，氢-提取反应的平均 $\Delta^{\ddagger}G_R^\circ$ 为 11.83kcal/mol 则要大得多。同时，·OH 与 CBZ 发生氢-提取反应的最低 $\Delta^{\ddagger}G_R^\circ$（10.32kcal/mol）相比自由基加成反应的最低 $\Delta^{\ddagger}G_R^\circ$（3.66kcal/mol）也更大。较大的 $\Delta^{\ddagger}G_R^\circ$ 表明，·OH 与这些位点发生摘氢反应的难度相比氮杂环及苯环不饱和碳键上自由基加成反应要困难很多，主要原因为氮杂环及苯环是富电子区域更容易与自由基发生加成反应。因此，氢-提取反应不是 ·OH 与 CBZ 的优势反应途径。

·OH 与 CBZ 发生单电子转移反应的 ΔG_{SET}° 为 7.53kcal/mol，表明该反应途径在热力学上难以实现，如图 5-9 和表 5-2 所示。因此，热力学研究结果表明，·OH 与 CBZ 的优势反应途径是氮杂环及双侧苯环不饱和碳键上的自由基加成反应。

5.4.2 $SO_4^{\cdot-}$ 与 CBZ 的反应热力学

$SO_4^{\cdot-}$ 与 CBZ 反应过程中 TS 的几何结构如图 5-10 所示。每个反应路径的 TS

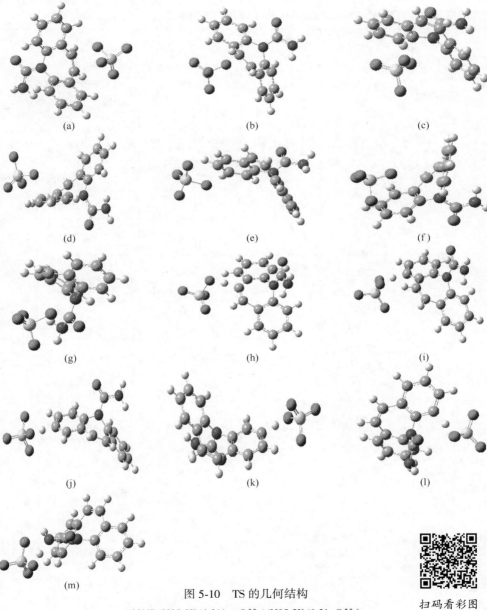

图 5-10 TS 的几何结构
（SMD/M05-2X/6-311++G**//M05-2X/6-31+G**）
(a) C1；(b) C2；(c) C3；(d) C7；(e) C8；(f) C9；(g) C10；
(h) H19；(i) H21；(j) H22；(k) H23；(l) H24；(m) H29

扫码看彩图

都在 M05-2X/6-31+G** 水平上定位，而能量则在 SMD/M05-2X/6-311++G** 水平上计算。$SO_4^{-\cdot}$ 与 CBZ 反应热力学性质见表 5-3，图 5-11～图 5-13 则分别展示了自由基加成、氢-提取和单电子转移反应的势能面。

表 5-3　CBZ 与 $SO_4^{-\cdot}$ 加成、氢-提取和 SET 路径的热力学性质（如 ΔH_R°、ΔG_R° 和 $\Delta^\ddagger G^\circ$）

反应路径	位点	$SO_4^{-\cdot}$					·OH	
		SMD/M05-2X/6-311++G**//M05-2X/6-31+G**			Collins-Kimball 校正 k/$(mol/L)^{-1} \cdot s^{-1}$		k 值贡献/%	
		ΔH_R° /kcal·mol^{-1}	ΔG_R° /kcal·mol^{-1}	$\Delta^\ddagger G^\circ$ /kcal·mol^{-1}	Wigner 方法	Eckart 方法	Wigner 方法	Wigner 方法
自由基加成	C1	−27.24	−13.94	5.58	1.08×10^9	1.05×10^9	44.94	67.10
	C2	−4.61	8.85	12.74	—	—	—	0
	C3	−16.42	−2.77	9.47	1.80×10^6	1.87×10^6	0.07	0.60
	C7	−17.52	−4.94	6.52	2.60×10^8	2.68×10^8	10.83	17.66
	C8	−13.00	−0.67	9.20	3.04×10^6	3.25×10^6	0.13	0.60
	C9	−16.20	−4.04	5.67	1.00×10^9	1.01×10^9	41.57	11.20
	C10	−14.25	−1.43	7.44	5.58×10^7	5.78×10^7	2.32	2.73
氢-提取	H19	−3.93	−4.43	14.24	1.46×10^3	1.04×10^4	0	0.01
	H21	0.54	−0.16	17.63	5.66	—	0	0
	H22	0.15	−0.58	15.95	92.3	—	0	0
	H23	0.30	−0.32	15.51	1.92×10^2	—	0	0.01
	H24	1.34	0.60	17.57	—	—	0	—
	H29	−1.67	−2.46	11.49	4.95×10^4	4.97×10^4	0	0
单电子转移	SET		−13.94	8.54	3.42×10^6	3.42×10^6	0.14	—
总和					2.41×10^9	2.40×10^9	100	100

5.4 基于量子化学计算的 ·OH/SO_4^- 氧化 CBZ 的热力学

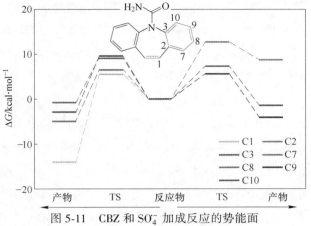

图 5-11　CBZ 和 SO_4^- 加成反应的势能面
（M05-2X/6-311++G**//M05-2X/6-31+G**）

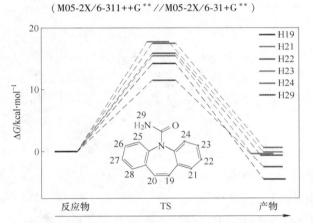

图 5-12　CBZ 和 SO_4^- 的氢-提取反应的势能面

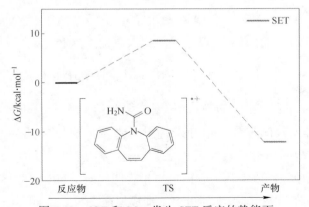

图 5-13　CBZ 和 SO_4^- 发生 SET 反应的势能面
（M05-2X/6-311++G**//M05-2X/6-31+G**）

由图 5-11 和表 5-3 看出，SO_4^- 与 CBZ 的加成反应中除了 C2 位点的 $\Delta G_R^\circ >0$（8.85kcal/mol）以外，其他 C1（-13.94kcal/mol）、C3（-2.77kcal/mol）、C7（-4.94kcal/mol）、C8（-0.67kcal/mol）、C9（-4.04kcal/mol）和 C10（-1.43kcal/mol）位点上的 $\Delta^\ddagger G_R^\circ$ 均小于零，表明上述 C1、C3 和 C7～C10 位点的自由基加成反应从热力学上可以发生。SO_4^- 与 CBZ 的加成反应均是放热反应，ΔH_R° 的范围在-4.61～-27.2kcal/mol 之间，ΔH_R° 的巨大变化可能是由于两种反应物生成了一个产物的负熵 ΔS_R°。自由基加成反应在 C1 和 C9 位点上的 $\Delta^\ddagger G_R^\circ$ 最小，分别为 5.58kcal/mol 和 5.67kcal/mol，这表明杂环不饱和碳键上 C1/C6 和 C9/C12 位点的自由基加成反应更容易发生。

由图 5-11 和表 5-3 看出，SO_4^- 与 CBZ 的氢-提取反应在 H24 位点从热力学上是不可发生的（ΔG_R° 和 $\Delta^\ddagger G_R^\circ$ 分别为 0.60kcal/mol 和 17.57kcal/mol）；而 H19（-4.43kcal/mol）、H21（-0.16kcal/mol）、H22（-0.58kcal/mol）、H23（-0.32kcal/mol）和 H29（-2.46kcal/mol）位点上的氢-提取反应在热力学上可以发生。值得注意的是，上述位点发生摘氢反应的 $\Delta^\ddagger G_R^\circ$ 分别高达 14.24kcal/mol、17.63kcal/mol、15.95kcal/mol、15.51kcal/mol 和 11.49kcal/mol。相比自由基加成反应的平均 $\Delta^\ddagger G_R^\circ$ 为 8.09kcal/mol，SO_4^- 与 CBZ 的氢-提取反应的平均 $\Delta^\ddagger G_R^\circ$（15.40kcal/mol）要大得多；相比自由基加成反应的最低 $\Delta^\ddagger G_R^\circ$ 为 5.58kcal/mol，SO_4^- 与 CBZ 的氢-提取反应的最低 $\Delta^\ddagger G_R^\circ$（11.49kcal/mol）也要大得多。这表明，SO_4^- 与上述位点发生氢-提取反应比在氮杂环及双侧苯环上的自由基加成反应要更困难，主要原因是氮杂环及苯环是富电子区域，更容易与自由基发生加成反应而非摘氢反应。

由图 5-13 和表 5-3 看出，SO_4^- 与 CBZ 发生单电子转移反应的 $\Delta^\ddagger G_{SET}^\circ$ 为-12.10kcal/mol，表明该反应途径在热力学上是可以实现的。这和 Luo 等人报道的含有—NH_2、—NH—、—N $\diagdown$ H $\diagup$、—O—、—O—CH_3 和—OH 等供电子官能团化合物在 SET 反应途径上能够发生的结论一致。单电子转移反应的 $\Delta^\ddagger G_{SET}^\circ$ 为 8.54kcal/mol，比氮杂环及双侧苯环不饱和碳键上自由基加成反应的最低 $\Delta^\ddagger G_R^\circ$（5.58kcal/mol）要高，表明单电子转移反应虽然从热力学上可以实现，但不是 SO_4^- 与 CBZ 反应的优势途径。以上热力学研究结果表明，SO_4^- 与 CBZ 的优势反应途径是氮杂环及双侧苯环不饱和碳键上的自由基加成反应，且氮杂环不饱和碳键上的加成反应具有最低势垒 $\Delta^\ddagger G_R^\circ$。

5.5 基于量子化学计算的 $·OH/SO_4^{·-}$ 氧化 CBZ 的动力学

5.4 节热力学研究表明 $·OH/SO_4^{·-}$ 氧化 CBZ 的优势反应途径为自由基加成，本节通过过渡态理论的动力学计算方法重点对 CBZ 与 $·OH/SO_4^{·-}$ 反应的动力学进行了研究，计算 CBZ 与 $·OH/SO_4^{·-}$ 的 k 值及比较各反应途径对 k 值的贡献率，明确 CBZ 与 $·OH/SO_4^{·-}$ 反应的主要活性位点。

5.5.1 $·OH$ 氧化 CBZ 的动力学

表 5-2 中，通过过渡态理论使用 Wigner 和 Eckart 两种方法进行隧道校正得到的 CBZ 与 $·OH$ 自由基加成反应的 k 值范围分别为 $6.10×10^6 \sim 6.78×10^9 (mol/L)^{-1} \cdot s^{-1}$ 和 $4.14×10^7 \sim 6.07×10^9 (mol/L)^{-1} \cdot s^{-1}$，摘氢反应的 k 值范围分别为 $6.81×10^4 \sim 9.26×10^5 (mol/L)^{-1} \cdot s^{-1}$ 和 $3.08×10^5 \sim 2.17×10^6$，使用两种隧道校正方法获得的 k 值较为一致。CBZ 与 $·OH$ 反应的总 k 值采用 Wigner 和 Eckart 的方法校正后分别为 $1.01×10^{10} (mol/L)^{-1} \cdot s^{-1}$ 和 $8.50×10^9 (mol/L)^{-1} \cdot s^{-1}$，量子化学动力学分析计算得到结果与实际测得值 $[(7.35±0.15)×10^9 (mol/L)^{-1} \cdot s^{-1}]$ 非常接近，表明理论计算推断的反应途径和活性位点与实际相符。

研究结果还表明，自由基加成反应对 CBZ 与 $·OH$ 反应的整体 k 值贡献率为 99.95%；摘氢反应的贡献率不足 0.05%；而 SET 反应不发生，见表 5-2。自由基加成反应是 $·OH$ 与 CBZ 反应的优势途径，其中杂环不饱和碳键上 C1/C6 的贡献率最大，对整体 k 值的贡献率达到 67.10%，是最主要的活性位点；其次为双侧苯环不饱和碳键 C7/C14 和 C9/C12，对整体 k 值的贡献率分别为 17.66% 和 11.20%，是次要活性位点，三者对整体 k 值的贡献率达 95.96%。由于 $·OH$ 的摩尔体积仅为 $14.17 cm^3/mol$，双侧苯环不饱和碳键 C7/C14 和 C9/C12 之间的空间位阻效应不明显，两者对整体 k 值的贡献率差异不大，如图 5-14 所示。

5.5.2 $SO_4^{·-}$ 氧化 CBZ 的动力学

通过过渡态理论使用 Wigner 和 Eckart 两种方法校正得到的 CBZ 与 $SO_4^{·-}$ 之间自由基加成反应的 k 值范围分别为 $1.80×10^6 \sim 1.08×10^9 (mol/L)^{-1} \cdot s^{-1}$ 和 $1.87×10^6 \sim 1.05×10^9 (mol/L)^{-1} \cdot s^{-1}$，摘氢反应的 k 值范围分别为 $5.66 \sim 4.95×10^4 (mol/L)^{-1} \cdot s^{-1}$ 和 $1.04×10^4 \sim 4.97×10^4 (mol/L)^{-1} \cdot s^{-1}$，使用两种隧道校正方法获得的 k 值基本一致。SET 反应的 k 值为 $3.42×10^6 (mol/L)^{-1} \cdot s^{-1}$。$SO_4^{·-}$ 与 CBZ 反应的总 k 值采用 Wigner 和 Eckart 两种方法校正后分别为 $2.41×10^9 (mol/L)^{-1} \cdot s^{-1}$ 和 $2.40×10^9 (mol/L)^{-1} \cdot s^{-1}$，与竞争动力学实际测得 $SO_4^{·-}$ 与 CBZ 的二级反应速率常数 $1.89×10^9 (mol/L)^{-1} \cdot s^{-1}$ 非常接近。

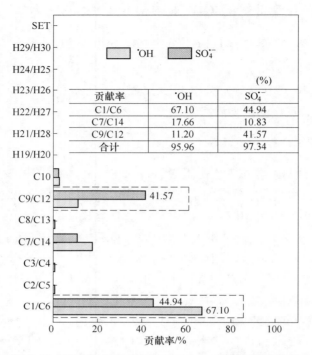

图 5-14 活性位点对 CBZ 和 $\cdot$OH/SO$_4^-$ 之间 k 的贡献率

量子化学动力学计算结果还表明，SO$_4^-$ 与 CBZ 的自由基加成反应占整体 k 值的比例为 99.86%，SET 仅占整体 k 值的 0.14%，而摘氢反应则几乎不发生，见表 5-3。自由基加成是 SO$_4^-$ 与 CBZ 反应的主要途径，其中氮杂环不饱和碳键上 C1/C6 位点，对 SO$_4^-$ 与 CBZ 反应整体 k 值的贡献率为 44.94%，是最主要的活性位点；由于 SO$_4^-$ 的摩尔体积达 42.07cm^3/mol，在临近氮杂环不饱和碳键上 C1/C6 位点的双侧苯环不饱和碳键上 C7/C14 位点发生自由基加成反应的空间位阻效应比较大，因而 C7/C14 位点对整体 k 值的贡献率仅为 10.83%；而双侧苯环间位 C9/C12 位点远离氮杂环不饱和碳键上 C1/C6 原子，受到的空间位阻效应较小，对整体 k 值的贡献率达到 41.57%，是 CBZ 与 SO$_4^-$ 反应的次要活性位点，三者对 SO$_4^-$ 与 CBZ 反应整体 k 值的贡献率为 97.34%，如图 5-14 所示。

5.6 基于量子化学计算的 $\cdot$OH/SO$_4^-$ 氧化 CBZ 的比较

在量子化学热力学和动力学分析的基础上，本节还在 SMD/M05-2X/6-311++G**//M05-2X/6-31G* 理论水平上比较了两种自由基 $\cdot$OH/SO$_4^-$ 与 CBZ 反应的势能面，见表 5-2、表 5-3、图 5-15 和图 5-16。

5.6 基于量子化学计算的 ·OH/SO$_4^{·-}$ 氧化 CBZ 的比较

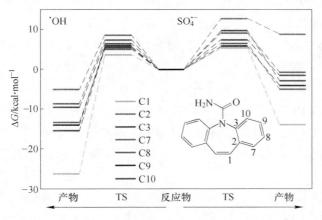

图 5-15 比较 CBZ 与 ·OH/SO$_4^{·-}$ 加成反应的势能面
(SMD/M05-2X/6-311++G**//M05-2X/6-31G*)

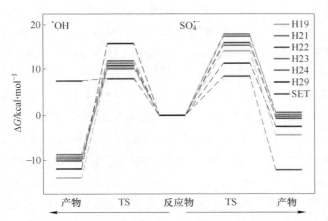

图 5-16 比较 CBZ 与 ·OH/SO$_4^{·-}$ 氢-提取和 SET 反应的势能面
(SMD/M05-2X/6-311++G**//M05-2X/6-31G*)

从 CBZ 与 ·OH/SO$_4^{·-}$ 三种反应途径的整体对比分析：对于自由基加成反应，SO$_4^{·-}$ 氧化 CBZ 的平均 $\Delta^{\ddagger}G^{\circ}$ (8.09kcal/mol) 要显著高于 ·OH 氧化 CBZ 的平均 $\Delta^{\ddagger}G^{\circ}$ 大约 1.76kcal/mol，最低 $\Delta^{\ddagger}G^{\circ}$ (5.58kcal/mol) 要显著高于 ·OH 氧化 CBZ 的最低 $\Delta^{\ddagger}G^{\circ}$ 大约 1.92kcal/mol，这表明 SO$_4^{·-}$ 与 CBZ 的自由基加成反应比 ·OH 与 CBZ 更难发生，如图 5-15 所示。对于氢-提取反应，SO$_4^{·-}$ 与 CBZ 反应的平均 $\Delta^{\ddagger}G^{\circ}$ (15.40kcal/mol) 相比于 ·OH 高约 3.57kcal/mol，最低 $\Delta^{\ddagger}G^{\circ}$ (11.49kcal/mol) 也

要高于 ·OH 氧化 CBZ 的最低 $\Delta^{\ddagger}G°$ 大约 1.17kcal/mol，同样表明 SO_4^- 与 CBZ 的氢-提取反应比 ·OH 与 CBZ 更难发生，如图 5-16 所示。尽管 SO_4^- 与 CBZ 能发生单电子转移反应，但是能垒高达 8.54kcal/mol，对 SO_4^- 与 CBZ 反应的 k 值整体贡献率仅为 0.14%。因此，除单电子转移外，SO_4^- 氧化 CBZ 的所有反应途径的势垒均高于 ·OH 与 CBZ 反应的势垒，主要原因是 ·OH 的亲电性更强，且由于 SO_4^- 和 ·OH 的摩尔体积分别为 42.07cm³/mol 和 14.17cm³/mol，SO_4^- 的粒径要大于 ·OH，导致 SO_4^- 与 CBZ 反应受到的空间位阻效应强于 ·OH 与 CBZ。因此，该结果从微观层面解释了实际测得的 ·OH 与 CBZ 的二级反应速率常数 $k_{·OH}$ 要显著高于 $k_{SO_4^-}$ 的原因。

从 CBZ 与 ·OH/SO_4^- 反应的具体活性位点分析：对于自由基加成反应，·OH 与 CBZ 氮杂环及双侧苯环不饱和碳键上（C1/C6、C2/C5、C3/C4、C7/C14、C8/C13、C9/C12 和 C10/C11）都可以发生，但在杂环不饱和碳键上 C1/C6（—HC=CH—）的活化能最低。SO_4^- 除了苯环上与杂环相连的 C2/C5 位点，在 CBZ 苯环和氮杂环不饱和碳键上（C1/C6、C3/C4、C7/C14、C8/C13、C9/C12 和 C10/C11）都可以发生，且也在杂环不饱和碳键上的 C1/C6（—HC=CH—）活化能最低。但是，在所有能发生自由基加成反应的位点上 ·OH 与 CBZ 的反应活化能都比 SO_4^- 与 CBZ 的反应活化能低，这也说明 ·OH 与 CBZ 的反应活性更高，反应更容易发生。值得注意的是，·OH/SO_4^- 与 CBZ 发生加成反应都比较容易发生在氮杂环不饱和键上 C1/C6（—HC=CH—），且 ·OH 在杂环不饱和碳键上加成的活化能（3.66kcal/mol）显著低于 SO_4^-（5.58kcal/mol），杂环不饱和碳键位点对 ·OH/SO_4^- 与 CBZ 反应的贡献率分别为 67.10% 和 44.94%，主要原因是 SO_4^- 受到的空间位阻效应更大。双侧苯环 C7/C14 和 C9/C12 对 SO_4^- 与 CBZ 的贡献率分别为 10.83% 和 41.57%，而对 ·OH 与 CBZ 的贡献率分别为 17.66% 和 11.20%，表明 SO_4^- 更具有选择性。此前，Caregnato 等人在 SMD/B3LYP/6-311++G** 理论水平上研究 SO_4^- 与没食子酸和没食子酸酯的反应动力学，得出了 SO_4^- 在目标化合物苯环上直接加成在热力学上是不可行的。本节中，·OH/SO_4^- 与 CBZ 在苯环上发生自由基加成反应尤其在苯环 C9/C12 位置，主要的原因可能是氮杂环改变了电子云在苯环上的分布。

对自由基摘氢反应，·OH 能与 CBZ 在 H19、H21、H22、H23、H24 和 H29 位置发生，但是反应的活化能均较高，因此 ·OH 和 CBZ 摘氢反应的速率不如自由基加成反应。SO_4^- 与 CBZ 的摘氢反应显示同样的规律，活化能均较高。这里值得注意的是，SO_4^- 在 H24/H25 位置上的摘氢反应从热力学上来说是不可行的，主要是受—C=O 和—NH_2 强供电子基团的影响，导致 H24/H25 附近的电子云分布增强，对 H24 和 H25 的束缚也就越大。一般而言，由于苯环附近有较强的电子云分布，更容易发生加成反应而不是摘氢反应。本节的研究支持了这个结论，尽管 $·OH/SO_4^{·-}$ 与苯环上氢原子（—CH—）的摘氢反应从热力学上能够发生，但是由于较大的反应活化能，导致它们的反应速率极低，对 k 值的贡献率不到 0.05%，与作出较大贡献的自由基加成反应相比可以忽略。

对于单电子转移，$·OH$ 与 CBZ 发生电子转移的 ΔG_{SET}° 为 7.53kcal/mol，而 $SO_4^{·-}$ 与 CBZ 发生电子转移的 ΔG_{SET}° 为 -12.10kcal/mol，表明 $SO_4^{·-}$ 与 CBZ 能发生电子转移而 $·OH$ 与 CBZ 之间不能发生。Luo 等人报道的含有 —NH_2、—NH—、—NH\、—O—、—O—CH_3 和 —OH 等供电子官能团化合物在 SET 反应途径更容易发生。本节的研究结果表明，$SO_4^{·-}$ 比 $·OH$ 更容易与芳香族化合物 CBZ 发生单电子转移反应，但是 SET 反应的 $\Delta^{\ddagger}G_{SET}^{\circ}$ 高达 8.54kcal/mol，相比于氮杂环不饱和碳键 C1/C6 位点自由基加成反应的 $\Delta^{\ddagger}G_{SET}^{\circ}$ 高出 2.96kcal/mol，因此 SET 并不是 $SO_4^{·-}$ 与 CBZ 反应的优势途径。

5.7 自由基氧化降解 CBZ 的机理

由于电子云分布可以描述分子间的化学稳定性和电荷转移相互作用，本节根据前线电子密度和 CBZ 自身的最高占据分子轨道（HOMO）和最低未占据分子轨道（LUMO）的电子云分布来解释其与 $·OH/SO_4^{·-}$ 的反应机理。

由 CBZ 的 HOMO、LUMO 电子云分布图可知（见图 5-17），CBZ 的氮杂环及双侧苯环附近电子密度较大，有较厚的 HOMO 分布且 HOMO 和 LUMO 电子云分布差异不明显，说明这些位置是容易被亲电攻击的位点。而 $·OH/SO_4^{·-}$ 都是亲电试剂，且 $·OH$ 亲电性强于 $SO_4^{·-}$。正如预期的那样，π 键合轨道 HOMO 位于苯环及氮杂环上。LUMO 是一种反键合 $π^*$ 轨道，也位于苯环及氮杂环上。HOMO 和 LUMO 表明，亲电子自由基更可能攻击这些富电子区域。CBZ 的 HOMO 电子云主要集中分布在苯环及氮杂环上，说明自由基容易攻击这些位置。而这些位置附近的不饱和碳键上 C 原子也就成为主要的加成位点，对 $·OH$ 和 $SO_4^{·-}$ 与 CBZ 的反应贡献率分别占 99.99% 和 99.86%，其中 C1 和 C6 电子云密度最强，对 $·OH/SO_4^{·-}$ 与 CBZ 的反应贡献率均最高。因此，电子云的分布解释了 CBZ 不同位点和自由基反应存在活性差异的原因。

根据 Fukui Kenichi 的前线轨道理论，前线电子密度 FED_r 可通过式（5-27）计算：

$$FED_r = \sum_i (C_{ri}^{HOMO})^2 + \sum_i (C_{ri}^{LUMO})^2 \tag{5-27}$$

式中，r 为原子序号；i 为 r 原子中的 2S、2Px、2Py 和 2Pz 轨道。

计算得到 CBZ 中 C 原子、N 原子和 O 原子的 FED_r，结果见表 5-4。

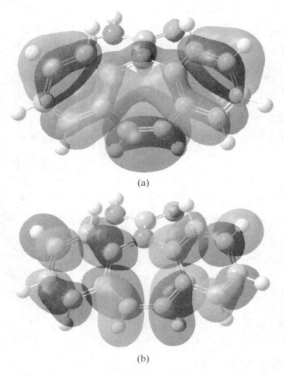

扫码看彩图

图 5-17 CBZ 的前线轨道 HOMO(a) 和 LUMO(b)
（红色和绿色分别代表分子轨道的正相位和负相位）

表 5-4 CBZ 的前线电子密度（SMD/M05-2X/6-31+(d, p)）

原子	$2FED_{HOMO}^2$	FED_r	原子	$2FED_{HOMO}^2$	FED_r
C1	0.0565	0.1176	C10	0.0081	0.0125
C2	0.0290	0.0519	C11	0.0077	0.0107
C3	0.0203	0.0505	C12	0.0337	0.0731
C4	0.0197	0.0536	C13	0.0027	0.0094
C5	0.0262	0.0541	C14	0.0207	0.0397
C6	0.0585	0.1156	N15	0.0123	0.0122
C7	0.0208	0.0419	C16	0.0033	0.0033
C8	0.0034	0.0074	N17	0.0022	0.0027
C9	0.0360	0.0733	O17	0.0022	0.0033

从表 5-4 可以看出，CBZ 的氮杂环不饱和碳键上 C1 和 C6 原子具有最高的前线电子密度，分别为 0.1176 和 0.1156。根据前线轨道理论，具有较高前线电子

密度的原子更易与自由基反应，因而氮杂环不饱和碳键上 C1 和 C6 原子更易与自由基发生加成反应，是自由基与 CBZ 反应的首要进攻位点；两者对 ·OH/SO$_4^-$ 与 CBZ 反应的整体 k 值贡献率也最高，分别达到 67.10% 和 44.94%。氮杂环上其他 C 原子如 C2（0.0519）、C3（0.0505）、C4（0.0536）和 C5（0.0541）尽管也具有相对较高的前线电子密度，但自由基受限于双侧苯环的空间位阻效应，而难以进入该位置与 C2、C3、C4 和 C5 碳原子反应。双侧苯环不饱和碳键上 C9 和 C12 原子具有仅低于 C1/C6 碳原子的前线电子密度，分别为 0.0733 和 0.0731，是自由基与 CBZ 反应的次要进攻位点，对 ·OH/SO$_4^-$ 与 CBZ 反应的整体 k 值贡献率分别为 11.20% 和 41.57%。双侧苯环不饱和碳键上 C7（0.0419）和 C14（0.0397）碳原子的前线电子密度也相对较高，自由基与 CBZ 在该位点发生反应的概率也比较大，但是容易受自由基本身空间位阻效应的限制，对 ·OH/SO$_4^-$ 与 CBZ 反应的整体 k 值贡献率分别为 17.66% 和 10.83%。因此，氮杂环不饱和碳键 C1/C6（—HC=CH—）及双侧苯环 C7/C14（—HC=）、C9/C12（—HC=）这些前线电子密度较高的位点比较容易受 ·OH/SO$_4^-$ 的进攻而与其发生自由基加成反应，其中氮杂环不饱和碳键 C1/C6（—HC=CH—）上的加成反应最容易发生。

5.8 UV/H$_2$O$_2$ 和 UV/S$_2$O$_8^{2-}$ 降解 CBZ 的中间产物分析

前面的研究充分从微观分子层面阐明了 ·OH/SO$_4^-$ 降解 CBZ 的反应机理，即 ·OH/SO$_4^-$ 与 CBZ 的优势反应途径为自由基加成，主要活性位点为杂环不饱和碳键上的 C 原子（—HC=CH—）。为了验证前述的量子化学计算结果，本节通过质谱分析鉴定了 ·OH/SO$_4^-$ 与 CBZ 反应的中间产物及 CBZ 降解路径。当体系中 CBZ 的降解率达到 85% 左右时，取样进行 GC-MS 质谱分析，质谱分析结果见表 5-5。

表 5-5 CBZ 降解的中间产物

化合物	保留时间/min	m/z	分子式	反 应 条 件
CBZ	17.93	236	$C_{15}H_{12}N_2O$	
CP$_{193}$	14.50	193	$C_{14}H_{11}N$	直接光解、UV/H$_2$O$_2$ 体系、UV/S$_2$O$_8^{2-}$
CP$_{252a}$	17.25	252	$C_{15}H_{12}N_2O_2$	直接光解、UV/H$_2$O$_2$ 体系、UV/S$_2$O$_8^{2-}$
CP$_{252b}$	17.82	252	$C_{15}H_{12}N_2O_2$	直接光解、UV/H$_2$O$_2$ 体系、UV/S$_2$O$_8^{2-}$
CP$_{207}$	15.33	207	$C_{14}H_9NO$	直接光解、UV/H$_2$O$_2$ 体系、UV/S$_2$O$_8^{2-}$
CP$_{179}$	12.75	179	$C_{13}H_9N$	直接光解、UV/H$_2$O$_2$ 体系、UV/S$_2$O$_8^{2-}$
CP$_{270}$	15.87	270	$C_{15}H_{14}N_2O_3$	直接光解
CP$_{195}$	17.73	195	$C_{13}H_9NO$	UV/H$_2$O$_2$ 体系、UV/S$_2$O$_8^{2-}$

低压汞灯（GPH212T5L/4，10W，Heraeus）通过光纤光谱仪（USB 2000+，Ocean Optics）光谱扫描显示其发射波长主要为254nm。254nm 波长处 UV 光子的能量约为 471.7kJ/mol，而常见的 H—O、C—C、C—S、C—H、C—N 和 N—H 化学键的键能都小于254nm 的光子能量，因此紫外光辐射有可能会导致上述化学键发生断裂进而诱发有机物的光解反应。有机物吸收紫外光后可能发生电子转移、二聚、脱氢、异构化及分子内重排等反应。CBZ 能够吸收紫外光断裂 C—N 键脱去—CO(NH$_2$) 基团形成 CP$_{193}$(5H-dibenzo [b, f] azepine)，此产物在单独 UV、UV/H$_2$O$_2$ 和 UV/S$_2$O$_8^{2-}$ 体系都被检出，表明 CP$_{193}$ 主要受紫外光激发而产生。

UV/H$_2$O$_2$ 和 UV/S$_2$O$_8^{2-}$ 体系降解 CBZ 总共检测到 6 种产物，由此推断 CBZ 在自由基氧化作用下的转化路径，如图 5-18 所示。自由基（R·）在杂环不饱和碳键上发生自由基加成反应，但是加成反应的产物不稳定，迅速发生消去反应消去 HR 后生成 CP$_{252a}$ 和 CP$_{252b}$。CP$_{252a}$ 和 CP$_{252b}$ 在紫外光或自由基诱导作用下脱去

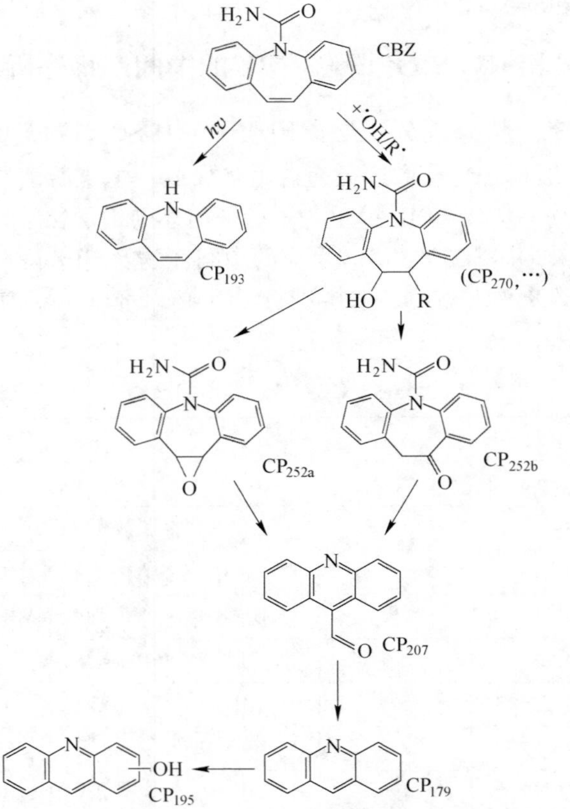

图 5-18　UV/H$_2$O$_2$ 和 UV/S$_2$O$_8^{2-}$ 体系中 CBZ 降解的中间产物及转化路径

5.8 UV/H_2O_2 和 UV/$S_2O_8^{2-}$ 降解 CBZ 的中间产物分析

—$CONH_2$ 基团并生成 CP_{207}。CP_{207} 继续脱去—CO_2 基团生成 CP_{179}(acridine),自由基继续与 CP_{179} 在双侧苯环不饱和键上发生加成反应生成 CP_{195}。CP_{252a}、CP_{207}、CP_{195}、CP_{193} 在 Vogan、Vanderford 和 Snyder 等人的研究中也有报道。

在 UV 体系中同样检测到少量的 CP_{252a}、CP_{252b}、CP_{207}、CP_{179} 等自由基氧化 CBZ 的产物,可能体系存在少量因紫外光辐射产生的 ·OH。·OH 在 CBZ 杂环不饱和碳键两个 C 原子(—HC═CH—)发生自由基加成反应生成的产物 CP_{270} 在 UV 体系的质谱分析中被检测到,证明 UV 体系中确实存在极为少量的 ·OH 与 CBZ 反应,此结果也被 Vogan 和 Vanderford and Snyder 等人的研究证实。

质谱检测到的中间产物及 CBZ 的降解路径验证了本节研究之前量子化学计算结果,即自由基加成是 ·OH/SO_4^- 氧化 CBZ 的主要反应途径且主要活性位点位于杂环不饱和碳键 C 原子(—HC═CH—)。

6 含硝基咪唑环结构类 PPCPs——甲硝唑的自由基降解机制

甲硝唑（MTZ）是含有硝基咪唑环结构的抗生素，主要用于预防和治疗厌氧菌引起的感染。目前有充分证据表明甲硝唑能使实验动物致癌，因此国际癌症研究机构（IARC）和我国均已将其列入 2B 类致癌物清单。鉴于甲硝唑对人体健康和生态环境的潜在危害性，对其开展环境水体中的降解研究十分必要。本书前面的分析表明 MTZ 在单独 UV 辐照下的降解率较低，因此本章通过 UV/H_2O_2 和 UV/$S_2O_8^{2-}$ 两种高级氧化技术降解 MTZ，揭示含硝基咪唑环结构类药物 MTZ 的自由基降解机制。

6.1 UV/H_2O_2 体系和 UV/$S_2O_8^{2-}$ 体系中 MTZ 的降解动力学

6.1.1 MTZ 降解动力学

MTZ 在 UV/H_2O_2 和 UV/$S_2O_8^{2-}$ 体系中的降解过程通过线性回归的方法对动力学方程拟合，结果表明 MTZ 的降解遵循伪一级反应动力学，如图 6-1 所示。通过向暗反应对照实验中添加 100μmol/L H_2O_2/$S_2O_8^{2-}$，体系中 MTZ 的浓度在 60min 内没有任何变化，表明单独 H_2O_2/$S_2O_8^{2-}$ 对 MTZ 无降解作用。

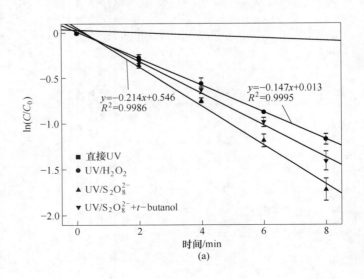

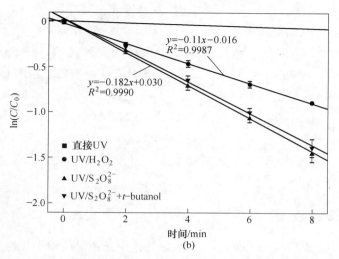

图 6-1 UV、UV/H_2O_2 和 UV/$S_2O_8^{2-}$ 体系中 MTZ 降解动力学的降解拟合一级动力学方程
([MTZ]=10μmol/L, [H_2O_2]=[$S_2O_8^{2-}$]=100μmol/L, I_0=7.50×10^{-6} (Einstein/L)·s^{-1})
(a) pH=3.00; (b) pH=7.55

与单独 UV 辐照相比，加入 100μmol/L H_2O_2 后的 MTZ 降解速率显著增强，pH 值为 7.55 和 3.00 时的降解速率分别为 1.10 (μmol/L)·min^{-1} 和 1.47(μmol/L)·min^{-1}。pH 值为 7.55 和 3.00 的 UV/H_2O_2 体系中，MTZ 的降解速率比单独 UV 分别提高了 4.85 倍和 9 倍，其中自由基对 MTZ 降解起主要作用。与加入 H_2O_2 的结果类似，pH 值为 7.55 和 3.00 时 MTZ 降解速率在加入 100μmol/L $S_2O_8^{2-}$ 的 UV 体系也得到显著增加，分别为 1.82 (μmol/L)·min^{-1} 和 2.14 (μmol/L)·min^{-1}，相比单独 UV 分别提高了 8.02 倍和 13.10 倍，其中自由基对 MTZ 的降解起主要作用。与单独 UV 相比，MTZ 在 UV/H_2O_2 和 UV/$S_2O_8^{2-}$ 体系降解速率增加的主要原因是，光反应体系中 MTZ 降解的主导机制由紫外光诱导 MTZ 直接光解转变成紫外活化 H_2O_2/$S_2O_8^{2-}$ 产生的 ·OH/SO_4^{-} 对 MTZ 的介导氧化。

降解动力学结果表明，同等条件下 MTZ 在 UV/$S_2O_8^{2-}$ 体系具有比 UV/H_2O_2 体系更高的降解速率，如 pH=7.55 时，MTZ 在 UV/$S_2O_8^{2-}$ 体系的降解速率为 1.82 (μmol/L)·min^{-1}，而在 UV/H_2O_2 体系的降解速率仅为 1.10(μmol/L)·min^{-1}。分析认为，产生上述差异的主要原因可以归于 $S_2O_8^{2-}$ 的量子产率和摩尔吸光系数均比 H_2O_2 要高，同等条件下紫外活化 $S_2O_8^{2-}$ 能够生成更多的 SO_4^{-} 且 SO_4^{-} 的半衰期比较长，因而与 MTZ 反应的 SO_4^{-} 浓度也更高。

比较酸性和弱碱性条件下 MTZ 的降解速率还发现，pH=3.00 的 UV/H_2O_2 体系中 MTZ 的降解速率 [1.47(μmol/L)·min^{-1}] 比 pH=7.55 时 [1.10 (μmol/

L)·min^{-1}]的更快,这可以归因于HO_2^-对体系中·OH的淬灭作用。H_2O_2在pH=7.55时能解离出更多的HO_2^-,HO_2^-能以$7.5×10^9 (mol/L)^{-1}·s^{-1}$的$k$值淬灭·OH,而MTZ与·OH的二级反应速率常数较低,且在pH=7.55时仅比pH=3.00时提高了31.54%。MTZ的降解在$UV/S_2O_8^{2-}$体系中也呈现出pH=3.00时的降解速率[2.14(μmol/L)·min^{-1}]比pH=7.55时[1.82(μmol/L)·min^{-1}]更快的现象。与UV/H_2O_2体系中HO_2^-淬灭·OH的机制不同,$UV/S_2O_8^{2-}$体系中$SO_4^{·-}$主要受OH^-的淬灭作用[$k=6.5×10^7 (mol/L)^{-1}·s^{-1}$]。MTZ在$UV/H_2O_2$和$UV/S_2O_8^{2-}$体系的降解动力学表明体系中MTZ的降解很大程度上依赖于体系中·OH/$SO_4^{·-}$的生成。

6.1.2 自由基鉴定

本小节利用叔丁醇(t-butanol)来鉴定体系中是否存在·OH及各自由基对MTZ降解的相对贡献大小。t-butanol与·OH的k值为$(3.8～7.6)×10^8 (mol/L)^{-1}·s^{-1}$,而$t$-butanol与$SO_4^{·-}$的$k$值仅为$(7.0～9.1)×10^5 (mol/L)^{-1}·s^{-1}$,前者比后者高大约3个数量级。当$UV/S_2O_8^{2-}$体系中存在·OH时,加入合适的$t$-butanol能抑制MTZ的降解;而当$UV/S_2O_8^{2-}$体系中不存在·OH时,MTZ的降解动力学不会有任何改变。因此可以通过比较MTZ在未加入和加入t-butanol的$UV/S_2O_8^{2-}$体系中降解动力学的改变来判断是否存在·OH。

由图6-2看出,$UV/S_2O_8^{2-}$体系中加入1mmol/L的t-butanol(t-butanol:MTZ=100:1),MTZ的8min降解率分别比不加叔丁醇时下降了5.6%和0.6%,说明体系中存在·OH,但是·OH对MTZ的降解并不起主要作用。与之相反,$SO_4^{·-}$对$UV/S_2O_8^{2-}$体系中MTZ的降解起主要作用。

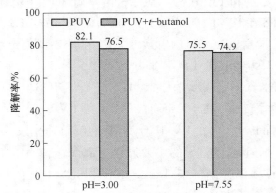

图6-2 PUV和PUV+t-butanol的8min降解率对比

(PUV:$UV/S_2O_8^{2-}$体系;[MTZ]=10μmol/L,[$S_2O_8^{2-}$]=100μmol/L,[t-butanol]=1mmol/L,$I_0=7.50×10^{-6}$(Einstein/L)·s^{-1})

6.1.3 竞争动力学

$\cdot$OH/SO$_4^-$ 和 MTZ 反应的二级反应速率常数 $k_{\text{MTZ},\cdot\text{OH}}$ 和 $k_{\text{MTZ},\text{SO}_4^-}$ 可以通过以 4-氯苯甲酸（pCBA）为参比物质的竞争动力学方法测得（方法介绍见第 4 章），计算公式如下：

$$\frac{k_{\text{MTZ},\cdot\text{OH/SO}_4^-}}{k_{p\text{CBA},\cdot\text{OH/SO}_4^-}} = \frac{\left(\ln\frac{[\text{MTZ}]_t}{[\text{MTZ}]_0}\right)_{\text{tot}} - \left(\ln\frac{[\text{MTZ}]_t}{[\text{MTZ}]_0}\right)_{\text{UV}}}{\left(\ln\frac{[p\text{CBA}]_t}{[p\text{CBA}]_0}\right)_{\text{tot}} - \left(\ln\frac{[p\text{CBA}]_t}{[p\text{CBA}]_0}\right)_{\text{UV}}} = \frac{k_{\text{tot},\text{MTZ}} - k_{\text{UV},\text{MTZ}}}{k_{\text{tot},p\text{CBA}} - k_{\text{UV},p\text{CBA}}}$$

(6-1)

由式（6-1）可知，$k_{\text{tot},\text{MTZ}} - k_{\text{UV},\text{MTZ}}$ 即为 $\cdot$OH/SO$_4^-$ 对 MTZ 的降解速率，$k_{\text{tot},p\text{CBA}} - k_{\text{UV},p\text{CBA}}$ 即为 $\cdot$OH/SO$_4^-$ 对 pCBA 的降解速率，以 $k_{\text{tot},\text{MTZ}} - k_{\text{UV},\text{MTZ}}$ 对 $k_{\text{tot},p\text{CBA}} - k_{\text{UV},p\text{CBA}}$ 绘制斜率为 $k_{\text{MTZ},\cdot\text{OH/SO}_4^-}/k_{p\text{CBA},\cdot\text{OH/SO}_4^-}$、截距为零的直线，如图 6-3 所示。

在 pH=3.00 和 pH=7.55 时，MTZ 和 pCBA 与 $\cdot$OH 的平均反应速率常数比分别为 0.62 和 0.76；$k_{\text{MTZ},\cdot\text{OH}}$ 值分别为 $(2.79\pm0.12)\times10^9(\text{mol/L})^{-1}\cdot\text{s}^{-1}$ 和 $(3.67\pm0.15)\times10^9(\text{mol/L})^{-1}\cdot\text{s}^{-1}$。本小节中 pH=7.55 时的 $k_{\text{MTZ},\cdot\text{OH}}$ 与 Lian 等人测得值 $3.54\times10^9(\text{mol/L})^{-1}\cdot\text{s}^{-1}$（pH=7.00）非常接近。$k_{\text{MTZ},\cdot\text{OH}}$ 相比于其他 PPCPs 与 $\cdot$OH 的 k 值偏小，如 TMP 与 $\cdot$OH 的 k 值为 $6.69\times10^9(\text{mol/L})^{-1}\cdot\text{s}^{-1}$、IBU 与 $\cdot$OH 的 k 值为 $5.57\times10^9(\text{mol/L})^{-1}\cdot\text{s}^{-1}$ 及 SMZ 与 $\cdot$OH 的 k 值为 $1.2\times10^{10}(\text{mol/L})^{-1}\cdot\text{s}^{-1}$。表 6-1 为 MTZ 与 $\cdot$OH/SO$_4^-$ 的二级反应速率常数汇总（pH=7.55）。

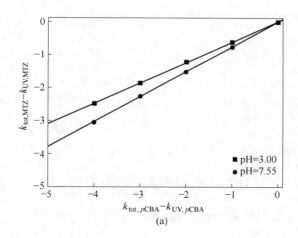

(a)

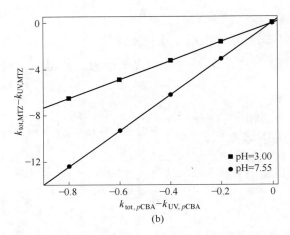

图 6-3 UV/H_2O_2 和 UV/$S_2O_8^{2-}$ 体系中 MTZ 和 pCBA 竞争动力学

([MTZ] = [pCBA] = 10μmol/L, [H_2O_2]/[$S_2O_8^{2-}$] = 100μmol/L,
I_0 = 7.50×10^{-6} (Einstein/L)·s^{-1}, l = 0.935cm)

表 6-1 MTZ 与 ·OH/SO_4^{-} 的二级反应速率常数汇总 （pH = 7.55）

k	·OH	SO_4^{-}
k_{RR}	(3.67±0.15)×10^9	(3.12±0.15)×10^9
k_{SS}	(3.37±0.26)×10^9	(2.61±0.09)×10^9
k_{TST}	7.49×10^9	3.61×10^9
$k_{literature}$	(3.54±0.42)×10^9	(2.74±0.13)×10^9

注：k_{RR}、k_{SS} 和 k_{TST} 分别用竞争动力学、动力学模型和量子化学计算得到。

MTZ 与 SO_4^{-} 反应的 $k_{SO_4^{-},MTZ}$ 分别为 (1.86±0.13)×10^9 (mol/L)$^{-1}$·s^{-1} (pH = 3.00) 和 (3.12±0.14)×10^9(mol/L)$^{-1}$·s^{-1}(pH = 7.55)。本小节中 pH = 7.55 时的 $k_{SO_4^{-},MTZ}$ 值 [3.12×10^9 (mol/L)$^{-1}$·s^{-1}] 与 Lian 等人之前的报道值 2.74×10^9(mol/L)$^{-1}$·s^{-1} (pH = 7.00) 非常接近，这验证了竞争动力学方法能够较为准确地测定 MTZ 与 ·OH/SO_4^{-} 的 k 值。

6.2 基于稳态假设的伪一级反应动力学模型

6.2.1 UV/H_2O_2 体系中基于稳态假设的反应动力学模型

UV/H_2O_2 体系中 PPCPs 的降解动力学可以通过自由基稳态假设的伪一级反

应动力学模型来解释。此方法建立在以下假设的基础上，即 UV 激发 H_2O_2 产生的自由基（如·OH）对目标化合物的降解起主要作用和体系中的自由基浓度相对稳定。UV/H_2O_2 体系中存在的主要反应及反应速率常数均汇总在附录 A。UV/H_2O_2 体系中 MTZ 降解的动力学模型建立有如下步骤。

在稳态条件下，CBZ 在 UV/H_2O_2 体系中的反应速率 $[r_{tot}, (mol/L) \cdot s^{-1}]$ 可以表示为：

$$r_{tot} = r_{UV} + r_{·OH}$$

式中，r_{UV} 为 UV/H_2O_2 体系中 MTZ 直接光解的初始反应速率；$r_{·OH}$ 为 MTZ 与 ·OH 的反应速率。

r_{UV} 和 $r_{·OH}$ 可以通过下面的公式表示：

$$r_{UV} = \varphi_{MTZ} \times I_0 \times \frac{l\varepsilon_{MTZ}[MTZ]}{A} \times (1 - 10^{-A}) \quad (6-2)$$

$$r_{·OH} = k_{MTZ,·OH} \times [·OH]_{SS} \times [MTZ] \quad (6-3)$$

$$A = l(\varepsilon_{MTZ}[MTZ] + \varepsilon_{H_2O_2}[H_2O_2]) \quad (6-4)$$

式中，I_0 为有效光强；l 为有效光程；A 为反应液的吸光度值；$\varepsilon_{H_2O_2}$ 为 H_2O_2 在 254nm 处的摩尔吸光系数 $[19.6(mol/L)^{-1} \cdot cm^{-1}]$；$\varepsilon_{MTZ}$ 为 MTZ 在 254nm 处的摩尔吸光系数；φ_{MTZ} 为 MTZ 在 254nm 处的量子产率；$[·OH]_{SS}$ 为体系中 ·OH 的稳态浓度；$k_{MTZ,·OH}$ 为 MTZ 与 ·OH 的二级反应速率常数。

MTZ 在 UV/H_2O_2 体系中遵循伪一级反应动力学方程 (s^{-1})，公式如下：

$$k_{tot}[MTZ] = k_{UV}[MTZ] + k_{MTZ,·OH}[·OH]_{SS}[MTZ] \quad (6-5)$$

在稳态条件下，·OH($r_{0,·OH}$) 的产生速率是等于消耗速率。因此，·OH 的稳态浓度（如 $[·OH]_{SS}$）可以通过以下公式计算：

$$0 = \frac{d[·OH]}{dt} = r_{0,·OH} - (k_{MTZ,·OH}[MTZ][·OH]_{SS} + k_1[H_2O_2][·OH]_{SS} +$$

$$k_2[HO_2^-][·OH]_{SS} + k_{H1}[·OH]_{SS}[H_2PO_4^-] +$$

$$k_{H2}[·OH]_{SS}[HPO_4^{2-}] + k_{Hi}[·OH]_{SS}[Si]) \quad (6-6)$$

在 UV/H_2O_2 体系中，$r_{0,·OH}$ 可以通过以下公式计算：

$$r_{0,·OH} = 2\varphi_{·OH} E_H = 2\varphi_{·OH} I_0 f_{H_2O_2}(1 - 10^{-A}) \quad (6-7)$$

$$f_{H_2O_2} = \frac{l\varepsilon_{H_2O_2}[H_2O_2]}{A} \quad (6-8)$$

式中，$\varphi_{·OH}$ 为 H_2O_2 在 254nm 处的量子产率，取值 0.5mol/Einstein。

通过以上公式，MTZ 和 ·OH 的二级反应速率常数 $k_{CBZ,·OH}$ 及 ·OH 的稳态浓度 $[·OH]_{SS}$ 分别可以通过以下公式计算：

$$k_{MTZ,·OH} = \frac{(k_{tot} - k_{UV})(k_1[H_2O_2] + k_2[HO_2^-] + k_{H1}[H_2PO_4^-] + k_{H2}[HPO_4^{2-}] + k_{Hi}[Si])}{2\varphi_H I_0 f_H(1 - 10^{-l\sum \varepsilon_i C_i}) - (k_{tot} - k_{UV})[MTZ]}$$

$$(6-9)$$

$$[·OH]_{SS} = \frac{2\varphi_H I_0 f_H(1-10^{-l\sum \varepsilon_i C_i})}{k_1[H_2O_2]+k_2[HO_2^-]+k_{MTZ,·OH}[MTZ]+k_{H1}[H_2PO_4^-]+k_{H2}[HPO_4^{2-}]+k_{Hi}[Si]}$$

(6-10)

体系中，$[MTZ]_0 = 10\mu mol/L$，$[H_2O_2]_0 = 500\mu mol/L$，$I_0 = 7.60×10^{-6}$（Einstein/L）·$s^{-1}$，$l=0.935cm$，pH=7.55，$r_{0,·OH}$ 和 k_{tot} 的均值分别为 $1.16×10^{-7}$（mol/L）·s^{-1} 和 $5.24×10^{-3}s^{-1}$。

动力学模型计算得到 MTZ 与 ·OH 反应的 $k_{MTZ,·OH}$ 为 $(3.37±0.26)×10^9$（mol/L）$^{-1}$·s^{-1}，该值与 6.1 节竞争动力学方法测得值 $[(3.67±0.15)×10^9(mol/L)^{-1}·s^{-1}]$ 一致，验证了该模型的可靠性。动力学模型计算得到 $[·OH]_{SS}$ 的均值为 $1.05×10^{-12} mol/L$，相比 Kwon 等人在同样浓度 UV/H_2O_2 体系中的 $[·OH]_{SS}$ 报道值 $0.27×10^{-12} mol/L$ 要大，主要原因是本体系具有更高的光强 $[7.50×10^{-6}$（Einstein/L）·$s^{-1}]$ 和有效光程（0.935cm），因而具有更高的 ·OH 生成速率。

UV/H_2O_2 体系中，直接光解和 ·OH 对 MTZ 降解的贡献率可以通过 $k_{·OH,MTZ}$、$[·OH]_{SS}$ 等参数求得，具体计算方法见第 4 章。在 pH=7.55 的 UV/H_2O_2 体系中，r_{UV} 和 $r_{·OH}$ 分别为 $3.05×10^{-9}$（mol/L）·s^{-1} 和 $3.54×10^{-8}$（mol/L）·s^{-1}。因此可得：

$$r_{tot}(100\%) = r_{UV}(7.94\%) + r_{·OH}(92.06\%)$$

·OH 对 MTZ 的降解贡献率为 92.06%，而直接光解的贡献率仅为 7.94%。可见，·OH 对体系中 MTZ 的降解起主要作用，是 UV/H_2O_2 体系中主要的活性物质。

6.2.2　$UV/S_2O_8^{2-}$ 体系中基于稳态假设的反应动力学模型

本节通过建立基于稳态假设的伪一级反应动力学模型来研究 MTZ 在 $UV/S_2O_8^{2-}$ 体系中的降解动力学。该模型基于以下假设，即 UV 激发 $S_2O_8^{2-}$ 产生的自由基（如 SO_4^- 和 ·OH）在目标化合物的降解过程中起主导作用，且体系中的自由基浓度相对稳定。UV 活化 $S_2O_8^{2-}$ 产生 SO_4^-，SO_4^- 与 H_2O/OH^- 反应生成 ·OH，因此 $UV/S_2O_8^{2-}$ 体系存在两种自由基。$UV/S_2O_8^{2-}$ 体系中存在的主要反应及反应速率常数均汇总在附录 B。$UV/S_2O_8^{2-}$ 体系中 MTZ 降解的反应动力学模型建立有如下步骤。

稳态条件下，MTZ 在 $UV/S_2O_8^{2-}$ 体系中的反应速率 $[r_{tot}$, (mol/L)·$s^{-1}]$ 可以表示为：

$$r_{tot} = r_{UV} + r_{·OH} + r_{SO_4^-}$$

(6-11)

式中，r_{UV} 为 $UV/S_2O_8^{2-}$ 体系中直接光解的初始反应速率；$r_{·OH}$ 为 MTZ 与 ·OH 的反应速率；$r_{SO_4^-}$ 为 MTZ 与 SO_4^- 的反应速率。

6.2 基于稳态假设的伪一级反应动力学模型

r_{UV}、$r_{·OH}$ 和 $r_{SO_4^-}$ 可以通过下面的公式表示：

$$r_{UV} = \varphi_{MTZ} \times I_0 \times \frac{l\varepsilon_{MTZ} C_{MTZ}}{A} \times (1 - e^{-2.303A}) \qquad (6\text{-}12)$$

$$r_{·OH} = k_{·OH, MTZ} \times [·OH]_{SS} \times [MTZ] \qquad (6\text{-}13)$$

$$r_{SO_4^-} = k_{SO_4^-, MTZ} \times [SO_4^-]_{SS} \times [CBZ] \qquad (6\text{-}14)$$

$$A = l(\varepsilon_{MTZ}[MTZ] + \varepsilon_{S_2O_8^{2-}}[S_2O_8^{2-}]) \qquad (6\text{-}15)$$

式中，I_0 为体系的紫外有效光强；l 为反应器的有效光程；A 为反应液的吸光度值；$\varepsilon_{S_2O_8^{2-}}$ 为 $S_2O_8^{2-}$ 在 254nm 处的摩尔吸光系数，取值 21.1 $(mol/L)^{-1} \cdot cm^{-1}$；$\varepsilon_{MTZ}$ 为 CBZ 在 254nm 处的摩尔吸光系数；φ_{MTZ} 为 MTZ 在 254nm 处的量子产率；$[·OH]_{SS}$ 为体系中 ·OH 的稳态浓度；$[SO_4^-]_{SS}$ 为体系中 SO_4^- 的稳态浓度；$k_{MTZ, ·OH}$ 为 MTZ 与 ·OH 的二级反应速率常数；$k_{SO_4^-, MTZ}$ 为 MTZ 与 SO_4^- 的二级反应速率常数。

MTZ 在 UV/$S_2O_8^{2-}$ 体系中遵循伪一级反应动力学方程（s^{-1}），方程如下：

$$k_{tot}[MTZ] = k_{UV}[MTZ] + k_{SO_4^-, MTZ}[SO_4^-]_{SS}[MTZ] + k_{·OH, MTZ}[·OH]_{SS}[MTZ] \qquad (6\text{-}16)$$

在稳态条件下，SO_4^-（r_{0, SO_4^-}）的产生速率是等于消耗速率的。因此，SO_4^- 和 ·OH 的稳态浓度（如 $[SO_4^-]_{SS}$ 和 $[·OH]_{SS}$）可以通过以下公式计算：

$$\begin{aligned}r_{0, SO_4^-} = &k_{SO_4^-, MTZ}[SO_4^-]_{SS}[MTZ] + k_2[SO_4^-]_{SS}[OH^-] + \\ &k_3[SO_4^-]_{SS}[H_2O] + k_4[SO_4^-]_{SS}[S_2O_8^{2-}] + \\ &k_5[SO_4^-]_{SS}[SO_4^-]_{SS} + k_6[SO_4^-]_{SS}[·OH]_{SS} + \\ &k_9[SO_4^-]_{SS}[H_2PO_4^-] + k_{10}[SO_4^-]_{SS}[HPO_4^{2-}] \end{aligned} \qquad (6\text{-}17)$$

$$\begin{aligned}&k_2[SO_4^-]_{SS}[OH^-] + k_3[SO_4^-]_{SS}[H_2O] \\ = &k_{·OH, MTZ}[·OH]_{SS}[CBZ] + k_7[·OH]_{SS}[S_2O_8^{2-}] + \\ &k_{11}[·OH]_{SS}[H_2PO_4^-] + k_{12}[·OH]_{SS}[HPO_4^{2-}]\end{aligned} \qquad (6\text{-}18)$$

反应体系中：

$$r_{0, SO_4^-} = 2\varphi_{SO_4^-} E_S = 2\varphi_{SO_4^-} I_0 f_{S_2O_8^{2-}}(1 - e^{-2.303A}) \qquad (6\text{-}19)$$

$$f_{S_2O_8^{2-}} = \frac{l\varepsilon_{S_2O_8^{2-}} C_{S_2O_8^{2-}}}{A} \qquad (6\text{-}20)$$

式中，$\varphi_{SO_4^-}$ 为 $S_2O_8^{2-}$ 量子产率，取值 0.7mol/Einstein。

为了更好地计算，下面引入 α 和 β：

$$\alpha = \frac{k_2[OH^-] + k_3[H_2O]}{k_{·OH, MTZ}[MTZ] + k_7[S_2O_8^{2-}] + k_{11}[H_2PO_4^-] + k_{12}[HPO_4^{2-}]} \qquad (6\text{-}21)$$

$$\beta = k_2[OH^-] + k_3[H_2O] + k_4[S_2O_8^{2-}] + k_9[H_2PO_4^-] + k_{10}[HPO_4^{2-}] \qquad (6\text{-}22)$$

可得：

$$[\cdot OH]_{SS} = \alpha [SO_4^{\cdot -}]_{SS} \quad 和 \quad [SO_4^{\cdot -}]_{SS} = \frac{r_{0,SO_4^{\cdot -}}}{k_{SO_4^{\cdot -},CBZ}[CBZ] + \beta}$$

这里有 3 个未知数（如 $k_{SO_4^{\cdot -},CBZ}$、$[SO_4^{\cdot -}]_{SS}$ 和 $[\cdot OH]_{SS}$）和 3 个独立的方程 [见式（6-20）~式（6-22）]，可得：

$$k_{SO_4^{\cdot -},MTZ} = \frac{r_{0,SO_4^{\cdot -}}k_{\cdot OH,MTZ}\alpha - \beta(k_{tot} - k_{UV})}{(k_{tot} - k_{UV})[MTZ] - r_{0,SO_4^{\cdot -}}} \tag{6-23}$$

$$[SO_4^{\cdot -}]_{SS} = \frac{(k_{tot} - k_{UV})[MTZ] - r_{0,SO_4^{\cdot -}}}{\alpha k_{\cdot OH,MTZ}[MTZ] - \beta} \tag{6-24}$$

$$[\cdot OH]_{SS} = \frac{\alpha[(k_{tot} - k_{UV})[MTZ] - r_{0,SO_4^{\cdot -}}]}{\alpha k_{\cdot OH,MTZ}[MTZ] - \beta} \tag{6-25}$$

体系中 $[MTZ]_0 = 10\mu mol/L$，$[S_2O_8^{2-}]_0 = 500\mu mol/L$，$pH = 7.55$，$I_0 = 7.50 \times 10^{-6}$（Einstein/L）$\cdot s^{-1}$，$l = 0.935cm$，$r_{0,SO_4^{\cdot -}}$ 和 k_{tot} 分别为 2.89×10^{-7}（mol/L）$\cdot s^{-1}$ 和 $1.29 \times 10^{-2} s^{-1}$。经过动力学模型计算，得到 α 值为 6.50×10^{-3}，β 值为 $9.22 \times 10^3 s^{-1}$。$k_{SO_4^{\cdot -},MTZ}$ 通过动力学模型计算得到，为 $(2.61 \pm 0.09) \times 10^9$（mol/L）$^{-1} \cdot s^{-1}$，与竞争动力学测定的值 $(3.12 \pm 0.15) \times 10^9$（mol/L）$^{-1} \cdot s^{-1}$ 非常接近，验证了本模型的可靠性。模型计算得到 $[SO_4^{\cdot -}]_{SS}$ 和 $[\cdot OH]_{SS}$ 的均值分别为 $4.77 \times 10^{-12} mol/L$ 和 $3.10 \times 10^{-14} mol/L$，$[SO_4^{\cdot -}]_{SS}$ 是 $[\cdot OH]_{SS}$ 的 153 倍，表明体系内主要的自由基为 $SO_4^{\cdot -}$。

在本 $UV/S_2O_8^{2-}$ 体系中，r_{UV}、$r_{\cdot OH}$ 和 $r_{SO_4^{\cdot -}}$ 的值分别为 3.05×10^{-9}（mol/L）$\cdot s^{-1}$、1.04×10^{-9}（mol/L）$\cdot s^{-1}$ 和 1.25×10^{-7}（mol/L）$\cdot s^{-1}$，由此计算得到直接光解对 MTZ 总降解的贡献率为 2.37%，$\cdot OH$ 的贡献率为 0.81%，而 $SO_4^{\cdot -}$ 的贡献率达到 96.82%，如图 6-4 所示。6.1 节使用 t-butanol 研究 $\cdot OH$ 对 MTZ 降解的相对贡献，结果表明 MTZ 的 8min 降解率比不加 t-butanol 的 $UV/S_2O_8^{2-}$ 体系下降了 0.6%，

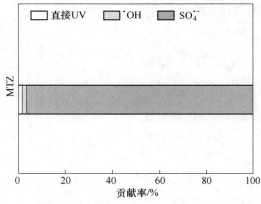

图 6-4 直接光解、$\cdot OH$ 和 $SO_4^{\cdot -}$ 在对 MTZ 降解的贡献率

下降幅度与本动力学模型计算结果·OH 的贡献率为 0.81% 一致。

$$r_{tot}(100\%) = r_{UV}(2.37\%) + r_{·OH}(0.81\%) + r_{SO_4^-}(96.82\%)$$

6.3 UV/$S_2O_8^{2-}$ 体系中 MTZ 降解的影响因素

6.3.1 $S_2O_8^{2-}$ 初始浓度

UV/$S_2O_8^{2-}$ 体系中,不同条件下直接光解、·OH 和 SO_4^- 对 MTZ 降解的贡献率 $k_{cal,UV}$、$k_{cal,·OH}$ 和 k_{cal,SO_4^-} 可分别通过以下公式计算得到：

$$k_{cal,UV} = \varphi_{MTZ} \times I_0 \times \frac{l\varepsilon_{MTZ}}{A} \times (1 - 10^{-A}) \quad (6-26)$$

$$k_{cal,·OH} = k_{MTZ,·OH}[·OH]_{SS} \quad (6-27)$$

$$k_{cal,SO_4^-} = k_{MTZ,SO_4^-}[SO_4^-]_{SS} \quad (6-28)$$

UV/$S_2O_8^{2-}$ 体系中 MTZ 的总降解($k_{cal,obs}$)为直接光解,·OH 和 SO_4^- 对 MTZ 降解的贡献率之和如下：

$$k_{cal,obs} = k_{cal,UV} + k_{cal,·OH} + k_{cal,SO_4^-} \quad (6-29)$$

不同 $S_2O_8^{2-}$ 初始浓度(100～500μmol/L)下 MTZ 表观反应速率常数 ($k_{exp,obs}$)的实测值,如图 6-5 所示。随着 $S_2O_8^{2-}$ 初始浓度从 100μmol/L 逐渐增加到 500μmol/L,$k_{exp,obs}$ 值从 $5.28 \times 10^{-3} s^{-1}$ 也逐渐提高到 $28.9 \times 10^{-3} s^{-1}$,表明提高 $S_2O_8^{2-}$ 的初始浓度能够促进 MTZ 降解,主要原因是体系内 SO_4^- 浓度的增加。模型预测值($k_{cal,obs}$)与 $k_{exp,obs}$ 具有较好的一致性,表明稳态动力学模型能用来预测 $S_2O_8^{2-}$ 浓度对 MTZ 降解的影响。

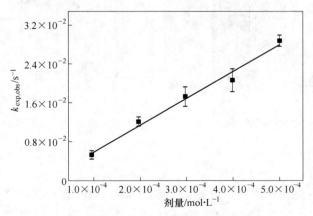

图 6-5　$S_2O_8^{2-}$ 初始浓度对 MTZ 降解的影响

([MTZ]$_0$ = 10μmol/L, pH = 7.55, I_0 = 7.50×10^{-6} (Einstein/L)·s^{-1}, l = 0.935cm)

由图 6-6 看出，模型预测结果显示不同 $S_2O_8^{2-}$ 初始浓度下，$SO_4^{-\cdot}$ 对 MTZ 降解的贡献率始终大于 90%，表明 $SO_4^{-\cdot}$ 是 $UV/S_2O_8^{2-}$ 体系中的主要活性物质。模型预测 ·OH 和 $SO_4^{-\cdot}$ 对 MTZ 降解的贡献率与本小节的实验结果相吻合。实测结果显示直接光解、·OH 和 $SO_4^{-\cdot}$ 在 $S_2O_8^{2-}$ 初始浓度为 500μmol/L 时，对 MTZ 降解的贡献率分别为 2.37%、0.81% 和 96.82%，而模型预测结果显示直接光解、·OH 和 $SO_4^{-\cdot}$ 对 MTZ 降解的贡献率分别为 1.81%、0.98% 和 97.21%。随着 $S_2O_8^{2-}$ 初始浓度增加，$SO_4^{-\cdot}$ 自由基的贡献率增大，主要原因是体系中生成的 $SO_4^{-\cdot}$ 更多。这个结果与 Luo 等人的研究一致，但是和 Xie 等人的结果有差异。Luo 等人发现 $S_2O_8^{2-}$ 初始剂量从 100μmol/L 增加到 500μmol/L 时，$SO_4^{-\cdot}$ 的贡献率从 82.6% 增加到 92.5%。Xie 等人的研究发现，$UV/S_2O_8^{2-}$ 体系 ·OH 对 2-甲基异莰醇（2-MIB）和土臭素降解贡献率分别是 $SO_4^{-\cdot}$ 的 3.5 倍和 2 倍，主要的原因是目标化合物与 ·OH/$SO_4^{-\cdot}$ 的 k 值和体系中 ·OH/$SO_4^{-\cdot}$ 的差异。MTZ 与 ·OH 的 k 值是与 $SO_4^{-\cdot}$ 的 1.18 倍，而 2-MIB 和土臭素与 ·OH/$SO_4^{-\cdot}$ 的 k 值差异分别达到 10 倍和 7.5 倍。同时，通过动力学模型计算出体系中 $SO_4^{-\cdot}$ 和 ·OH 的稳态浓度，结果表明 $SO_4^{-\cdot}$ 的浓度比 ·OH 的浓度高两个数量级。这和 Luo 的报道是一致的，其研究体系中 $SO_4^{-\cdot}$ 和 ·OH 的模拟稳态浓度分别为 $4.77×10^{-12}$ mol/L 和 $3.10×10^{-14}$ mol/L。

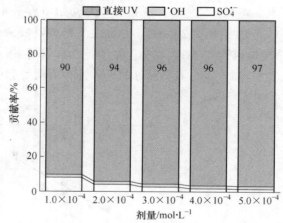

图 6-6　不同 $S_2O_8^{2-}$ 浓度下直接光解、·OH 和 $SO_4^{-\cdot}$ 对 MTZ 降解的贡献率

6.3.2　有机质

本小节中通过添加不同浓度的腐殖酸（HA）（0~2.8mgC/L）来考察天然有机质（NOM）对 MTZ 降解的影响。从图 6-7 可以看出，随着 HA 的浓度从 0mgC/L 增加到 2.8mgC/L，MTZ 的 $k_{exp,obs}$ 从 $1.17×10^{-2}$ s^{-1} 降低到 $8.07×10^{-3}$ s^{-1}。HA 对 MTZ 降解的抑制作用可以归因于两个因素：(1) HA 和 $S_2O_8^{2-}$ 竞争紫外光，

反应液吸光度可以改写为 $A=l(\varepsilon_{\text{MTZ}}[\text{MTZ}]+\varepsilon_{\text{S}_2\text{O}_8^{2-}}[\text{S}_2\text{O}_8^{2-}]+\varepsilon_{\text{HA}}[\text{HA}])$〔实测 ε_{HA} =0.10L/(mgC·cm)〕；(2) HA 淬灭自由基。HA 竞争紫外光和淬灭自由基两种作用对降低 $k_{\text{exp,obs}}$ 的相对贡献可以通过稳态动力学模型来解释。由图 6-8 看出，首先假设 HA 竞争紫外光的作用对抑制 MTZ 降解的贡献不考虑 (即 ε_{HA} =0)，则 $k_{\text{cal,obs}}$ 仅获得轻微提高；其次假设淬灭自由基的作用不被考虑 (即 HA 与自由基不反应)，则 $k_{\text{cal,obs}}$ 明显增大。动力学模型计算结果表明，HA 的淬灭作用比竞争紫外光对降低 MTZ 降解速率的影响更大。

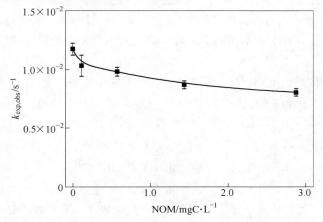

图 6-7　NOM 对 MTZ 降解的影响

([MTZ]$_0$=10μmol/L，[S$_2$O$_8^{2-}$]$_0$=200μmol/L，pH=7.55，
I_0=7.50×10^{-6} (Einstein/L)·s^{-1}，l=0.935cm)

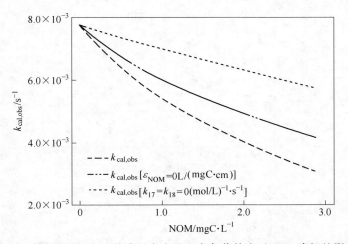

图 6-8　模型预测 NOM 的淬灭自由基和竞争紫外光对 MTZ 降解的影响

([MTZ]$_0$=10μmol/L，[S$_2$O$_8^{2-}$]$_0$=100μmol/L，pH=7.55，
I_0=7.50×10^{-6} (Einstein/L)·s^{-1}，l=0.935cm)

6.3.3 无机阴离子

SO_4^{2-}、NO_3^-、HCO_3^- 和 Cl^- 等实际污水中存在的几种主要无机阴离子对自由基降解有机污染物也有重要的影响。本小节参照实际污水中 SO_4^{2-}、NO_3^-、HCO_3^- 和 Cl^- 的浓度分别设定为 0.5mmol/L、0.5mmol/L、1mmol/L 和 1mmol/L。由于 SO_4^{2-}、NO_3^-、HCO_3^- 和 Cl^- 在 254nm 处摩尔吸光系数 [小于 5(mol/L)$^{-1}$·cm^{-1}] 相比 MTZ [2201.2(mol/L)$^{-1}$·cm^{-1}] 极低，对反应液中 $S_2O_8^{2-}$ 和 MTZ 吸收紫外光不会产生任何影响，因而对 MTZ 的直接光解也无影响。Xiao 等人的研究也证实了 SO_4^{2-}、NO_3^-、HCO_3^- 和 Cl^- 等无机阴离子对反应液在 254nm 处的吸光度值没有太大影响。

从图 6-9 可以看出，SO_4^{2-}、NO_3^-、HCO_3^- 对 UV/$S_2O_8^{2-}$ 体系中 MTZ 降解的影响较小，而 Cl^- 对 MTZ 的抑制作用明显（42.4%）。Cl^- 对 MTZ 直接光解无影响，但 Cl^- 能淬灭体系中的 ·OH/SO$_4^-$·，因此抑制作用主要来源于对 MTZ 自由基降解部分的抑制。之前的研究表明，SO$_4^-$· 能够和 Cl^- 通过复杂的链式反应生成诸如 Cl·、ClOH·$^-$ 和 Cl$_2^-$· 等次生氯自由基，ClOH·$^-$ 和 Cl$_2^-$· 在 pH>7.2 的条件下又能通过复杂的链式反应生成 ·OH 和 Cl^-。由于大多数的活性氯自由基与 MTZ 反应的 k 值未知，难以通过动力学模型来准确预测 Cl^- 对 MTZ 在 UV/$S_2O_8^{2-}$ 体系降解过程的影响。因此，假设 Cl^- 在体系中仅起到淬灭 ·OH 和 SO$_4^-$· 的作用。

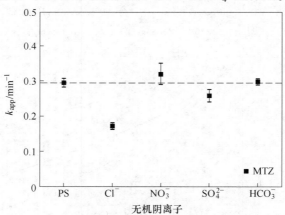

图 6-9　无机阴离子对 MTZ 降解的影响

([MTZ]$_0$ = 10μmol/L，[$S_2O_8^{2-}$]$_0$ = 100μmol/L，pH = 7.55，
I_0 = 7.50×10^{-6} (Einstein/L)·s^{-1}，l = 0.935cm)

由图 6-10 可以看出，对比实验和模拟条件下 Cl^- 对 MTZ 降解的抑制率，可以发现模拟条件下 Cl^- 对 MTZ 降解的抑制率明显大于实验值，这表明 Cl^- 不仅起到淬灭 ·OH 和 SO$_4^-$· 的作用，其与 SO$_4^-$· 反应生成的次生氯自由基对 MTZ 的降解也

发挥了一定作用。Cl⁻ 对 ·OH/SO₄⁻ 的淬灭作用及次生氯自由基对 MTZ 的氧化作用共同决定了 Cl⁻ 对 MTZ 降解的抑制效果。

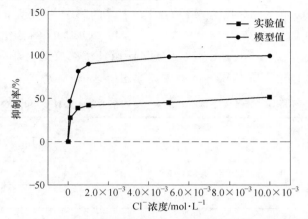

图 6-10 对比实测和模拟条件 Cl⁻ 对 MTZ 降解的抑制率

6.3.4 pH 值

由图 6-11 可以看出，随着 pH 值的逐渐增加，MTZ 的降解速率呈现下降趋势，如 pH 值分别为 3.00、4.00、5.35、7.55 和 8.75 时，MTZ 初始降解反应速率分别为 2.14（μmol/L）·min⁻¹、2.09（μmol/L）·min⁻¹、2.04（μmol/L）·min⁻¹、1.82（μmol/L）·min⁻¹ 和 1.62（μmol/L）·min⁻¹。

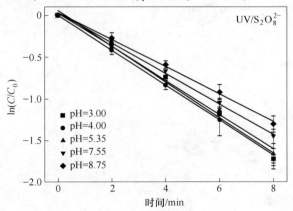

图 6-11 pH 值对 MTZ 降解的影响

（ [MTZ]₀ = 10μmol/L，[S₂O₈²⁻] = 100μmol/L，$I_0 = 7.50 \times 10^{-6}$（Einstein/L）·s⁻¹，$l = 0.935$cm）

表 6-2 中，稳态动力学模型计算结果表明，体系中主要活性自由基 SO₄⁻ 的稳态浓度随着 pH 值增加而下降，主要原因是体系内 OH⁻ 的浓度增大，对 SO₄⁻ 的

淬灭作用增强。pH 值从 3.00 升高至 5.35 时，$[SO_4^-]_{SS}$ 的下降幅度较小，分子态 MTZ 在整个形态中的比例从 72.45% 增加到 99.62%，而分子态 MTZ 与 SO_4^- 的 k 值是 MTZ^+ 的 1.68 倍，部分抵消了 $[SO_4^-]_{SS}$ 下降的影响，导致 MTZ 的降解速率变化不明显。pH 值从 5.35 升高至 8.75 时，MTZ 的形态比例变化不明显（主要为分子态），体系中 $[SO_4^-]_{SS}$ 成为决定 MTZ 降解速率的关键因素。因而，随着体系中 $[SO_4^-]_{SS}$ 的迅速下降，MTZ 的降解速率也迅速下降。

表 6-2 不同 pH 值条件下 MTZ 的 r_{tot} 及体系中的 $[·OH]_{SS}$ 和 $[SO_4^-]_{SS}$

pH 值	3.00	4.00	5.35	7.55	8.75
$r_{tot}/(\mu mol/L)·min^{-1}$	2.14	2.09	2.04	1.82	1.62
$[SO_4^-]_{SS}/mol·L^{-1}$	$1.705×10^{-12}$	$1.699×10^{-12}$	$1.689×10^{-12}$	$1.323×10^{-12}$	$1.201×10^{-12}$
$[HO·]_{SS}/mol·L^{-1}$	$2.029×10^{-14}$	$2.194×10^{-14}$	$2.205×10^{-14}$	$1.770×10^{-14}$	$2.714×10^{-14}$

6.4　·OH/SO_4^- 降解 MTZ 的反应途径

本节通过量子化学计算和构象分析，揭示 ·OH/SO_4^- 氧化降解 MTZ 的反应途径。MTZ 的 pK_a 为 2.58 和 14.44 时，在本节的研究条件下主要以分子态存在，因此本节的理论计算部分也主要针对分子态 MTZ 进行，并选取通过 Spartan'10 软件使用 AM1 算法确定的最低能量构象作为研究对象。然后，获得的最低能量构象再通过 Gaussian 09（Revision A.01 版本）在 M06-2X/6-31+G** 理论水平得到 MTZ 的优化结构，如图 6-12 所示。

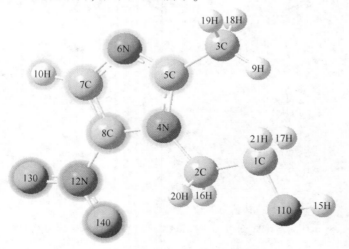

图 6-12　MTZ 的优化结构

(M06-2X/6-311++G** // M06-2X/6-31+G**，SMD water mode)

扫码看彩图

所有的后续优化和 ·OH/SO$_4^{·-}$ 氧化 MTZ 过程的过渡态（TS）搜寻都在相同的方法下进行计算（如 SMD/M06-2X/6-311++G**//M06-2X/6-31+G**）。所有的过渡态都通过内禀反应坐标方法（IRC）来验证 TS 是否连接了预期的反应物和产物。单点能是在优化后的结构上使用相同的算法，但是在更高的基组水平 M06-2X/6-311++G** 结合 SMD 溶剂化模型模拟水相条件下计算。

本节研究了 MTZ 与 ·OH/SO$_4^{·-}$ 反应的三种可能途径为 ·OH/SO$_4^{·-}$ 自由基加成（add）、氢-提取（H-ab）和电子转移（SET），如图 6-13 所示。这些反应途径平行发生，但速率不同。对于 MTZ，自由基加成反应主要发生于咪唑环不饱和碳键上的 C 原子 C5(═C(CH$_3$)—)、C7(═CH—) 和 C8(═C(NO$_2$)—)；摘氢反应主要发生于—CH$_3$、—CH$_2$OH、—CH$_2$—、═CH—及—OH。对于摘氢位点 H9（H18、H19）和 H16(H20)、H17(H21) 进行了简并处理。

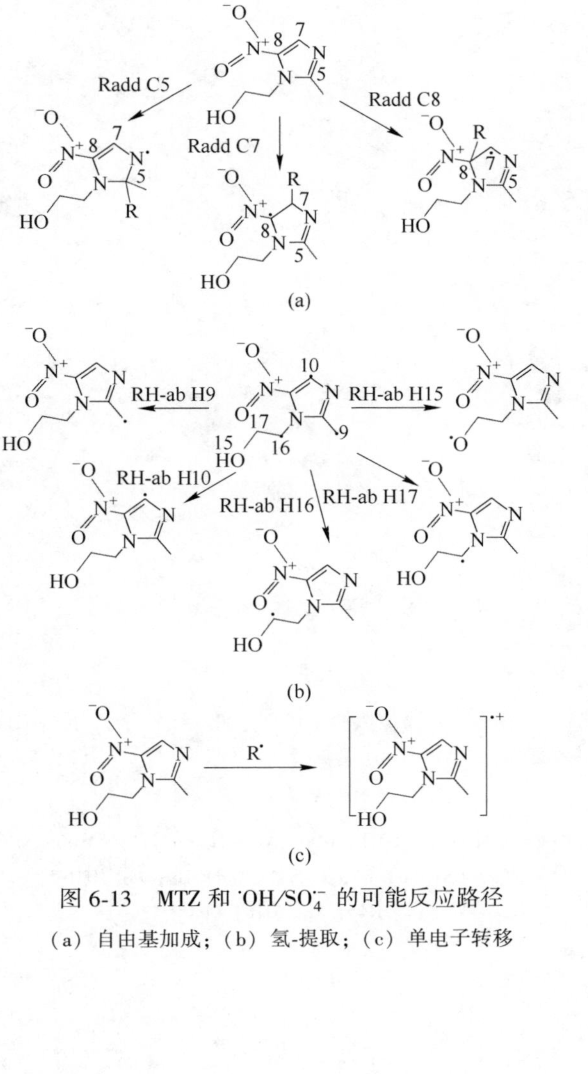

图 6-13 MTZ 和 ·OH/SO$_4^{·-}$ 的可能反应路径

(a) 自由基加成；(b) 氢-提取；(c) 单电子转移

6.5 基于量子化学计算的 ·OH/SO$_4^-$ 降解 MTZ 的热力学

6.5.1 ·OH 氧化 MTZ 的热力学

·OH 与 MTZ 反应的过渡态（TS）几何结构如图 6-14 所示。每个反应途径的 TS 都在 M06-2X/6-31+G** 水平上定位，而能量则在 SMD/M06-2X/6-311++G** 水平上计算。·OH 与 MTZ 反应的热力学性质见表 6-3。图 6-15 和图 6-16 则分别展示了 ·OH 与 MTZ 发生自由基加成、氢-提取和单电子转移反应的势能面。

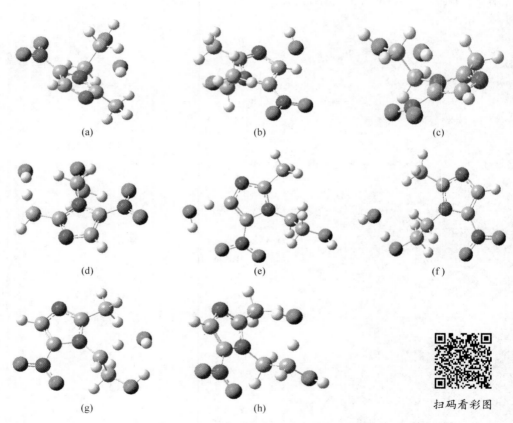

图 6-14　TS 的几何结构（SMD/M06-2X/6-311++G**//M06-2X/6-31+G**）
(a) C5；(b) C7；(c) C8；(d) H9；(e) H10；
(f) H15；(g) H16；(h) H17

表 6-3　MTZ 与 ·OH 加成、氢-提取及 SET 反应途径的热力学性质（如 ΔH_R°、ΔG_R° 和 $\Delta^\ddagger G^\circ$）

反应路径	位点	·OH						
		SMD /M06-2X/6-311++G** //M05-2X/6-31+G**			Collins-Kimball 修正/ $(mol/L)^{-1} \cdot s^{-1}$		k 值贡献/%	
		ΔH_R° /kcal·mol^{-1}	ΔG_R° /kcal·mol^{-1}	$\Delta^\ddagger G^\circ$ /kcal·mol^{-1}	Wigner 方法	Eckart 方法	Wigner 方法	Wigner 方法
自由基加成	C5	−26.50	−23.56	8.57	4.09× 10^6	4.29× 10^6	0.05	0.06
	C7	−30.33	−28.22	5.57	6.12× 10^8	6.44× 10^8	8.23	8.31
	C8	−27.02	−25.35	4.06	3.96× 10^9	3.97× 10^9	53.16	51.27
氢-提取	H9	−24.15	−32.38	7.05	2.39× 10^8	3.72× 10^8	3.21	4.80
	H10	10.81	4.64	41.11	—			
	H15	−9.65	−17.89	39.31	1.70× 10^{-17}	1.70× 10^{-18}	0	0
	H16	−14.64	−23.50	9.24	3.88× 10^6	5.71× 10^6	0.05	0.07
	H17	−19.34	−28.35	4.97	2.63× 10^9	2.75× 10^9	35.30	35.50
单电子转移	SET		34.01	40.77	—		—	
总和					7.45× 10^9	7.55× 10^9	100	100

由表 6-3 和图 6-15 看出，·OH 与 MTZ 的自由基加成反应在 C5(−23.56kcal/mol)、C7(−28.22kcal/mol) 和 C8(−25.35kcal/mol) 位点上的 ΔG_R° 均小于零，表明 ·OH 与 MTZ 的加成反应从热力学是可行的。·OH 与 MTZ 的加成反应均是放热反应，ΔH_R° 的区间为 −26.50~−30.33kcal/mol，ΔH_R° 的巨大变化可能是由于两种反应物生成了一个产物的负熵 ΔS_R° 效果。·OH 与 MTZ 在 C5、C7 和 C8 位点发生自由基加成反应的 $\Delta^\ddagger G_R^\circ$ 分别为 8.57kcal/mol、5.57kcal/mol 和 4.06kcal/mol，其中 C8 (=C(NO$_2$)—) 位点的 $\Delta^\ddagger G_R^\circ$ 最小，表明 C8(=C(NO$_2$)—) 更容易发生自由基加成反应。

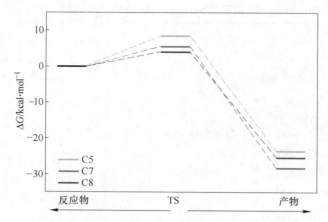

图 6-15　MTZ 和 ·OH 加成反应的势能面
（M06-2X/6-311++G**//M06-2X/6-31+G**）

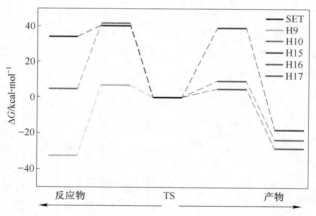

图 6-16　MTZ 和 ·OH 发生氢-提取和 SET 反应的势能面

扫码看彩图

由表 6-3 和图 6-16 看出，·OH 与 MTZ 的氢-提取反应于 H9、H15、H16 和 H17 位点的 ΔG_R° 分别为 -32.38kcal/mol、-17.89kcal/mol、-23.50kcal/mol 和 -28.35kcal/mol，说明上述位点发生氢-提取反应在热力学上可行（$\Delta G_R^\circ < 0$）。·OH 与 MTZ 的氢-提取反应在 H15 位点在热力学虽然是可行的（$\Delta G_R^\circ < 0$），但是 $\Delta^\ddagger G_R^\circ$ 极大（39.31kcal/mol），表明 ·OH 与 H15 位点发生反应的难度相比其他位点要困难很多，主要原因是—OH 比较稳定。·OH 与 MTZ 的氢-提取反应于 H10 位点在热力学上是不可行的（$\Delta G_R^\circ > 0$），ΔG_R° 和 ΔH_R° 分别为 10.81kcal/mol 和 4.64kcal/mol，主要原因是 H10 位于咪唑环 C 原子上，而咪唑环电子密度较高，对 H 原子的束缚更强，不太容易失氢。·OH 与 MTZ 发生氢-提取反应的最低 $\Delta^\ddagger G_R^\circ$ 位

于 H17(—CH_2(OH)),为 4.97kcal/mol。与·OH 与 MTZ 的自由基加成和氢-提取反应相比,·OH 与 MTZ 发生单电子转移反应的 ΔG°_{SET} 为 34.01kcal/mol,表明该反应途径在热力学上是不可以实现的。通过上述分析表明,·OH 与 MTZ 反应的优势途径为自由基加成反应和氢-提取反应,且·OH 与 MTZ 的自由基加成反应更容易发生。

6.5.2 $SO_4^{·-}$ 氧化 MTZ 的热力学

$SO_4^{·-}$ 与 MTZ 反应的过渡态(TS)几何结构如图 6-17 所示。每个反应途径的 TS 都在 M06-2X/6-31+G** 水平上定位,而能量则在 SMD/M06-2X/6-311++G** 水平上计算。$SO_4^{·-}$ 与 MTZ 反应热力学性质见表 6-4。图 6-18 和图 6-19 则分别展示了自由基加成、氢-提取和单电子转移反应的势能面。

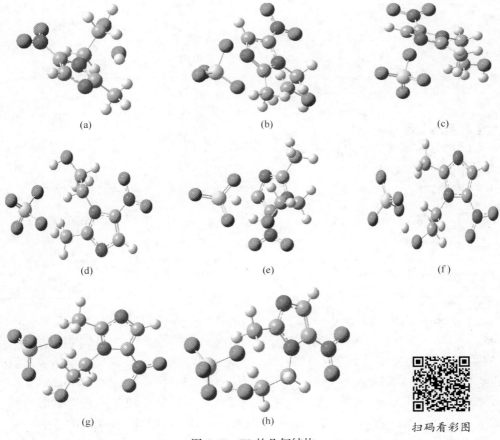

图 6-17 TS 的几何结构
(SMD/M06-2X/6-311++G**//M06-2X/6-31+G**)
(a) C5;(b) C7;(c) C8;(d) H9;(e) H10;(f) H15;(g) H16;(h) H17

表 6-4 MTZ 与 SO_4^{-} 加成、氢-提取和 SET 路径的热力学性质（如 ΔH_R°、ΔG_R° 和 $\Delta^{\ddagger}G^\circ$）

反应路径	位点	SO_4^{-} SMD /M06-2X/6-311++G** //M06-2X/6-31+G**			Collins-Kimball 校正 /(mol/L)$^{-1}\cdot s^{-1}$		·OH k 值贡献/%	
		ΔH_R° /kcal·mol^{-1}	ΔG_R° /kcal·mol^{-1}	$\Delta^{\ddagger}G^\circ$ /kcal·mol^{-1}	Wigner 方法	Eckart 方法	Wigner 方法	Wigner 方法
自由基加成	C5	-58.09	-11.11	13.45	1.17×10^3	1.27×10^3	0	0.05
	C7	-61.04	-17.60	6.08	2.72×10^8	2.88×10^8	7.54	8.23
	C8	-58.01	-13.55	4.20	3.34×10^9	3.36×10^9	92.37	53.16
氢-提取	H9	-55.04	-23.39	10.02	2.89×10^6	2.96×10^7	0.08	3.21
	H10	-20.09	13.63	41.12	—	—	—	—
	H15	-40.55	-8.90	15.12	2.49×10^2	2.30×10^4	0	0
	H16	-45.54	-14.51	11.54	1.38×10^5	9.29×10^5	0	0.05
	H17	-50.23	-19.36	11.32	1.21×10^5	1.91×10^5	0	35.30
单电子转移	SET		8.01	22.19	—	—	—	—
总和					3.61×10^9	3.68×10^9	100	100

由表 6-4 和图 6-18 看出，SO_4^{-} 与 MTZ 的自由基加成反应于 C5(-11.11kcal/mol)、C7(-17.60kcal/mol) 和 C8(-13.55kcal/mol) 位点上的 ΔG_R° 均小于零，表明 SO_4^{-} 与 MTZ 在这个位点的加成反应在热力学上可行。加成反应均是放热反应，C5、C7 和 C8 的 ΔH_R° 均较大，分别为 -58.09kcal/mol、-61.04kcal/mol 和 -58.01kcal/mol，ΔH_R° 的巨大变化可能是由于两种反应物生成了一个产物的负熵 ΔS_R°。SO_4^{-} 与 MTZ 在 C5(=C(CH$_3$)—)、C7(=CH—) 和 C8(=C(NO$_2$)—) 位点发生自由基加成反应的 $\Delta^{\ddagger}G_R^\circ$ 分别为 13.45kcal/mol、6.08kcal/mol 和 4.20kcal/mol，其中 C8(=C(NO$_2$)—) 位点的 $\Delta^{\ddagger}G_R^\circ$ 最小，表明 SO_4^{-} 与 MTZ 的加成反应于 C8(=C(NO$_2$)—) 位点最容易发生。

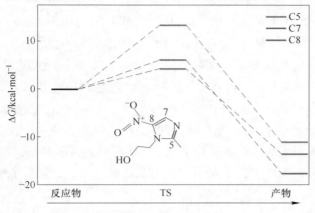

图 6-18 MTZ 和 SO_4^{-} 加成反应的势能面
（M06-2X/6-311++G** //M06-2X /6-31+G**）

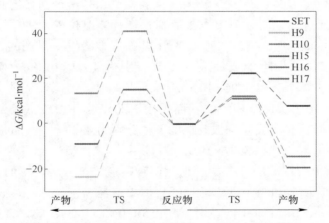

图 6-19 MTZ 和 SO_4^{-} 发生摘氢、SET 反应的势能面
（M06-2X/6-311++G** //M06-2X /6-31+G**）

由表 6-4 和图 6-19 看出，SO_4^{-} 与 MTZ 的氢-提取反应于 H9、H15、H16 和 H17 位点的 ΔG_R° 为 −23.39kcal/mol、−8.09kcal/mol、−14.51kcal/mol 和 −19.35kcal/mol，表明上述位点的氢-提取反应在热力学上可行（$\Delta G_R^\circ < 0$），而 H10 位点的氢-提取反应在热力学上不可行，ΔG_R° 和 ΔH_R° 分别为 13.63kcal/mol 和 −20.09kcal/mol。H9、H15、H16 和 H17 位点的氢-提取反应过程均为放热反应，ΔH_R° 则分别为 −55.04kcal/mol、−40.55kcal/mol、−45.54kcal/mol 和 −50.23kcal/

mol。H9、H15、H16 和 H17 位点的 $\Delta^{\ddagger}G_R^{\circ}$ 分别为 10.01kcal/mol、15.12kcal/mol、11.54kcal/mol 和 11.32kcal/mol。相比 SO_4^- 与 MTZ 自由基加成反应的平均 $\Delta^{\ddagger}G_R^{\circ}$（7.91kcal/mol），$SO_4^-$ 与 MTZ 发生氢-提取反应的平均 $\Delta^{\ddagger}G_R^{\circ}$ 要更大 4.1kcal/mol；相比自由基加成反应的最低 $\Delta^{\ddagger}G_R^{\circ}$（4.20kcal/mol），氢-提取反应的最低 $\Delta^{\ddagger}G_R^{\circ}$ 也要大 5.81kcal/mol，因此 SO_4^- 与 MTZ 的氢-提取反应比自由基加成反应更难发生。此外，SO_4^- 与 MTZ 单电子转移反应的 ΔG_{SET}° 为 8.01kcal/mol，表明该反应途径在热力学上难以实现。这和 Luo 等人报道的含有—NO_2、—Br—、—CN 等吸电子官能团化合物在单电子转移反应途径上较难发生的结论是一致的。通过以上分析得出以下结论：SO_4^- 与 MTZ 更容易发生自由基加成反应，主要位于咪唑环不饱和碳键上。

6.6 基于量子化学计算的 ·OH/SO_4^- 氧化 MTZ 的动力学

6.6.1 ·OH 氧化 MTZ 的动力学

·OH 与 MTZ 的二级反应速率常数（k）通常可用传统的过渡态理论（TST）计算获得，k 可通过 Wigner 方法和 Eckart 方法两种隧道校正方法进行隧道校正，并使用 Collins-Kimball 理论进行修正。采用 Wigner 方法校正得到的 MTZ 与 ·OH 在 C5、C7 和 C8 位点发生加成反应的 k 值分别为 $4.09 \times 10^6 (mol/L)^{-1} \cdot s^{-1}$、$6.12 \times 10^8 (mol/L)^{-1} \cdot s^{-1}$ 和 $3.96 \times 10^9 (mol/L)^{-1} \cdot s^{-1}$，摘氢反应的 k 值范围为 $3.88 \times 10^5 \sim 2.63 \times 10^9 (mol/L)^{-1} \cdot s^{-1}$；而采用 Eckart 两种法校正得到的 MTZ 与 ·OH 在 C5、C7 和 C8 位点发生加成反应的 k 值分别为 $4.29 \times 10^6 (mol/L)^{-1} \cdot s^{-1}$、$6.44 \times 10^8 (mol/L)^{-1} \cdot s^{-1}$ 和 $3.97 \times 10^9 (mol/L)^{-1} \cdot s^{-1}$，摘氢反应的 k 值范围为 $5.71 \times 10^6 \sim 4.67 \times 10^4 (mol/L)^{-1} \cdot s^{-1}$，使用两种隧道校正方法获得的 k 值是一致的。自由基加成、摘氢和 SET 反应途径的整体 k 值经 Wigner 和 Eckart 两种方法校正后分别为 $7.49 \times 10^9 (mol/L)^{-1} \cdot s^{-1}$ 和 $7.55 \times 10^9 (mol/L)^{-1} \cdot s^{-1}$，理论计算的结果与实验测得值非常接近。

研究结果表明，咪唑环不饱和碳键上 C8 原子（=C(NO_2)—）的贡献最大，对整体 k 值的贡献率为 53.16%；其次，羟甲基的氢原子 H17（—CH_2(OH)）是 ·OH 与 MTZ 反应另一个主要活性位点，对 ·OH 与 MTZ 整体 k 值的贡献率为 35.30%。·OH 与 MTZ 在 C8(=C(NO_2)—) 和 H17（—CH_2(OH)）位点上的反应对整体 k 值的贡献率为 88.46%。因此，自由基加成和氢-提取是 ·OH 与 MTZ 反应的主要优势途径，咪唑环不饱和碳键上 C8 原子（=C(NO_2)—）是最主要的自由基加成反应位点，而羟甲基的氢原子 H17(—CH_2(OH)) 是最主要的摘氢反应位点。图 6-20 为活性位点对 MTZ 与 ·OH/SO_4^- 之间 k 值的贡献率。

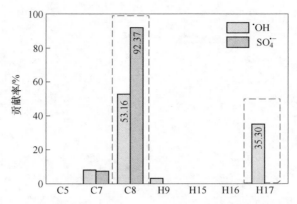

图 6-20　活性位点对 MTZ 与 ·OH/SO$_4^{-}$ 之间 k 值的贡献率

6.6.2　SO$_4^{-}$氧化 MTZ 的动力学

采用类似 ·OH 与 MTZ 反应的量子化学动力学分析方法，可得经 Wigner 方法隧道校正的 MTZ 与 SO$_4^{-}$ 在 C5、C7 和 C8 位点发生自由基加成反应的 k 值分别为 $1.17 \times 10^3 (\text{mol/L})^{-1} \cdot \text{s}^{-1}$、$2.72 \times 10^8 (\text{mol/L})^{-1} \cdot \text{s}^{-1}$ 和 $3.34 \times 10^9 (\text{mol/L})^{-1} \cdot \text{s}^{-1}$，摘氢反应的 k 值范围为 $2.49 \times 10^4 \sim 1.38 \times 10^5 (\text{mol/L})^{-1} \cdot \text{s}^{-1}$；而经 Eckart 方法隧道校正的 MTZ 与 SO$_4^{-}$ 在 C5、C7 和 C8 位点发生自由基加成反应的 k 值分别为 $1.27 \times 10^3 (\text{mol/L})^{-1} \cdot \text{s}^{-1}$、$2.88 \times 10^8 (\text{mol/L})^{-1} \cdot \text{s}^{-1}$ 和 $3.36 \times 10^5 (\text{mol/L})^{-1} \cdot \text{s}^{-1}$，摘氢反应的 k 值范围为 $2.30 \times 10^4 \sim 9.29 \times 10^5 (\text{mol/L})^{-1} \cdot \text{s}^{-1}$，使用两种隧道校正方法获得的 k 值一致。MTZ 与 SO$_4^{-}$ 反应的整体 k 值采用 Wigner 和 Eckart 两种方法校正后分别为 $3.61 \times 10^9 (\text{mol/L})^{-1} \cdot \text{s}^{-1}$ 和 $3.68 \times 10^9 (\text{mol/L})^{-1} \cdot \text{s}^{-1}$，理论计算的结果与实测值非常接近。

研究结果表明，自由基加成反应对整体 k 值的总贡献率为 99.2%，而摘氢反应贡献率仅为 0.08%。其中，咪唑环不饱和碳键上 C8 原子（＝C(NO$_2$)—）上的自由基加成反应对整体 k 值的贡献最大，其贡献率为 92.37%。因此，自由基加成是 SO$_4^{-}$ 与 MTZ 反应的优势途径，咪唑环不饱和碳键上 C8 原子（＝C(NO$_2$)—）为主要的活性位点。

6.7　基于量子化学计算的 ·OH/SO$_4^{-}$氧化 MTZ 的对比

本节在 SMD/M06-2X/6-311++G**//M06-2X/6-31G* 理论水平上比较了两者的势能面，见表 6-4、图 6-21 和 图 6-22。

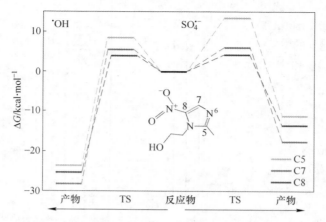

图 6-21　比较 MTZ 与 ·OH/SO$_4^{·-}$ 加成反应的势能面

（SMD/M06-2X/6-311++G**//M06-2X/6-31G*）

扫码看彩图

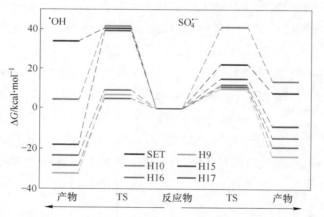

图 6-22　比较 MTZ 与 ·OH/SO$_4^{·-}$ 发生氢-提取和 SET 反应途径的势能面

（SMD/M06-2X/6-311++G**//M06-2X/6-31G*）

扫码看彩图

由图 6-21 看出，对于自由基加成反应，·OH/SO$_4^{·-}$ 与 MTZ 发生加成反应的最低 $\Delta^{\ddagger}G^{\circ}$ 均位于咪唑环不饱和碳键上 C8 原子（=C(NO$_2$)—）上，表明 C8 位点是 ·OH/SO$_4^{·-}$ 与 MTZ 加成反应的主要位点，主要原因是受强吸电子基团—NO$_2$ 的影响。SO$_4^{·-}$ 与 MTZ 发生加成反应的最低 $\Delta^{\ddagger}G^{\circ}$（4.20kcal/mol）和 ·OH 与 MTZ 加成反应的最低 $\Delta^{\ddagger}G^{\circ}$（4.06kcal/mol）相差不大，表明两者的加成反应 k 值相差不明

显，·OH/SO$_4^-$ 与 MTZ 在 C8 位点发生加成反应的 k 值分别为 $3.96×10^9$(mol/L)$^{-1}$·s^{-1} 和 $3.34×10^9$(mol/L)$^{-1}$·s^{-1}，分别占总 k 值的 53.16% 和 92.37%。同为咪唑环不饱和碳键上的 C7 原子（=CH—）对·OH/SO$_4^-$ 与 MTZ 反应的整体 k 值贡献率分别为 8.23% 和 7.54%，而 C5 原子（=CH—）对整体 k 值贡献率几乎没有。SO$_4^-$ 与 MTZ 发生加成反应的平均 $\Delta^{\ddagger}G°$（7.91kcal/mol）要高于·OH 与 MTZ 发生加成反应的 $\Delta^{\ddagger}G°$（6.07kcal/mol）大约 1.84kcal/mol，且所有加成的位点上·OH 与 MTZ 反应的 $\Delta^{\ddagger}G°$ 都比 SO$_4^-$ 与 MTZ 在对应位点反应的 $\Delta^{\ddagger}G°$ 低，导致 SO$_4^-$ 与 MTZ 加成反应的总 k 值要小于·OH 与 MTZ 加成反应的总 k 值约 25%。

由图 6-22 看出，对于氢-提取反应，SO$_4^-$ 能与 MTZ 在除了 H10 外的 H9、H15、H16 和 H17 位点发生，在各个位点的反应活化能差别不大，但是反应的活化能均较高，最低为 10.02kcal/mol，平均活化能为 12.00kcal/mol，因此 SO$_4^-$ 与 MTZ 的摘氢反应的 k 值要显著小于加成反应的 k 值，对整体 k 值贡献率为 0.08%，几乎可以忽略不计。·OH 能与 MTZ 在除了 H10 外的 H9、H15、H16 和 H17 位点发生，摘氢反应的平均活化能较高（13.83kcal/mol），但是各个位点之间差别很大，四个位点最高的为 H15 的 39.31kcal/mol，最低为 H17 的 4.97kcal/mol，因此·OH 与 MTZ 发生摘氢反应的各个位点 k 值差别也很大，四个位点最低为 H15 的 $2.17×10^{-16}$(mol/L)$^{-1}$·s^{-1}，最高为 H17 的 $2.63×10^9$(mol/L)$^{-1}$·s^{-1}。·OH 与 MTZ 发生摘氢反应对整体 k 值的贡献率为 38.6%。因此，尽管 SO$_4^-$ 与 MTZ 发生氢-提取反应的平均 $\Delta^{\ddagger}G°$ 比·OH 与 MTZ 发生摘氢反应低，两者分别为 12.00kcal/mol 和 13.83kcal/mol。但是 SO$_4^-$ 与 MTZ 发生氢-提取反应的最低 $\Delta^{\ddagger}G°$（10.02kcal/mol）与·OH 与 MTZ 发生摘氢反应的最低 $\Delta^{\ddagger}G°$（4.97kcal/mol）相差悬殊，最低 $\Delta^{\ddagger}G°$ 成为·OH/SO$_4^-$ 与 MTZ 发生摘氢反应整体 k 值的主要控制因素，导致·OH 与 MTZ 发生摘氢反应 k 值 [$2.87×10^9$(mol/L)$^{-1}$·s^{-1}] 要显著高于·OH 与 MTZ 发生摘氢反应 k 值 [$3.15×10^6$(mol/L)$^{-1}$·s^{-1}]。

图 6-22 中，对于单电子转移，·OH/SO$_4^-$ 与 MTZ 发生 SET 反应的 $\Delta G°_{SET}$ 分别为 34.01kcal/mol 和 8.01kcal/mol，表明·OH/SO$_4^-$ 与 MTZ 均不能发生单电子转移。

·OH/SO$_4^-$ 与 MTZ 发生自由基加成和氢-提取反应的比较结果表明·OH 相比于 SO$_4^-$ 具有更高的活性，且·OH 的摩尔体积（14.17cm^3/mol）相比 SO$_4^-$ 的（42.07cm^3/mol）更小，因而受到的空间位阻效应更小。更高的活性和更小的空间位阻效应导致·OH 与 MTZ 的反应更容易发生，这解释了实际测得·OH 与 MTZ 的二级反应速率常数 $k_{MTZ,·OH}$ 要高于 k_{MTZ,SO_4^-} 的原因。

6.8 自由基氧化降解 MTZ 的机理

根据前线轨道理论，HOMO 电子云分布密度决定了亲电试剂进攻各位置的相对难易程度，而 LUMO 上电子云分布密度决定了亲核反应在各位置的难易程度，因此本节结合前线电子密度和 MTZ 自身的最高占据分子轨道（HOMO）和最低未占据分子轨道（LUMO）的电子云分布来进一步解释其与 ·OH/SO$_4^-$ 的反应机理。由图 6-23 可知，MTZ 的咪唑环附近电子云分布明显，且 HOMO 和 LUMO 电子云分布差异较小，同时受—NO$_2$ 强吸电子官能团的影响而发生偏移，说明该位置容易被亲电攻击。而 ·OH/SO$_4^-$ 都是亲电试剂，且 ·OH 亲电性更强于 SO$_4^-$。

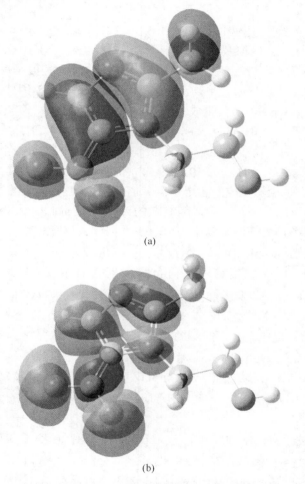

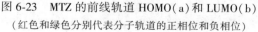

图 6-23　MTZ 的前线轨道 HOMO(a)和 LUMO(b)

（红色和绿色分别代表分子轨道的正相位和负相位）

扫码看彩图

图 6-23 中，咪唑环不饱和碳键上 C8 原子（=C(NO$_2$)—）由于受—NO$_2$ 强吸电子官能团的影响电子云分布较厚，且 HOMO 电子云分布与 LUMO 电子云分

布接近。因此，该位点最容易受自由基进攻，量子化学计算结果显示 C8 (4.20kcal/mol) 比 C7(6.08kcal/mol) 和 C5(13.45kcal/mol) 位点发生自由基加成反应的 $\Delta^{\ddagger}G^{\circ}$ 都要低，因而 C8(=C(NO$_2$)—) 成为最主要的自由基加成反应位点，对 $\cdot$OH/SO$_4^-$ 与 MTZ 的反应贡献率占整体 k 值的比例分别为 53.16% 和 92.37%。值得注意的是，烷烃链伯碳 C1(=CH(OH)—) 上有 HOMO 与 LUMO 分布，但是电子云分布较低且差异较小，导致其对 H 原子的束缚较小，因而该位置容易与自由基发生氢-提取反应。但是由于 SO$_4^-$ 自身的摩尔体积较大，同时受羟甲基的空间位置限制，因而空间位阻效应较大。

根据 Fukui Kenichi 的前线轨道理论，前线电子密度 FED_r 可以通过式 (6-30) 计算：

$$FED_r = \sum_i (C_{ri}^{\text{HOMO}})^2 + \sum_i (C_{ri}^{\text{LUMO}})^2 \qquad (6\text{-}30)$$

式中，r 为原子序号，i 为 r 原子中的 2S、2Px、2Py 和 2Pz 轨道。

计算得到 MTZ 中 C 原子和 N 原子的 FED_r，见表 6-5。

表 6-5　MTZ 的前线电子密度（SMD/M06-2X/6-31+(d, p)）

原子	$2FED_{\text{HOMO}}^2$	FED_r	原子	$2FED_{\text{HOMO}}^2$	FED_r
C1	8.94×10^{-6}	9.01×10^6	C7	0.0645	0.1167
C2	0.0014	0.0022	C8	0.1357	0.1379
C3	0.0117	0.0123	N4	0.0231	0.0447
C5	0.0951	0.1245	N6	0.0224	0.0299

从表 6-5 中可以看出，C8(=C(NO$_2$)—) 具有最高的 $2FED_{\text{HOMO}}^2$ 和 FED_r，分别为 0.1357 和 0.1379，其次为 C5 和 C7 原子具有较高的 $2FED_{\text{HOMO}}^2$ 和 FED_r，分别为 0.0951、0.1245 和 0.0645、0.1167。最高的 $2FED_{\text{HOMO}}^2$ 和 FED_r 决定了 C8 (=C(NO$_2$)—) 的活性比 C5(=C(CH$_3$)—) 和 C7(=CH—) 均要高，也因此成为自由基攻击的首要位点。C1(=CH(OH)) 原子的前线电子密度受—OH 供电子基团和杂环等的影响而较低，对氢原子的束缚也就较弱，因而 $\cdot$OH 在 C1 (=CH(OH))位置上发生氢-提取的活化能较低，比较容易受自由基攻击发生氢-提取反应。但是，由于 SO$_4^-$ 受自身和羟甲基的空间位阻效应影响，在 C1 (=CH(OH))位置发生氢原子提取不如 $\cdot$OH 那么容易。而—OH，—CH$_3$ 都属于相对比较稳定基团并不容易发生氢摘取反应，C2 (—CH$_2$—) 和 C7 (=CH—) 位置上由于受杂环和—NO$_2$ 影响，前线电子密度相比 C1 (=CH(OH)) 更高，对氢原子的束缚能力也更强，C2(—CH$_2$—) 和 C7(=CH—) 位置上的氢也较 C1 (=CH(OH))原子上的氢更难摘取。

7 复杂环境基质对硫酸根自由基降解 PPCPs 的影响机制

近几年来，以 PPCPs 为代表的大量新兴有机污染物随着人类的生产和生活活动排放到城市污水中，并随着城市污水最终汇集到城市污水处理厂，但并不能被传统的污水处理工艺有效去除，最终随着污水处理厂出水排放到自然水体中。污水处理厂的出水中含有较多的有机质（EfOM）和无机阴离子（SO_4^{2-}、NO_3^-、HCO_3^- 和 Cl^-）成分，对以 PPCPs 为代表的大量新兴有机污染在水体中的降解有重要影响。

本章选择了可乐定（CLN）、布洛芬（IBU）、甲硝唑（MTZ）、恩氟沙星（ENFX）、新诺明（SMZ）、苯乙酮（ACP）、双酚 A（BPA）、甲氧苄啶（TMP）、卡马西平（CBZ）和环丙沙星（CIP）十种典型 PPCPs，通过竞争动力学方法测得这十种典型 PPCPs 与 SO_4^- 的二级反应速率常数，系统研究了实际城市污水的复杂环境基质（无机离子和有机质）对 SO_4^- 降解这十种典型 PPCPs 的影响，揭示了城市污水中复杂环境基质对 SO_4^- 降解 PPCPs 的影响机制。

7.1 十种典型 PPCPs 的选择

PPCPs 种类较多、品种繁杂，不同结构的 PPCPs 具有不同的理化特性和降解特征。本节在对 PPCPs 结构初步分析及第 3 章 PPCPs 直接光解特征研究的基础上，依据 PPCPs 与 SO_4^- 的二级反应速率常数（$k_{SO_4^-}$）差异，选取了具有代表性结构特征的十种典型 PPCPs，即可乐定（CLN）、布洛芬（IBU）、甲硝唑（MTZ）、恩氟沙星（ENFX）、新诺明（SMZ）、苯乙酮（ACP）、双酚 A（BPA）、甲氧苄啶（TMP）、卡马西平（CBZ）和环丙沙星（CIP）为研究对象，这些 PPCPs 主要为常用的消炎药、降血压、抗生素、工业或制药原料等。十种 PPCPs 与人类密切相关，在人类和动物生活中应用较多，排放到生活污水中的含量能达到每升纳克级。尽管这些 PPCPs 排放到环境中浓度不高，但自身固有的难降解特性和在环境中的不断累积会对生态环境构成潜在威胁。表 7-1 为十种 PPCPs 的基本信息。

表 7-1 十种 PPCPs 的基本信息表

名称	结 构 式	$\lg K_{OW}$ (pH=7.55)	$\lg K_{OC}$	分子质量 /g·mol^{-1}	摩尔体积 /mL·mol^{-1}	$k_{·OH}$ /(mol/L)$^{-1}$·s^{-1}
CLN		1.12	1.01	230.09	103.55	—
IBU		0.63	0.61	206.29	166.00	6.5×10^9
MTZ		−0.013	0.09	171.16	134.55	3.54×10^9
ENFX		−0.80	−0.55	359.40	239.54	—
SMZ		−0.81	−0.56	253.28	174.61	5.5×10^9 8.5×10^9
ACP		1.66	1.44	120.15	78.8	5.9×10^9
BPA		3.43	2.88	228.29	179.3	(3.3~17)×10^9
CBZ		2.67	2.26	236.28	188.7	8.8×10^9
TMP		0.61	0.59	290.32	195.1	(6.69~8.5)×10^9

续表 7-1

名称	结 构 式	lgK_{OW} (pH=7.55)	lgK_{OC}	分子质量 /g·mol^{-1}	摩尔体积 /mL·mol^{-1}	$k_{·OH}$ /(mol/L)$^{-1}$·s^{-1}
CIP		−1.24	−0.90	331.35	241.1	4.1×10^9

注：1. pH=7.55 的表观 lgK_{OW} 值通过 ACD/lgD 确定。
2. 估算的 lgK_{OC} 值通过 lgK_{OC}=0.81lgK_{OW}+0.1 确定。
3. 摩尔体积计算基于 PCM/M06-2X/6-31+G** 处的优化结构确定。

7.2 十种典型 PPCPs 与 $SO_4^{·-}$ 二级反应速率常数

PPCPs 与 $SO_4^{·-}$ 的 $k_{SO_4^{·-},PPCPs}$ 值可以通过以 4-氯苯甲酸（pCBA）为参比物质的竞争动力学的方法来测定。pCBA 是比较常用的测定 PPCPs 和 $SO_4^{·-}$ 的反应速率常数的参比物质，其与 $SO_4^{·-}$ 的二级反应速率常数已知 [$k_{SO_4^{·-},pCBA}$ = 3.60×10^8 (mol/L)$^{-1}$·s^{-1}，中性条件]，计算公式如下：

$$\frac{k_{SO_4^{·-},PPCPs}}{k_{SO_4^{·-},pCBA}} = \frac{\ln\frac{[PPCPs]_t}{[PPCPs]_0} - \left(\ln\frac{[PPCPs]_t}{[PPCPs]_0}\right)_{UV}}{\ln\frac{[pCBA]_t}{[pCBA]_0} - \left(\ln\frac{[pCBA]_t}{[pCBA]_0}\right)_{UV}} = \frac{k_{tot,PPCPs} - k_{UV,PPCPs}}{k_{tot,pCBA} - k_{UV,pCBA}} \quad (7-1)$$

式中，$k_{SO_4^{·-},PPCPs}$ 为 PPCPs 与 $SO_4^{·-}$ 的二级反应速率常数；$k_{SO_4^{·-},pCBA}$ 为 pCBA 与 $SO_4^{·-}$ 的二级反应速率常数；$k_{tot,PPCPs}$ 为 PPCPs 在 UV/$S_2O_8^{2-}$ 体系中的一级表观反应速率常数；$k_{UV,PPCPs}$ 为 PPCPs 直接光解的一级表观反应速率常数；$k_{tot,pCBA}$ 为 pCBA 在 UV/$S_2O_8^{2-}$ 体系中的一级表观反应速率常数；$k_{UV,pCBA}$ 为 pCBA 直接光解的一级表观反应速率常数。

由式（7-1）可知，$k_{tot,PPCPs} - k_{UV,PPCPs}$ 为 $SO_4^{·-}$ 对 PPCPs 的降解速率，$k_{tot,pCBA} - k_{UV,pCBA}$ 为 $SO_4^{·-}$ 对 pCBA 的降解速率，以 $k_{tot,PPCPs} - k_{UV,PPCPs}$ 对 $k_{tot,pCBA} - k_{UV,pCBA}$ 绘制斜率为 $k_{SO_4^{·-},PPCPs}/k_{SO_4^{·-},pCBA}$、截距为零的直线，如图 7-1 所示。

通过竞争动力学方法测得 PPCPs 与 $SO_4^{·-}$ 的 $k_{SO_4^{·-},PPCPs}$ 值见表 7-2。十种 PPCPs 与 $SO_4^{·-}$ 的二级反应速率常数测定值分布在 (3.10±0.16)×10^8(mol/L)$^{-1}$·s^{-1}（ACP）到 (8.43±0.58)×10^9(mol/L)$^{-1}$·s^{-1}（SMZ）之间，经竞争动力学方法测得十种 PPCPs，即 CLN、IBU、MTZ、ENFX、SMZ、ACP、BPA、CBZ、TMP、CIP 与 $SO_4^{·-}$ 的 $k_{SO_4^{·-}}$ 分别为 (6.16±0.15)×10^8(mol/L)$^{-1}$·s^{-1}、(1.13±0.03)×10^9(mol/L)$^{-1}$·s^{-1}、(3.12±0.03)×10^9(mol/L)$^{-1}$·s^{-1}、(5.16±0.04)×

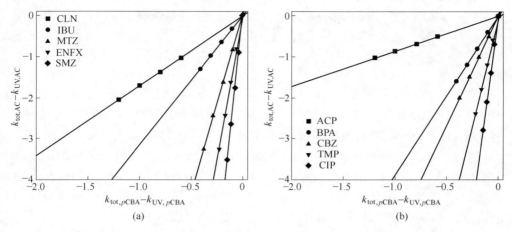

图 7-1　UV/$S_2O_8^{2-}$ 产生 $SO_4^{\cdot -}$ 降解 PPCPs 和 pCBA 的竞争动力学

$10^9(mol/L)^{-1} \cdot s^{-1}$、$(8.43\pm0.58)\times10^9(mol/L)^{-1} \cdot s^{-1}$、$(3.10\pm0.16)\times10^8(mol/L)^{-1} \cdot s^{-1}$、$(1.40\pm0.03)\times10^9(mol/L)^{-1} \cdot s^{-1}$、$(1.92\pm0.16)\times10^9(mol/L)^{-1} \cdot s^{-1}$、$(3.81\pm0.55)\times10^9(mol/L)^{-1} \cdot s^{-1}$、$(6.73\pm0.12)\times10^9(mol/L)^{-1} \cdot s^{-1}$。

表 7-2　$SO_4^{\cdot -}$ 与 PPCPs 的二级反应速率常数　$[(mol/L)^{-1} \cdot s^{-1}]$

PPCPs	$k_{PPCPs, SO_4^{\cdot-}}$	报道值	PPCPs	$k_{PPCPs, SO_4^{\cdot-}}$	报道值
CLN	$(6.16\pm0.15)\times10^8$	—	ACP	$(3.10\pm0.16)\times10^8$	3.10×10^8
IBU	$(1.13\pm0.03)\times10^9$	1.01×10^9 3.80×10^9 1.01×10^9	BPA	$(1.40\pm0.03)\times10^9$	1.37×10^9
MTZ	$(3.12\pm0.04)\times10^9$	3.54×10^9	CBZ	$(1.92\pm0.16)\times10^9$	1.92×10^9
ENFX	$(5.16\pm0.04)\times10^9$	—	TMP	$(3.81\pm0.55)\times10^9$	7.71×10^9 5.85×10^9
SMZ	$(8.43\pm0.58)\times10^9$	1.2×10^{10} 1.6×10^{10}	CIP	$(6.73\pm0.12)\times10^9$	—

实际测得 IBU 的 $k_{IBU,SO_4^{\cdot-}}$ 值与 Yang 等人和 Kwon 等人的测得值 [分别为 $1.13\times10^9(mol/L)^{-1} \cdot s^{-1}$，$1.01\times10^9(mol/L)^{-1} \cdot s^{-1}$] 非常接近；MTZ 的 $k_{MTZ,SO_4^{\cdot-}}$ 非常接近于 Lian 等人的测得值 [$(3.54\pm0.42)\times10^9(mol/L)^{-1} \cdot s^{-1}$]；但本节中 SMZ 的 $k_{SMZ,SO_4^{\cdot-}}$ 值略低于 Mahdi Ahmed [$1.2\times10^{10}(mol/L)^{-1} \cdot s^{-1}$] 和 Zhang [$1.6\times10^{10}(mol/L)^{-1} \cdot s^{-1}$] 等人的结果。BPA 的 $k_{BPA,SO_4^{\cdot-}}$ 值与 Sánchez-Polo 等人的报道值 $(1.37\pm0.15)\times10^9(mol/L)^{-1} \cdot s^{-1}$ 一致，CBZ 的 $k_{CBZ,SO_4^{\cdot-}}$ 与 Matta 等人的报道值 $1.92\times10^9(mol/L)^{-1} \cdot s^{-1}$ 一致，ACP 的 $k_{ACP,SO_4^{\cdot-}}$ 与 Neta 等人的报道值 $3.10\times$

$10^8 (\text{mol/L})^{-1} \cdot \text{s}^{-1}$ 一致，但是 TMP 的值小于 Zhang 等人 [$7.71 \times 10^9 (\text{mol/L})^{-1} \cdot \text{s}^{-1}$]，$5.81 \times 10^9 (\text{mol/L})^{-1} \cdot \text{s}^{-1}$] 的结果。由测量值可以发现，喹诺酮类 (ENFX) 和磺胺类 (SMZ) 与 SO_4^- 具有相对较高的二级反应速率常数，加之它们的直接光解也比较强，因此这两类药物在 $UV/S_2O_8^{2-}$ 体系中的降解具有更高的速率。

另外，本节研究发现 PPCPs 的 $k_{SO_4^-}$ 和 $\lg K_{OW}$ 具有一定的相关性，大致呈现出 PPCPs 的 $\lg K_{OW}$ 越小，则 $k_{SO_4^-}$ 越高的规律。喹诺酮类 ENFX、CIP 和磺胺类 SMZ 的 $\lg K_{OW}$（小于-0.80）相比其他 PPCPs 要低，但它们的 $k_{SO_4^-}$ [大于 5.00×10^9 $(\text{mol/L})^{-1} \cdot \text{s}^{-1}$] 却相比其他 PPCPs 更高。IBU、BPA、CLN 和 CBZ 等的 $k_{SO_4^-}$ 相对更低（大于 0.50），其 $k_{SO_4^-}$ 也相对更低 [小于 $2.00 \times 10^9 (\text{mol/L})^{-1} \cdot \text{s}^{-1}$]，这表明 SO_4^- 可能对亲水性 PPCPs 具有更好的降解效果，以后的研究中可以通过 $\lg K_{OW}$ 在一定程度上预测芳香族化合物 k_{PPCPs, SO_4^-} 的大致范围。

7.3 复杂环境基质对十种典型 PPCPs 降解速率的影响

在污水（WW）中，PPCPs 的降解速率包括直接光解和自由基降解两部分，可以表示为：

$$\left(-\frac{d[AC]}{dt}\right)_{WW} = k[SO_4^-]_{WW}[AC]_{WW} + k_{UV,WW}[AC]_{WW} \quad (7-2)$$

而在去离子水（DI）中，降解速率为：

$$\left(-\frac{d[AC]}{dt}\right)_{DI} = k[SO_4^-]_{DI}[AC]_{DI} + k_{UV,DI}[AC]_{DI} \quad (7-3)$$

PPCPs 的一级表观反应速率常数 k_{app} 为：

$$k_{app} = \frac{\ln(C/C_0)}{dt} = k[SO_4^-]_{WW} + k_{UV,WW} \quad (7-4)$$

经试验测定，十种 PPCPs 即 CLN、IBU、MTZ、ENFX、SMZ、ACP、BPA、CBZ、TMP、CIP 在去离子水和污水中的降解速率结果，如图 7-2 所示。

污水对 PPCPs 降解总的抑制率（%）可由式（7-5）计算得到：

$$\text{抑制率} = \frac{k_{app,DI} - k_{app,WW}}{k_{app,DI}} \times 100\% \quad (7-5)$$

从表 7-3 可以看出，污水对十种 PPCPs 总的抑制率由大到小分别为：TMP>IBU>ACP>MTZ>CBZ>BPA>CLN>ENFX>SMZ>CIP，总体表现出直接光降解强、k 值大的 PPCPs 受污水抑制率低，直接光降解弱、k 值小的 PPCPs 抑制率高的特点。污水在很大程度上抑制了 TMP、ACP、CBZ、BPA 和 IBU、CLN 和 MTZ 的降解（大于 60%），但对处于直接光解速率 C 类的 ENFX 和 SMZ 抑制率仅有 19.46% 和 11.97%。其中 CIP 不仅没有抑制，反而有轻微的促进作用。总的抑制率包括了污水组分对直接光解和非直接光解的抑制，同时污水中的离子和有机质是影响降解速率的两个重要因素。

7.3 复杂环境基质对十种典型PPCPs降解速率的影响

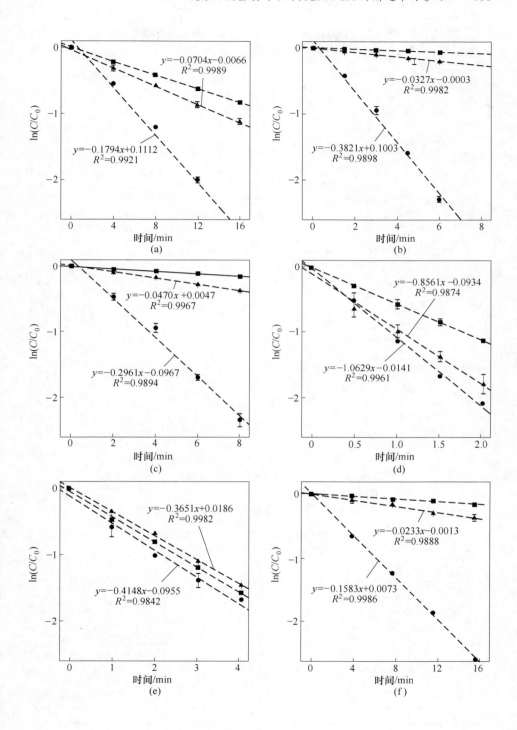

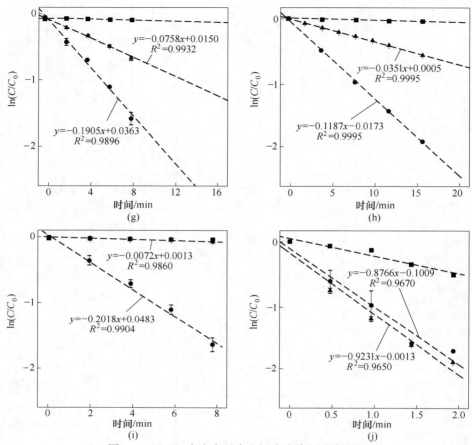

图 7-2 PPCPs 在去离子水和污水中降解速率对比

(a) CLN；(b) IBU；(c) MTZ；(d) ENFX；(e) SMZ；
(f) ACP；(g) BPA；(h) CBZ；(i) TMP；(j) CIP
■—直接 UV；●—UV/PS in DI；▲—UV/PS in WW

表 7-3 PPCPs 降解速率及在污水中抑制率

PPCPs	$k_{UV,DI}$/min^{-1}	$k_{app,DI}$/min^{-1}	$k_{app,WW}$/min^{-1}	WW 抑制率/%
CLN	0.051	0.179	0.070	60.79
IBU	0.023	0.382	0.033	91.46
MTZ	0.019	0.296	0.047	84.00
ENFX	0.442	1.063	0.856	19.46
SMZ	0.354	0.415	0.365	11.97
ACP	0.010	0.158	0.023	85.30
BPA	0.004	0.190	0.076	63.93
CBZ	0.002	0.119	0.035	71.11
TMP	0.004	0.202	0.007	96.41
CIP	0.234	0.877	0.923	-5.34

7.4 市政污水对直接光解的影响

7.3 节研究表明，污水对 PPCPs 降解有明显的抑制作用，为揭示污水抑制 PPCPs 降解的作用机制，本节研究污水对 PPCPs 直接光解的影响。

在去离子水中，UV 直接光解降解速率为：

$$r_{UV} = -\frac{dC}{dt} = \varphi I_0 (1 - 10^{-A_{DI}}) \tag{7-6}$$

在污水中：

$$r'_{UV} = \varphi I_0 f_P (1 - 10^{-A_{WW}}) \tag{7-7}$$

$$f_P = \frac{A_{DI}}{A_{WW}} \tag{7-8}$$

$$A_{WW} = l(\varepsilon_P C_P + \varepsilon_{EfOM} C_{EfOM}) \tag{7-9}$$

$$r'_{UV} = \frac{f_P(1 - 10^{-A_{WW}})}{1 - 10^{-A_{DI}}} r_{UV} \tag{7-10}$$

式中，φ 为 PPCPs 的量子产率；I_0 为紫外灯的辐照强度为 7.50×10^{-6}（Einstein/L）·s^{-1}；f_P 是被 PPCPs 吸收的部分辐射；A_{DI} 为 PPCPs 在去离子水中的吸光度值，在去离子水中，可视为紫外光辐射都被药物吸收；A_{WW} 为污水中总的吸光度值，包括 PPCPs 和有机质的吸光度值；l 为有效光程 0.935cm；ε_P 和 ε_{EfOM} 分别为 PPCPs 和 EfOM 的摩尔吸光系数；C_P 和 C_{EfOM} 分别为 PPCPs 和 EfOM 的浓度。

由图 7-3 看出，单纯去离子水中的 k_{UV} 为实验值，DI（$+S_2O_8^{2-}$）和 WW（$+S_2O_8^{2-}$）水中的均为计算值，结果显示 k_{UV} 在单纯去离子水和加入 $S_2O_8^{2-}$ 的去离子水中几乎无差异，因此可以认为 $S_2O_8^{2-}$ 对 PPCPs 直接光解的速率没有任何影响。相比于 PPCPs 对紫外光的吸收，$S_2O_8^{2-}$ 吸收的那部分可以忽略不计（即 $f_P' = 1$）。因此，在去离子水中，可视为紫外光辐射都被药物吸收。

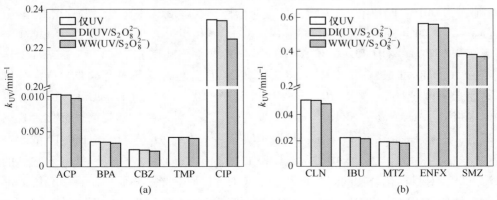

图 7-3 单纯 UV、DI（UV/$S_2O_8^{2-}$）和 WW（UV/$S_2O_8^{2-}$）中 k_{UV} 对比

(a) ACP、BPA、CBZ、TMP、CIP；(b) CLN、IBU、MTZ、ENFX、SMZ

从图 7-4 可看出，污水对十种 PPCPs 直接光解抑制率均不到 5%。在污水中，Cl^-、SO_4^{2-}、NO_3^- 和 HCO_3^- 等离子成分对 UV 没有吸光度值，对直接光解影响不大。所以，对直接光解影响的来源只能是水中的 EfOM。由于 EfOM 对 UV 有吸收，对于 PPCPs 而言，EfOM 存在对 UV 有过滤作用。所以污水对 PPCPs 直接光解的抑制是其中 EfOM 起主要作用，经测定 EfOM 对 UV_{254} 的摩尔吸光系数为 $0.065 \sim 0.01 L/(mgC \cdot cm)$。

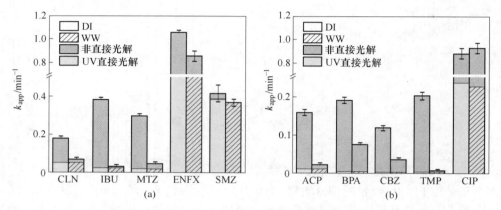

图 7-4 直接光解和非直接光解在去离子水和污水中对比
(a) CLN、IBN、MTZ、ENFX、SMZ；(b) ACP、BPA、CBZ、TMP、CIP

$$EfOM + h\nu \longrightarrow {}^1EfOM^* \longrightarrow {}^3EfOM^* \tag{7-11}$$

$$^3EfOM^* + O_2 \longrightarrow {}^1O_2 \tag{7-12}$$

$$^1EfOM^*/{}^3EfOM^* + H_2O \longrightarrow EfOM^{\cdot} + {}^{\cdot}OH \tag{7-13}$$

同时，EfOM 由于自身吸收 UV 辐射后，能形成一些具有活性的基团，包括三线态（$^3EfOM^*$）、单线态（$^1EfOM^*$）及活性含氧基团，如 $^{\cdot}OH$、O_2^- 和单线氧（$^1O_2$）。其中，$^{\cdot}OH$ 由于具有较高的反应活性，在含氧活性基团中占有重要作用。Lester 等人测定 Suwanee 河水腐殖酸（SRHA）和胡敏酸（SRFA）作为 EfOM 来源，测定了 O_2^-、$^{\cdot}OH$ 和 $^3EfOM^*$ 在 UV 照射下的量子产率分别为 $1.4 \sim 3.2$ mol/Einstein、0.048 mol/Einstein 和 120 mol/Einstein，但它们的稳态浓度都非常低，分别为 5.3×10^{-14} mol/L、9.9×10^{-16} mol/L 和 5.26×10^{-14} mol/L（15 mgC/L）。Latch 等人也报道了 $^1O_2$ 浓度为 1×10^{-13} mol/L 左右。这些活性基团能够提高目标化合物的降解，根据 Lester 的计算方法，推测本实验污水中的 $^1O_2$、$^{\cdot}OH$ 和 $^3EfOM^*$ 浓度在 1.20×10^{-13} mol/L、2.24×10^{-15} mol/L 和 1.19×10^{-13} mol/L 左右。但是由于它们的浓度低，对目标化合物的降解贡献部分低于有机质对光过滤而抑制直接光解的部分。例如，IBU 被 EfOM 产生的 $^{\cdot}OH$ 降解速率增加了大约 1.7×10^{-4} min^{-1} [$k_{app} = (1.31 \times 10^9 \text{ (mol/L)}^{-1} \cdot s^{-1} \times 2.24 \times 10^{-15} \text{ mol/L} \times 60 \approx 1.7 \times 10^{-4}$ min^{-1}]，而直接光

解由在去离子水中 0.023min^{-1} 下降到污水中 0.020min^{-1}，降低了 $3×10^{-3}$ min^{-1}，活性·OH 对降解的贡献率不到直接光解速率下降的 5%，说明 EfOM 因光照产生的活性氧对目标化合物降解的贡献较小。

但是从图 7-5 和表 7-4 中可看出，十种 PPCPs 的直接光解部分的比例均有很明显的增加（2.52%~57.52%），而非直接光解部分的比例明显下降。特别是 CLN、IBU 和 MTZ 非直接光解的比例由在去离子水中的 71.6%、94.0%、93.6%，下降到污水中的 34.9%、37.0% 和 76.4%，ACP 和 TMP 非直接光解的比例也由在去离子水中的 93.57% 和 97.90% 下降到污水中的 58.26% 和 43.73%。这表明污水中的无机阴离子和 EfOM 主要作用于 SO_4^{-}，导致 PPCPs 的非直接光解部分（自由基降解）受到更明显抑制。

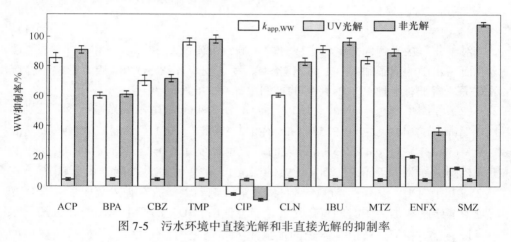

图 7-5　污水环境中直接光解和非直接光解的抑制率

表 7-4　去离子水和污水中直接光解比例

PPCPs	$k_{app,UV}$ (WW)/min^{-1}	UV(DI)/%	UV(WW)/%
CLN	0.046	28.39	65.56
IBU	0.021	5.99	63.51
MTZ	0.017	6.33	35.86
ENFX	0.402	41.54	46.94
SMX	0.323	85.45	88.41
ACP	0.010	6.43	41.74
BPA	0.003	1.87	4.49
CBZ	0.002	1.97	6.37
TMP	0.004	2.10	56.27
CIP	0.224	26.69	24.31

7.5 无机离子对 PPCPs 降解动力学的影响机制

7.4 节明确了污水对 PPCPs 的作用机制为抑制 PPCPs 的 SO_4^- 降解部分，但复杂基质中的无机阴离子和有机质对 PPCPs 的影响机制尚不明确。为了进一步分析污水组成中无机离子对 SO_4^- 降解 PPCPs 的影响，本节在去离子水中分别加入与环境中接近的阴离子浓度（SO_4^{2-} 和 NO_3^- 浓度为 0.5mmol/L，Cl^- 和 HCO_3^- 的浓度为 1mmol/L）来研究无机离子对 SO_4^- 降解动力学影响。各阴离子在 $UV/S_2O_8^{2-}$ 体系中能发生列于附录 B 的一系列化学反应。

在市政污水中，PPCPs 的降解速率计算公式为：

$$\left(-\frac{d[C]}{dt}\right)_{WW} = k[SO_4^-]_{WW}[C]_{WW} + k_{UV,WW}[C]_{WW} + k_{Si}[Si]_{WW}[C]_{WW} \tag{7-14}$$

对于非直接光解部分受污水成分的影响，主要由 $k[SO_4^-]_{WW}$ 和 $k_{Si}[Si]_{WW}$ 决定，而污水中的离子和 EfOM 都能与 SO_4^- 发生反应淬灭 SO_4^-，从而影响整体降解效率。离子对十种 PPCPs 降解的抑制率如图 7-6 所示。

经实际测得 SO_4^{2-}、NO_3^-、HCO_3^- 和 Cl^- 在 254nm 处摩尔吸光系数极，分别为 0.31 $(mol/L)^{-1} \cdot cm^{-1}$、3.53 $(mol/L)^{-1} \cdot cm^{-1}$、0.11 $(mol/L)^{-1} \cdot cm^{-1}$ 和 0.045 $(mol/L)^{-1} \cdot cm^{-1}$。Xiao 等人的研究也证实了 SO_4^{2-}、NO_3^-、HCO_3^- 和 Cl^- 等无机阴离子对反应液在 254nm 处的吸光度值没有太大影响。由于阴离子在 UV254 几乎对 UV 没有吸光度，对直接光解影响不大，故在加入离子后，直接光解近似等于在未加离子时的直接光解速率，同时，SO_4^- 的产生速率与在去离子水中可视为近似相等。所以，离子的加入主要是通过对 SO_4^- 和一系列后续反应的作用来影响降解速率。

$$r_{DI\_SO_4^-} = 2\varphi_{S_2O_8^{2-}} I_0 f_{S_2O_8^{2-}} (1-10^{-A}) \tag{7-15}$$

$$r_{anions,SO_4^-} \approx r_{DI,SO_4^-} \tag{7-16}$$

从图 7-6 可看出，相对于其他阴离子，Cl^- 对 PPCPs 降解速率的影响更为显著（抑制率变化区间为 -132.73%~42.4%）。当加入 Cl^- 时，对 MTZ、BPA、TMP 的抑制率分别为 42.4%、28.61% 和 20.37%，但是 Cl^- 对 CLN、SMX、CBZ 和 ACP 有促进作用，使得它们的降解速率加快了 30.95%、21.1%、48.86% 和 132.73%，而对 IBU、CIP 和 ENFX 则几乎没有影响。在 $UV/S_2O_8^{2-}$ 体系中，Cl^- 和 SO_4^- 能反应产生一系列新的次生自由基，如 $Cl·$、$ClOH·^-$ 和 Cl_2^- 等。一方面，Cl^- 对 SO_4^- 起到淬灭作用；另一方面，生成的次生自由基能继续氧化降解 PPCPs。其中 $Cl·$ 和 Cl_2^- 是一类具有选择性的自由基，可以和有机物发生单电子转移、摘氢和加成反应。因此，次生自由基（$Cl·$、$ClOH·^-$ 和 Cl_2^-）促进 PPCPs 降解的贡献和 Cl^- 淬灭 SO_4^- 带来的抑制效果综合决定 Cl^- 对 PPCPs 降解的影响。

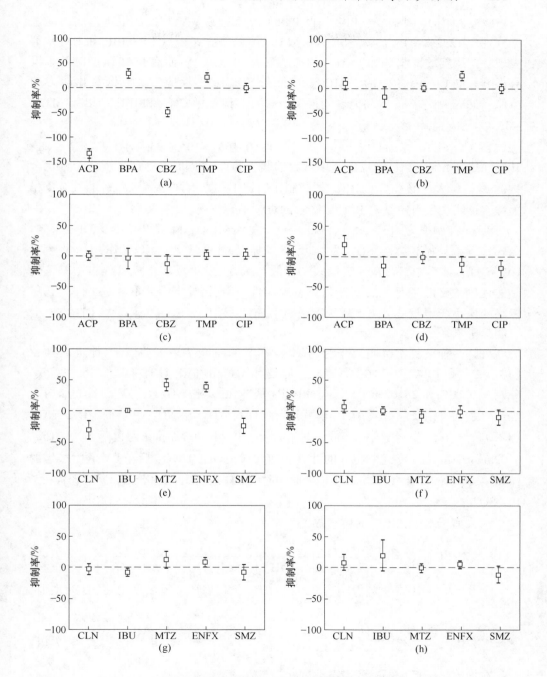

图 7-6 离子对 DI 水中 PPCPs 降解的抑制率
(a)(e) Cl^-; (b)(f) NO_3^-; (c)(g) SO_4^{2-}; (d)(h) HCO_3^-

CO_3^{2-}/HCO_3^- 对 SMZ、BPA、TMP 和 CIP 都表现一定程度的促进作用，促进率分别为 12.2%、15.23%、11.73% 和 19.55%；对 ACP、CLN、IBU 和 ENFX 都表现一定程度的抑制（如对 ACP 的抑制率为 19.55%），而对 MTZ 和 CBZ 几乎没有影响。同 Cl^- 一样，CO_3^{2-}/HCO_3^- 也能与 $SO_4^{\cdot-}$ 发生反应，生成低氧化能力的 $CO_3^{\cdot-}$。Lian 和 Zhang 等研究者测得 $UV/S_2O_8^{2-}$ 体系中 $CO_3^{\cdot-}$ 和 IBU、CBZ、MTZ、SMX 的反应速率常数 ($k_{CO_3^{\cdot-}}$) 分别为 $(7.89±0.14)×10^5 \ (mol/L)^{-1}·s^{-1}$、$(2.51±0.06)×10^6 \ (mol/L)^{-1}·s^{-1}$、$(3.42±0.16)×10^7 \ (mol/L)^{-1}·s^{-1}$、$2.68×10^8 \ (mol/L)^{-1}·s^{-1}$，其反应速率常数都低于 $SO_4^{\cdot-}$。同时本节还发现这十种化合物的 $k_{CO_3^{\cdot-}}$ 越大，受 CO_3^{2-}/HCO_3^- 的抑制作用越小，显示抑制率与 $k_{CO_3^{\cdot-}}$ 的具有负相关性，证实次生自由基对 PPCPs 降解的贡献不容忽视。

SO_4^{2-} 抑制率为 -13%~5%，说明 SO_4^{2-} 基本对 $SO_4^{\cdot-}$ 降解 PPCPs 无明显影响。而 SO_4^{2-} 被认为不会和 $SO_4^{\cdot-}$ 发生反应，所以对 $SO_4^{\cdot-}$ 没有淬灭作用。虽然在 $UV/S_2O_8^{2-}$ 体系中，存在一定量的 ·OH 能与 SO_4^{2-} 发生反应生成其他自由基，但是 ·OH 的浓度低。而 Xiao 等人研究发现 SO_4^{2-} 存在情况下，并不会对 ·OH 降解有机物的速率产生明显影响，从侧面说明了 SO_4^{2-} 对 $UV/S_2O_8^{2-}$ 体系中 ·OH 也不会有明显影响。

另外一种重要无机阴离子为 NO_3^-，本节的研究结果表明 NO_3^- 促进对 SMZ (13.4%) 和 BPA (16.96%) 降解，但是对 ACP 和 TMP 具有抑制作用，抑制率分别为 9.83% 和 28.02%，对其他 PPCPs 基本无影响。NO_3^- 在 UV 和日光照射下经过一系列复杂反应（见附录 B）可产生 ·OH、$NO_3^{\cdot}$ 和 NO_2^-。然而，·OH/NO_2^- 和 NO_2^- 产生的量子产率较低，$\Phi_{\cdot OH/NO_2^-} = 0.24 \text{mol/Einstein}$，$\Phi_{NO_2^-} = 0.015 \sim 0.028 \text{mol/Einstein}$。参照 Keen 的计算，加入 0.5mmol/L NO_3^- 后经 UV 激发产生的 $[HO^\cdot]_{SS}$ 仅为 $0.74×10^{-18} \text{mol/L}$。与此同时，$NO_3^-$ 也能和 ·OH/$SO_4^{\cdot-}$ 反应而淬灭 ·OH/$SO_4^{\cdot-}$。

在去离子水中，$SO_4^{\cdot-}$ 的稳态浓度为：

$$[SO_4^{\cdot-}]_{SS} = \frac{r_{DI,SO_4^{\cdot-}}}{k_{SO_4^{\cdot-}}[AC] + k_5[OH^-] + k_6[H_2O] + k_7[S_2O_8^{2-}]} \quad (7-17)$$

令 $\beta = k_5[OH^-] + k_6[H_2O]$，因 $[OH^-]$ 和 $[H_2O]$ 等浓度稳定，β 为定值，所以：

$$[SO_4^{\cdot-}]_{DI} = \frac{r_{DI,SO_4^{\cdot-}}}{k_{SO_4^{\cdot-}}[AC] + \beta} \quad (7-18)$$

在加入离子后，$SO_4^{\cdot-}$ 的稳态浓度为：

$$[SO_4^{\cdot-}]_{WW} = \frac{r_{WW,SO_4^{\cdot-}}}{k_{SO_4^{\cdot-}}[AC] + \beta + k_{anions}[anions]} \quad (7-19)$$

7.5 无机离子对PPCPs降解动力学的影响机制

由于无机阴离子的摩尔吸光系数极低，可以认为对SO_4^-的产生速率没有影响（即$r_{DI,SO_4^-} = r_{WW,SO_4^-}$），因此无机离子对$SO_4^-$的淬灭影响$f_{anions,SO_4^-}$为：

$$f_{anions,SO_4^-} = \frac{k_{SO_4^-}[AC] + \beta}{k_{SO_4^-}[AC] + \beta + k_{anions}[anions]} \tag{7-20}$$

在加入无机离子UV/$S_2O_8^{2-}$体系中，SO_4^-在UV非直接光降解作用的贡献为：

$$k_{app,SO_4^-}(anions) = f_{anions,SO_4^-} k_{app,SO_4^-}(DI) \tag{7-21}$$

其他自由基的贡献为：

$$k_{app,other\ radical} = k_{app,SO_4^-}(WW) - k_{app,SO_4^-}(anions) \tag{7-22}$$

求得无机离子对体系中SO_4^-降解的影响结果见表7-5。从结果中可以明显看出，Cl^-和SO_4^{2-}生成的次生自由基（$Cl\cdot$、$ClOH^-$和Cl_2^-等）在各PPCPs的非UV直接降解部分中占比重较大，分别占96.33%（CLN）、93.60%（IBU）、79.65%（MTZ）、72.76%（ENFX）、81.00%（SMZ）、98.33%（ACP）、89.99%（BPA）、94.23%（CBZ）、82.95%（TMP）和79.61%（CIP），反而SO_4^-自身在PPCPs的非直接光解部分中占比较非常小。这说明Cl^-对SO_4^-降解有机物的促进影响是其生成的次生自由基起主要作用，且次生自由基与PPCPs的反应速率较高，使得次生自由基在非直接光解中占比重较大。

表7-5 无机离子体系中SO_4^-和生成的次生自由基（$R\cdot$）对非直接光解的贡献率（%）

PPCPs	Cl^-		CO_3^{2-}/HCO_3^-		NO_3^-		SO_4^{2-}	
	SO_4^-	$R\cdot$	SO_4^-	$R\cdot$	SO_4^-	$R\cdot$	SO_4^-	$R\cdot$
ACP	1.67	98.33	96.45	3.55	102.02	-2.02	101.83	-1.83
BPA	10.01	89.99	75.61	24.39	76.62	23.38	96.93	3.07
CBZ	5.77	94.23	88.14	11.86	99.39	0.61	88.45	11.55
TMP	17.05	82.95	83.46	16.54	143.93	-43.93	104.09	-4.09
CIP	20.39	79.61	80.01	19.99	99.33	0.67	105.21	-5.21
CLN	3.67	96.33	88.61	11.39	101.52	-1.52	96.76	3.24
IBU	6.40	93.60	104.52	-4.52	96.11	3.89	92.77	7.23
MTZ	20.35	79.65	91.12	8.88	89.91	10.09	114.25	-14.25
ENFX	27.24	72.76	99.58	0.42	97.90	2.10	108.00	-8.00
SMZ	19.00	81.00	85.87	14.13	89.84	10.16	93.18	6.82

加入CO_3^{2-}/HCO_3^-后反应体系中次生自由基对PPCPs降解的贡献大部分比较积极，分别占非直接光解中的3.55%（ACP）、24.39%（BPA）、11.86%（CBZ）、16.54%（TMP）、19.99%（CIP）、11.39%（CLN）、8.88%（MTZ）和14.13%（SMZ），主要原因是CO_3^{2-}/HCO_3^-与SO_4^-反应生成的次生CO_3^-自由

基能继续和PPCPs发生反应，如CO_3^-和IBU、CBZ、MTZ、SMZ的反应速率常数（$k_{CO_3^-}$）分别达到（7.89±0.14）×10^5（mol/L）$^{-1}$·s^{-1}、（2.51±0.06）×10^6（mol/L）$^{-1}$·s^{-1}、（3.42±0.16）×10^7（mol/L）$^{-1}$·s^{-1}和2.68×10^8（mol/L）$^{-1}$·s^{-1}。而NO_3^-和SO_4^{2-}，除了NO_3^-对BPA(23.38%)和TMP(-43.93%)非直接光解影响较大外，对其他化合物降解影响都不明显，只影响了其SO_4^-降解速率贡献的-14.25%~11.55%。NO_3^-对BPA(23.38%)和TMP(-43.93%)影响差异的主要原因是，NO_3^-能通过UV辐照以较低的量子产率生成·OH，以及与SO_4^-经过复杂的反应生成部分·OH和其他次生自由基，其中·OH与BPA的二级反应速率常数7.20×10^8（mol/L）$^{-1}$·cm^{-1}比与TMP[5.85×10^8（mol/L）$^{-1}$·s^{-1}]的更高；而且BPA的摩尔吸光系数793.42（mol/L）$^{-1}$·cm^{-1}小于TMP的3078.56（mol/L）$^{-1}$·cm^{-1}，这表明NO_3^-能获得更多的紫外光而产生更多·OH。较高的$k_{·OH}$和较低的摩尔吸光系数共同决定了其他自由基对BPA降解的贡献上升，而对TMP降解的贡献下降。同时，TMP结构更为复杂，含有较多的—NH_2、—OCH_3等特殊官能团，这可能暗示中间产物对SO_4^-的竞争激烈。由于SMZ化合物中含有—NH_2和—O=S=O—特殊的官能团，可能使得SMZ和·OH、SO_4^-的反应速率常数、UV直接光解速率都比其他化合物偏高（见第1章和第7章前面几节），各阴离子（Cl^-、CO_3^{2-}/HCO_3^-、SO_4^{2-}和NO_3^-）和SO_4^-生产的次生自由基与SMZ的反应速率常数值也较高，例如$k_{CO_3^-}$=2.68×10^8（mol/L）$^{-1}$·s^{-1}，是Cl^-、CO_3^{2-}/HCO_3^-、SO_4^{2-}和NO_3^-加入能促进SMZ降解（见图7-6）的主要原因。

总体而言，其他离子（CO_3^{2-}/HCO_3^-、SO_4^{2-}和NO_3^-）对PPCPs降解影响不如Cl^-明显，可能的原因是其他离子与SO_4^-生成的次生自由基的反应活性没有Cl^-和SO_4^-生成的次生自由基（$Cl·$，$ClOH·^-$和Cl_2^-）高。有研究表明，在某些情况下$Cl·$与有机物的反应活性比·OH/SO_4^-的更高。当其他自由基的贡献率为负值时，可能暗示这些次生自由基还会进一步和SO_4^-发生淬灭反应。

尽管这些次生自由基（·OH、$Cl·$、CO_3^-、NO_3^-）在反应中占重要的作用，但有研究表明它们在污水体系中（EfOM存在）的稳态浓度非常低。例如，Lian等人研究表明在污水中$S_2O_8^{2-}$、Cl^-、HCO_3^-、NO_3^-和SO_4^{2-}离子浓度分别为1mmol/L、2.9mmol/L、0.8mmol/L、0.16mmol/L和0.08mmol/L，以及4.78mgC/L TOC的情况下，[·OH]、[$Cl·$]、[CO_3^-]、[NO_3^-]的浓度分别为（1.30±0.22）×10^{-15}mol/L、（5.79±0.01）×10^{-15}mol/L、（5.8±0.09）×10^{-11}mol/L、（1.41±0.01）×10^{-16}mol/L，这些离子浓度相对于[SO_4^-]要低2~3个数量级。这表明在实际污水情况中，由于受有机质影响，次生自由基对SO_4^-降解有机物的影响并不明显。Yang等人的研究表明，污水中EfOM能淬灭SO_4^-和Cl^-反应生成的含氯自由基

(Cl^-、$ClOH^{·-}$ 和 Cl_2^-），在抑制次生自由基的生成中起到重要作用。Cl^- 和 EfOM 有非常高的反应活性，测得的 k 值为 $1.56×10^8$ $(mol/L)^{-1} \cdot s^{-1}$，与 SO_4^- 和 EfOM 反应活性相当。而同时，EfOM 可能对其他次生自由基也存在淬灭作用。

7.6 有机质对 PPCPs 降解动力学的影响机制

7.5 节明确了复杂基质中的重要成分无机阴离子对 PPCPs 降解的影响机制，本节对复杂基质中的另一个重要成分有机质通过非离子型大孔聚合物树脂按照极性差异进行分离和表征，并研究分离后获得的各组分对 PPCPs 降解的影响，明确有机质对 PPCPs 降解的影响机制。

7.6.1 污水中有机质极性组分分离与表征

污水中 EfOM 的极性分离通过使用分别填有 DAX-8 和 XAD-4 树脂（它是一种非离子型大孔聚合物树脂）的两根带基床支撑的层析（Chromaflex Chromatography）柱进行，可分别得到憎水（HPO）、中性（TPI）和亲水性（HPI）三种不同极性的组分样本。用紫外分光光度计（Shimadzu，Japan）测定了 254nm 和 280nm 特定的紫外光吸收值 $SUVA_{254}$ 和 $SUVA_{280}$。污水和组分中的 EfOM 分别通过 SEC 色谱柱和 EEMs 测定。EEMs 荧光检测能更全面了解分子大小的化学性质和结构特征，荧光激发（Ex）和发射（Em）波长范围分别为 200~400nm 和 280~500nm。

图 7-7 显示了污水的 SEC 色谱图。使用 Yau 和他的同事描述的方法在不需要校正因子的情况下评估色谱图，计算 M_n (number-averaged) 和 M_W (weight-averaged)，本小节的研究发现不同极性有机质的分子量分布比较宽，均具有较高的分散系数，表现出多分散性。其中，TPI 中的分散系数最高（2.43），HPI 的分散系数最低（1.39）。

本小节的研究测得 WW、憎水（HPO）、中性（TPI）和亲水性（HPI）的 TOC 浓度分别为 9.46mgC/L、19.1mgC/L、4.00mgC/L 和 5.13mgC/L，见表 7-6。EfOM 的 TOC 回收率为 75.1%，憎水（HPO）、中性（TPI）和亲水性（HPI）分别占有机质的比例为 23.1%、4.83% 和 72.1%。$SUVA_{254}$ 和 $SUVA_{280}$ 在 WW 中分别为 0.67L/(mg·m) 和 0.80L/(mg·m)，低 SUVA 值是污水样品的特征。在不同极性的有机质中 TPI 的 $SUVA_{254}$ 和 $SUVA_{280}$ 最高，其次为 HPO，而 HPI 的值非常低。$SUVA_{254}$ 被广泛用于评价污水中腐殖质含量高低及不饱和 C=C 键的芳香族化合物的含量，该值越高表明污水中的腐殖化程度、不饱和程度和芳香化程度越高。通常以样品在 254nm 处的吸光度值乘以 100 除以 TOC 含量表示。憎水（HPO）、中性（TPI）和亲水性（HPI）的值分别为 1.36、1.58 和 0.23，其中中性（TPI）和憎水（HPO）的芳香程度相对较高且不饱和结构较多，而亲水性

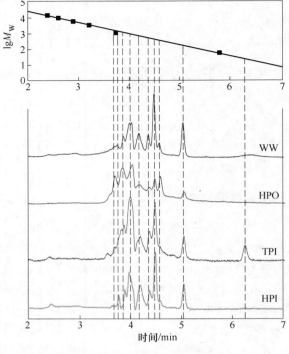

图 7-7 不同极性有机质的 SEC 表征

(HPI) 的腐殖化程度最低。$SUVA_{280}$能够反映苯甲酸类、苯胺衍生物、酚类、聚烯类和多环芳烃类发生 $\pi\text{-}\pi^*$ 电子跃迁基团的特征。$SUVA_{280}$值在 TPI 中最高,表明中性的有机质中具有更多的芳香族特性。图 7-8 为 EfOM、HPO、TPI、HPI 的紫外吸收光谱。

表 7-6 不同极性有机质的性质

样 品	WW	HPO	TPI	HPI
$TOC/mgC \cdot L^{-1}$	9.46	19.10	4.00	5.13
比例/%	—	23.1	4.8	72.1
$SUVA_{254}/L \cdot (mgC \cdot m)^{-1}$	0.67	1.36	1.58	0.23
$SUVA_{280}/L \cdot (mgC \cdot m)^{-1}$	0.80	1.00	1.31	0.17
M_W/u	—	879	832	760
M_n/u	—	432	343	547
多分散指数(M_W/M_n)	—	2.04	2.43	1.39

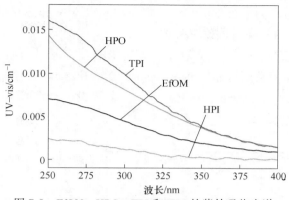

图 7-8　EfOM、HPO、TPI 和 HPI 的紫外吸收光谱

EEMs 图提供了大量 EfOM 的信息，Chen 和 Nie 等人总结了大量文献报道的不同有机质的特征峰，总结结果如图 7-9 所示。图 7-9 表明污水样本中在 Ⅱ 区、Ⅲ 区、Ⅳ 区、Ⅴ 区域有特征峰，Ⅱ 区、Ⅲ 区在 TPI 样本中消失，Ⅴ 区在 HPI 样本中消失。通过 EEMs 可以发现 WW 主要含有类蛋白的络氨酸和色氨酸及富里酸成分，HPO 组分主要为类富里酸及类蛋白的色氨酸，TPI 主要为类腐殖酸，HPI 主要成分为类富里酸。荧光指数 FI（Fluorescence Index）可用来表征有机质的来源，FI 为 Ex 370nm 时 Em 450nm 和 Em 470nm 信号强度的比值。本小节研究中的污水样本的 FI 值范围为 1.85~2.3，说明有机质主要来源于微生物类有机质。

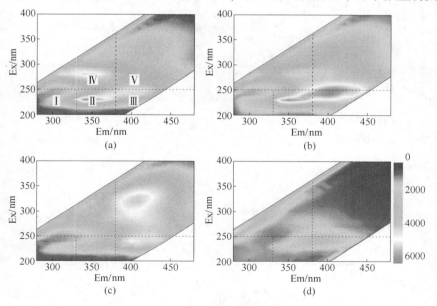

图 7-9　污水和不同极性样品的 EEMs 图
(a) WW；(b) HPO；(c) TPI；(d) HPI

本节分别通过动力学模型法和线性拟合法测得 WW 和萨旺尼河富里酸（SR-FA）与 $SO_4^{-\cdot}$ 的二级反应反应速率常数。

（1）动力学模型法。在预实验中，发现 IBU 受离子的干扰比较小，直接光解也比较小，且 k 值数据可靠。在 10μmol/L IBU 和 NOM 共存的条件（1mmol/L 磷酸盐缓冲溶液，pH = 7.55），根据基于稳态假设的动力学模型，$[SO_4^{-\cdot}]_{SS}$ 和 $[\cdot OH]_{SS}$ 可以表示为：

$$[SO_4^{-\cdot}]_{SS} = \frac{r_{0,SO_4^{-\cdot}}}{k_{SO_4^{-\cdot},IBU}[IBU] + k_2[OH^-] + k_3[H_2O] + k_4[S_2O_8^{2-}] + k_9[H_2PO_4^-] + k_{10}[HPO_4^{2-}] + k_{SO_4^{-\cdot},NOM}[NOM]} \quad (7-23)$$

$$[\cdot OH]_{SS} = \frac{k_2[OH^-] + k_3[H_2O]}{k_{\cdot OH,IBU}[IBU] + k_7[S_2O_8^{2-}] + k_{11}[H_2PO_4^-] + k_{12}[HPO_4^{2-}] + k_{\cdot OH,NOM}[NOM]} \times [SO_4^{-\cdot}]_{SS} \quad (7-24)$$

式中，$k_{SO_4^{-\cdot},IBU}[IBU] \gg k_2[OH^-] + k_3[H_2O] + k_4[S_2O_8^{2-}] + k_9[H_2PO_4^-] + k_{10}[HPO_4^{2-}]$，$k_{\cdot OH,IBU}[IBU] \gg k_7[S_2O_8^{2-}] + k_{11}[H_2PO_4^-] + k_{12}[HPO_4^{2-}]$。因此，可以对以上公式进行简化：

$$[SO_4^{-\cdot}]_{SS} = \frac{r_{0,SO_4^{-\cdot}}}{k_{SO_4^{-\cdot},IBU}[IBU] + k_{SO_4^{-\cdot},NOM}[NOM]} \quad (7-25)$$

$$[\cdot OH]_{SS} = \frac{k_2[OH^-] + k_3[H_2O]}{k_{\cdot OH,IBU}[IBU] + k_{\cdot OH,NOM}[NOM]} \times \frac{r_{0,SO_4^{-\cdot}}}{k_{SO_4^{-\cdot},IBU}[IBU] + k_{SO_4^{-\cdot},NOM}[NOM]} \quad (7-26)$$

体系中 IBU 的一级反应速率常数可以表示为：

$$k_{IBU}^{app} = k_{\cdot OH,IBU}[\cdot OH]_{SS} + k_{SO_4^{-\cdot},IBU}[SO_4^{-\cdot}]_{SS} \quad (7-27)$$

$$k_{IBU}^{app} = k_{\cdot OH,IBU} \frac{k_2[OH^-] + k_3[H_2O]}{k_{\cdot OH,IBU}[IBU] + k_{\cdot OH,NOM}[NOM]} \times \frac{r_{0,SO_4^{-\cdot}}}{k_{SO_4^{-\cdot},IBU}[IBU] + k_{SO_4^{-\cdot},NOM}[NOM]} +$$

$$k_{SO_4^{-\cdot},IBU} \frac{r_{0,SO_4^{-\cdot}}}{k_{SO_4^{-\cdot},IBU}[IBU] + k_{SO_4^{-\cdot},NOM}[NOM]} \quad (7-28)$$

$$k_{IBU}^{app} = \left(k_{\cdot OH,IBU} \frac{k_2[OH^-] + k_3[H_2O]}{k_{\cdot OH,IBU}[IBU] + k_{\cdot OH,NOM}[NOM]} + k_{SO_4^{-\cdot},IBU} \right) \times$$

$$\frac{r_{0,SO_4^{-\cdot}}}{k_{SO_4^{-\cdot},IBU}[IBU] + k_{SO_4^{-\cdot},NOM}[NOM]} \quad (7-29)$$

$$k_{IBU}^{app} \approx k_{SO_4^{-\cdot},IBU} \times \frac{r_{0,SO_4^{-\cdot}}}{k_{SO_4^{-\cdot},IBU}[IBU] + k_{SO_4^{-\cdot},NOM}[NOM]} \quad (7-30)$$

进而：

7.6 有机质对 PPCPs 降解动力学的影响机制

$$k_{SO_4^-,NOM} \approx k_{SO_4^-,IBU} \left(\frac{r_{0,SO_4^-}}{k_{IBU}^{app}} - [IBU] \right) / [NOM] \tag{7-31}$$

（2）线性拟合法。在 4-氯苯甲酸（$pCBA$）和 NOM 的 UV/$S_2O_8^{2-}$ 体系中加入过量的 t-butanol，由于 ·OH 与 t-butanol 的二级反应速率常数比 SO_4^- 与 t-butanol 要高 3 个数量级，可以淬灭 ·OH。因此，可以认为 $pCBA$ 和 NOM 仅与 SO_4^- 反应：

$$pCBA + SO_4^- \longrightarrow 产物 \tag{7-32}$$

$pCBA$ 和 SO_4^- 反应的表观一级速率常数为：

$$k_{app}^{pCBA} = k_{SO_4^-,pCBA}[SO_4^-]_{SS} \tag{7-33}$$

令 $C = k_2[OH^-] + k_3[H_2O] + k_4[S_2O_8^{2-}] + k_9[H_2PO_4^-] + k_{10}[HPO_4^{2-}]$，体系中 $[SO_4^-]_{SS}$ 为：

$$[SO_4^-]_{SS} = \frac{r_{0,SO_4^-}}{k_{SO_4^-,pCBA}[pCBA] + k_{SO_4^-,t\text{-butanol}}[t\text{-butanol}] + k_{SO_4^-,NOM}[NOM] + C} \tag{7-34}$$

代入 k_{app}^{pCBA} 可得：

$$k_{app}^{pCBA} = k_{SO_4^-,pCBA} \frac{r_{0,SO_4^-}}{k_{SO_4^-,pCBA}[pCBA] + k_{SO_4^-,t\text{-butanol}}[t\text{-butanol}] + k_{SO_4^-,NOM}[NOM] + C} \tag{7-35}$$

式（7-35）求倒数可得：

$$1/k_{app}^{pCBA} = \frac{k_{SO_4^-,pCBA}[pCBA] + k_{SO_4^-,t\text{-butanol}}[t\text{-butanol}] + k_{SO_4^-,NOM}[NOM] + C}{r_{0,SO_4^-} \times k_{SO_4^-,pCBA}} \tag{7-36}$$

固定 t-butanol 浓度，以 $[pCBA]$ 为自变量，$1/k_{app}^{pCBA}$ 为应变量，线性拟合可得以 a 为斜率、b 为截距的线性方程。

$$1/k_{app}^{pCBA} = [pCBA]\frac{1}{r_{0,SO_4^-}} + \frac{k_{SO_4^-,t\text{-butanol}}[t\text{-butanol}] + k_{SO_4^-,NOM}[NOM] + C}{r_{0,SO_4^-} \times k_{SO_4^-,pCBA}} \tag{7-37}$$

$$a = \frac{1}{r_{0,SO_4^-}} \tag{7-38}$$

$$b = \frac{k_{SO_4^-,t\text{-butanol}}[t\text{-butanol}] + k_{SO_4^-,NOM}[NOM] + C}{r_{0,SO_4^-} \times k_{SO_4^-,pCBA}} \tag{7-39}$$

令 b 除以 a，可得：

$$b/a = \frac{k_{SO_4^-,t\text{-butanol}}[t\text{-butanol}] + k_{SO_4^-,NOM}[NOM] + C}{k_{SO_4^-,pCBA}} \tag{7-40}$$

则：

$$k_{SO_4^-, NOM} = \frac{b}{a} \times \frac{k_{SO_4^-, pCBA}}{[NOM]} - \frac{k_{SO_4^-, t\text{-butanol}}[t\text{-butanol}] + C}{[NOM]} \quad (7\text{-}41)$$

通过动力学模型和线性拟合法分别测得 SO_4^- 与 WW 中 EfOM 二级反应速率常数分别为 $(1.67\pm0.16)\times10^8$ $(mol/L)^{-1}\cdot s^{-1}$ 和 $(1.29\pm0.14)\times10^8 (mol/L)^{-1}\cdot s^{-1}$，两者非常接近。两种方法测得的均值为 1.48×10^8 $(mol/L)^{-1}\cdot s^{-1}$，该实测值与 Yang 等人的报道值 1.13×10^8 $(mol/L)^{-1}\cdot s^{-1}$ 接近，Yang 与本小节研究测得 k 值的 EfOM 均来源于市政污水。本小节研究还通过 SRFA 的 k 值来验证本方法的可靠性，测得 $\cdot OH/SO_4^-$ 与 SRFA 的 k 值分别为 $(4.62\pm0.36)\times10^8$ $(mol/L)^{-1}\cdot s^{-1}$ 和 $(2.07\pm0.96)\times10^7$ $(mol/L)^{-1}\cdot s^{-1}$，$k_{\cdot OH, SRFA}$ 值与 Weishaar 和 Westerhoff 等人的报道值接近 $[3.8\times10^8 (mol/L)^{-1}\cdot s^{-1}$ 和 $3.7\times10^8 (mol/L)^{-1}\cdot s^{-1}]$，而 $k_{SO_4^-, SRFA}$ 值与 Xie 和 Xiao 等人报道的 $k_{SO_4^-, SRFA}$ 值 $[2.35\times10^7 (mol/L)^{-1}\cdot s^{-1}$ 和 $2.23\times10^7 (mol/L)^{-1}\cdot s^{-1}]$ 一致。本小节研究实测得到 HPO、TPI 和 HPI 有机质与 SO_4^- 的二级反应速率常数分别为 $(3.23\pm1.27)\times10^8$ $(mol/L)^{-1}\cdot s^{-1}$、$(3.83\pm0.96)\times10^8$ $(mol/L)^{-1}\cdot s^{-1}$ 和 $(3.68\pm1.13)\times10^8$ $(mol/L)^{-1}\cdot s^{-1}$，见表 7-7。

表 7-7 有机质与 $\cdot OH/SO_4^-$ 的二级反应速率常数

$[(mol/L)^{-1}\cdot s^{-1}]$

样品	$k_{SO_4^-}$	报道值	$k_{\cdot OH}$	报道值
SRFA	$(2.07\pm0.96)\times10^7$	2.35×10^7 2.23×10^7	$(4.62\pm0.36)\times10^8$	3.8×10^8 3.7×10^8
WW	$(1.43\pm0.26)\times10^8$	1.13×10^8	$(7.98\pm0.47)\times10^8$	$6.32\sim14.1\times10^8$
HPO	$(3.23\pm1.27)\times10^8$	—	—	—
TPI	$(3.83\pm0.96)\times10^8$	—	—	—
HPI	$(3.68\pm1.13)\times10^8$	—	—	—

7.6.2 有机质极性对动力学的影响机制

本小节选择受污水抑制作用比较大的（大于85%）两种化合物——ACP 和 TMP 来研究不同极性有机质对 SO_4^- 降解有机物的影响。反应体系中 TOC 浓度条件统一设定为 3mgC/L，并通过离子溶液来调节反应体系中的离子浓度并保持一致。图 7-10 表明不同极性组分的有机质对 ACP 和 TMP 的降解速率均产生了抑制作用，其中对 TMP 的抑制率更强，对 TMP 的抑制率为 74.0%～76.3%，而对 ACP 的抑制率为 25.8%～47.1%，这与实际污水对 TMP 的抑制作用更加一致。同极性有机质对不同化合物的影响差异可能与目标化合物的结构和性质有关。TMP 的 K_{OC} 比 ACP 的更小,因而表现出更强的亲水性。ACP 由于具有较大的 K_{OC} 值导致其疏水性比较强,因而亲水性有机质对其动力学影响相比疏水性有机质更为显著。ACP 的 k 值 $[3.10×10^8\ (mol/L)^{-1}\cdot s^{-1}]$ 和有机质的 k 值与 TMP $[3.81×10^9\ (mol/L)^{-1}\cdot s^{-1}]$ 相比更为接近,因此有机质也更容易与 ACP 竞争自由基,理论上有机质对 ACP 的抑制作用应该比 TMP 更强。但是,由于 ACP 的直接光解强于 TMP,同时 Cl^- 对 ACP 的降解有极强的促进作用。综合作用之下,ACP 的抑制率反而小于 TMP。图 7-11 为不同极性有机质对 ACP 和 TMP 降解的抑制率。

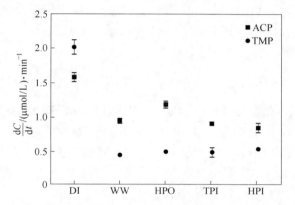

图 7-10 ACP 和 TMP 在 DI、WW 及不同极性组分中的降解速率

$([PPCPs]=10\mu mol/L,\ [S_2O_8^{2-}]=100\mu mol/L,\ [TOC]=3mgC/L,$
$I_0=7.50×10^{-6}\ (Einstein/L)\cdot s^{-1},\ l=0.935cm)$

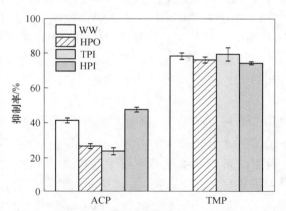

图 7-11 不同极性有机质对 ACP 和 TMP 降解的抑制率

从不同极性有机质的影响来看,HPO、TPI 和 HPI 三种有机质对 ACP 的抑制率分别为 25.8%、42.9% 和 47.1%,三者存在较大差异,其中抑制率比较高的是

HPI，且 HPI 是污水有机质中的主导成分，占污水有机质的 72.1%。TPI 对 ACP 的降解抑制率也很高，但是 TPI 并不是污水中的最主要成分，在污水有机质中的占比很低（4.83%）。对于 TMP 而言，HPO、TPI 和 HPI 三种有机质的抑制率分别为 76.0%、76.0%、74.0%，显示三种极性有机质对 TMP 抑制率的差异很小。本小节研究还选择了受污水抑制作用比较大的另外两种 PPCPs：IBU 和 MTZ 来验证亲水性有机质对 PPCPs 具有更高的抑制能力，发现 HPO、TPI 和 HPI 对 IBU 的抑制率分别为 44.30%、53.65% 和 59.05%，对 MTZ 的抑制率分别为 50.07%、59.45% 和 63.03%，结果与预期的一致。

本小节使用每个 EfOM 组分的抑制比（Q_{fraction}）来模拟降解动力学，以评估每个组分对 WW 抑制 PPCPs 降解的动力学贡献。通过测量 DI 水中和各极性有机质的表观降解速率，Q_{fraction} 可以表示为：

$$Q_{\text{fraction}} = \left(\frac{\text{d}[C]}{\text{d}t}\right)_{\text{app,fraction }i} \Big/ \left(\frac{\text{d}[C]}{\text{d}t}\right)_{\text{app,DI}} \tag{7-42}$$

$(\text{d}[C]/\text{d}t)_{\text{app}}$ 是实测的 PPCPs 在 DI 水（app，DI）和有机质中（app，fraction i）的表观反应速率（$\mu\text{mol/L}$）·$\min^{-1}$，Q_{fraction} 越大，抑制作用越小；Q_{fraction} 越小，抑制作用越大。然后，将 Q_{fraction} 根据废水中的有机质浓度进行标准化，并根据其在流出物中的相对丰度赋予相应的权重（f_i），即可按照式(7-43)求出模拟污水中 PPCPs 的降解速率。

$$\left(\frac{\text{d}[C]}{\text{d}t}\right)_{\text{model WW}} = \Sigma f_i Q_{\text{fraction}} \times \left(\frac{\text{d}[C]}{\text{d}t}\right)_{\text{app,DI}} \tag{7-43}$$

由图 7-12 看出，比较 ACP 的 Q_{fraction} 可以发现 HPO>TPI>HPI 的规律，表明三者抑制作用的大小为：HPO<TPI<HPI，而 TMP 的 Q_{fraction} 之间则差异较小。

由图 7-13 看出，模型预测和实测得到的 ACP 和 TMP 速率一致，因此 EfOM 级分的抑制作用似乎是相加的，并且至少相对地是可扩展的。HPI 组分在 EfOM 有机质中的抑制作用最大，且占 WW 中有机质的 72.1%，因此对 PPCPs 降解速率的影响最大。

本节揭示了环境基质对 UV/$S_2O_8^{2-}$ 降解 PPCPs 为代表的新兴有机污染物的影响机制，为 UV/$S_2O_8^{2-}$ 污水处理技术的实际应用提供了一定的参考和可能。为了最大化降解效率，降解之前有必要调查了解 PPCPs 的亲疏水性等理化性质及污水中的基质成分。对于直接光解能力强、k 值比较大的化合物，污水中的复杂基质对 UV/$S_2O_8^{2-}$ 降解的抑制作用较小。此外，EfOM 的不同极性的组分都起到抑制 PPCPs 降解的作用，更亲水的 EfOM 对 PPCPs 的淬灭作用可能更明显，表明在污水处理厂应用 UV/$S_2O_8^{2-}$ 处理废水时亲水性组分的比例应该最少。

7.6 有机质对 PPCPs 降解动力学的影响机制

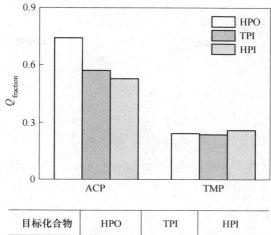

目标化合物	HPO	TPI	HPI
ACP	0.74	0.57	0.53
TMP	0.24	0.24	0.26

图 7-12 不同极性有机质的 Q_{fraction} 比较

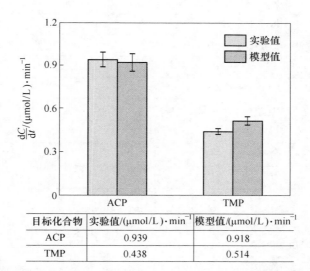

目标化合物	实验值/(μmol/L)·min^{-1}	模型值/(μmol/L)·min^{-1}
ACP	0.939	0.918
TMP	0.438	0.514

图 7-13 模拟和实际废水（WW）中 UV/$S_2O_8^{2-}$ 体系 ACP 和 TMP 的降解速率

附　　　录

附录 A　紫外活化过氧化氢体系内主要反应及 k 值汇总表

序号	反　应	$k/(mol/L)^{-1} \cdot s^{-1}$
1	$H_2O_2 + h\nu \longrightarrow 2\cdot OH$	$r_{0,\cdot OH} = 2\varphi_H E_H\ s^{-1}$
2	$H_2O_2 + \cdot OH \longrightarrow HO_2\cdot + H_2O$	$k_1 = 2.7\times10^7$
3	$\cdot OH + HO_2^- \longrightarrow HO_2\cdot + OH^-$	$k_2 = 7.5\times10^9$
4	$H_2O_2 \longleftrightarrow H^+ + HO_2^-$	$k_3 = 2.51\times10^{-12}$
磷酸盐		
5	$H_3PO_4 \rightleftharpoons H^+ + H_2PO_4^-$	$pK_{a1} = 2.1$（无量纲）
6	$H_2PO_4^- \rightleftharpoons H^+ + HPO_4^{2-}$	$pK_{a2} = 7.2$（无量纲）
7	$HPO_4^{2-} \rightleftharpoons H^+ + PO_4^{3-}$	$pK_{a3} = 12.3$（无量纲）
8	$\cdot OH + H_2PO_4^- \longrightarrow HPO_4^{-\cdot} + H_2O$	$k_{H1} = 2.0\times10^4$
9	$\cdot OH + HPO_4^{2-} \longrightarrow HPO_4^{-\cdot} + OH^-$	$k_{H2} = 1.5\times10^5$
10	$\cdot OH + PO_4^{3-} \longrightarrow PO_4^{2-\cdot} + OH^-$	$k_{H3} < 1.5\times10^7$
11	$\cdot OH + H_3PO_4 \longrightarrow H_2PO_4\cdot + H_2O$	$k_{H4} = 2.7\times10^6$
NOM		
12	$\cdot OH + NOM \longrightarrow$ 产物	$k_{14} = 1.4\times10^4\ L/(mgC\cdot s)$
Cl^-		
13	$\cdot OH + Cl^- \longrightarrow ClOH\cdot^-$	$k_{16} = 4.3\times10^9$
14	$Cl\cdot + OH^- \longrightarrow ClOH\cdot^-$	$k_{17} = 1.8\times10^{10}$
15	$Cl\cdot + H_2O \longrightarrow ClOH\cdot^- + H^+$	$k_{18} = 2.5\times10^5$
16	$ClOH\cdot^- \longrightarrow Cl^- + \cdot OH$	$k_{19} = 6.0\times10^9$
17	$ClOH\cdot^- + H^+ \longrightarrow Cl\cdot + H_2O$	$k_{20} = 2.1\times10^{10}$
18	$Cl\cdot + Cl^- \longrightarrow Cl_2^{-\cdot}$	$k_{21} = 8.5\times10^9$
19	$Cl_2^{-\cdot} + H_2O \longrightarrow HClOH\cdot + Cl^-$	$k_{22} = 1.3\times10^3$
20	$Cl_2^{-\cdot} + OH^- \longrightarrow ClOH\cdot^- + Cl^-$	$k_{23} = 4.5\times10^7$
21	$Cl_2^{-\cdot} + Cl_2^{-\cdot} \longrightarrow Cl_2 + 2Cl^-$	$k_{24} = 9.0\times10^8$

续附录 A

序号	反 应	$k/(\mathrm{mol/L})^{-1}\cdot\mathrm{s}^{-1}$
碳酸盐		
22	$\cdot\mathrm{OH} + \mathrm{HCO_3^-} \longrightarrow \mathrm{H_2O} + \mathrm{CO_3^{\cdot-}}$	$k_{27} = 8.5\times10^6$
23	$\cdot\mathrm{OH} + \mathrm{CO_3^{2-}} \longrightarrow \mathrm{OH^-} + \mathrm{CO_3^{\cdot-}}$	$k_{28} = 3.9\times10^8$
$\mathrm{NO_3^-}$		
24	$\cdot\mathrm{OH} + \mathrm{NO_3^-} \longrightarrow \mathrm{OH^-} + \mathrm{NO_3^{\cdot}}$	$k_{30} < 1.0\times10^5$
25	$\mathrm{NO_3^-} + \mathrm{H^+} \xrightarrow{h\nu} \cdot\mathrm{OH} + \mathrm{NO_2^{\cdot}}$	$\varphi_{\cdot\mathrm{OH}} = 0.24\,\mathrm{mol/Einstein}$
26	$\mathrm{NO_3^-} + h\nu \longrightarrow \mathrm{NO_2^-} + \frac{1}{2}\mathrm{O_2}$	$\varphi_{\mathrm{NO_2^-}}$
27	$\mathrm{NO_3^-} + h\nu \longrightarrow \mathrm{NO_2^{\cdot}} + \mathrm{O^{\cdot-}}$	—
28	$2\mathrm{NO_2^{\cdot}} + \mathrm{H_2O} \longrightarrow \mathrm{NO_2^-} + \mathrm{NO_3^-} + 2\mathrm{H^+}$	—
29	$\frac{1}{2}\mathrm{O_2} + \mathrm{H_2O} \longrightarrow 2\cdot\mathrm{OH}$	—
30	$\mathrm{O^{\cdot-}} + \mathrm{H_2O} \longrightarrow \cdot\mathrm{OH} + \mathrm{OH^-}$	—
PPCPs		
31	$\mathrm{AC} + h\nu \longrightarrow$ 产物	r_{UV}, $(\mathrm{mol/L})\cdot\mathrm{s}^{-1}$
32	$\cdot\mathrm{OH} + \mathrm{PPCPs} \longrightarrow$ 产物	$k_{\mathrm{PPCPs},\cdot\mathrm{OH}}$
33	次生自由基+PPCPs $\longrightarrow$?	—

注：1. pH=7.55 的磷酸盐缓冲溶液中，主要成分为 $\mathrm{H_2PO_4^-}$ 和 $\mathrm{HPO_4^{2-}}$。

2. $\varphi_{\mathrm{NO_2^-}} = 0.015 \sim 0.028\,\mathrm{mol/Einstein}$。

附录B 紫外活化过硫酸盐体系内主要反应及 k 值汇总表

序号	反 应	$k/(\mathrm{mol/L})^{-1}\cdot\mathrm{s}^{-1}$
1	$S_2O_8^{2-} + h\nu \longrightarrow 2SO_4^{\cdot-}$	$r_{0,SO_4^{\cdot-}} = 2\varphi_S E_S$，$(\mathrm{mol/L})\cdot\mathrm{s}^{-1}$
2	$SO_4^{\cdot-} + OH^- \longrightarrow SO_4^{2-} + {}^\cdot OH$	$k_2 = 6.5\times10^7$
3	$SO_4^{\cdot-} + H_2O \longrightarrow HSO_4^- + {}^\cdot OH$	$k_3 = 8.3$
4	$SO_4^{\cdot-} + S_2O_8^{2-} \longrightarrow S_2O_8^{\cdot-} + SO_4^{2-}$	$k_4 = 5.5\times10^5$
5	$SO_4^{\cdot-} + SO_4^{\cdot-} \longrightarrow S_2O_8^{2-}$	$k_5 = 4.4\times10^8$
6	$SO_4^{\cdot-} + {}^\cdot OH \longrightarrow H^+ + SO_4^{2-} + O_2$	$k_6 = 9.5\times10^9$
7	${}^\cdot OH + S_2O_8^{2-} \longrightarrow S_2O_8^{\cdot-} + OH^-$	$k_7 = 1.4\times10^7$
8	${}^\cdot OH + {}^\cdot OH \longrightarrow H_2O_2$	$k_8 = 5.5\times10^9$
磷酸盐		
9	$H_3PO_4 \rightleftharpoons H^+ + H_2PO_4^-$	$pK_{a1} = 2.1$（无量纲）
10	$H_2PO_4^- \rightleftharpoons H^+ + HPO_4^{2-}$	$pK_{a2} = 7.2$（无量纲）
11	$HPO_4^{2-} \rightleftharpoons H^+ + PO_4^{3-}$	$pK_{a3} = 12.3$（无量纲）
12	$SO_4^{\cdot-} + H_2PO_4^- \longrightarrow$ 产物	$k_9 < 7.2\times10^4$
13	$SO_4^{\cdot-} + H_2PO_4^{2-} \longrightarrow$ 产物	$k_{10} = 1.2\times10^6$
14	${}^\cdot OH + H_2PO_4^- \longrightarrow HPO_4^{\cdot-} + H_2O$	$k_{11} = 2.0\times10^4$
15	${}^\cdot OH + HPO_4^{2-} \longrightarrow HPO_4^{\cdot-} + OH^-$	$k_{12} = 1.5\times10^5$
NOM		
16	$SO_4^{\cdot-} + NOM \longrightarrow$ 产物	$k_{13} = 9.3\times10^3\,\mathrm{L/(mgC\cdot s)}$
17	${}^\cdot OH + NOM \longrightarrow$ 产物	$k_{14} = 1.4\times10^4\,\mathrm{L/(mgC\cdot s)}$
Cl^-		
18	$SO_4^{\cdot-} + Cl^- \longrightarrow Cl^\cdot + SO_4^{2-}$	$k_{15} = 3.0\times10^8$
19	${}^\cdot OH + Cl^- \longrightarrow ClOH^{\cdot-}$	$k_{16} = 4.3\times10^9$
20	$Cl^\cdot + OH^- \longrightarrow ClOH^{\cdot-}$	$k_{17} = 1.8\times10^{10}$
21	$Cl^\cdot + H_2O \longrightarrow ClOH^{\cdot-} + H^+$	$k_{18} = 2.5\times10^5$
22	$ClOH^{\cdot-} \longrightarrow Cl^- + {}^\cdot OH$	$k_{19} = 6.0\times10^9$
23	$ClOH^{\cdot-} + H^+ \longrightarrow Cl^\cdot + H_2O$	$k_{20} = 2.1\times10^{10}$
24	$Cl^\cdot + Cl^- \longrightarrow Cl_2^{\cdot-}$	$k_{21} = 8.5\times10^9$

续附录 B

序号	反应	$k/(\text{mol/L})^{-1}\cdot\text{s}^{-1}$
25	$Cl_2^{\cdot-} + H_2O \longrightarrow HClOH + Cl^-$	$k_{22} = 1.3\times10^3$
26	$Cl_2^{\cdot-} + OH^- \longrightarrow ClOH^{\cdot-} + Cl^-$	$k_{23} = 4.5\times10^7$
27	$Cl_2^{\cdot-} + Cl_2^{\cdot-} \longrightarrow Cl_2 + 2Cl^-$	$k_{24} = 9.0\times10^8$
碳酸盐		
28	$SO_4^{\cdot-} + HCO_3^- \longrightarrow HSO_4^- + CO_3^{\cdot-}$	$k_{25} = 3.5\times10^6$
29	$SO_4^{\cdot-} + CO_3^{2-} \longrightarrow SO_4^{2-} + CO_3^{\cdot-}$	$k_{26} = 6.1\times10^6$
30	$\cdot OH + HCO_3^- \longrightarrow H_2O + CO_3^{\cdot-}$	$k_{27} = 8.5\times10^6$
31	$\cdot OH + CO_3^{2-} \longrightarrow OH^- + CO_3^{\cdot-}$	$k_{28} = 3.9\times10^8$
NO_3^-		
32	$SO_4^{\cdot-} + NO_3^- \longrightarrow SO_4^{2-} + NO_3^{\cdot}$	$k_{29} = 2.1\times10^6$
33	$\cdot OH + NO_3^- \longrightarrow OH^- + NO_3^{\cdot}$	$k_{30} < 1.0\times10^5$
34	$NO_3^- + H^+ \xrightarrow{h\nu} \cdot OH + NO_2^{\cdot}$	$\varphi_{\cdot OH} = 0.24\,\text{mol/Einstein}$
35	$NO_3^- + h\nu \longrightarrow NO_2^- + \frac{1}{2}O_2$	$\varphi_{NO_2^-}$
36	$NO_3^- + h\nu \longrightarrow NO_2^{\cdot} + O^{\cdot-}$	—
37	$2NO_2^{\cdot} + H_2O \longrightarrow NO_2^- + NO_3^- + 2H^+$	
38	$\frac{1}{2}O_2 + H_2O \longrightarrow 2\cdot OH$	
39	$O^{\cdot-} + H_2O \longrightarrow \cdot OH + OH^-$	—
PPCPs		
40	$PPCPs + h\nu \longrightarrow$ 产物	r_{UV}, $(\text{mol/L})\cdot\text{s}^{-1}$
41	$\cdot OH + PPCPs \longrightarrow$ 产物	$k_{PPCPs,\cdot OH}$
42	$SO_4^{\cdot-} + PPCPs \longrightarrow$ 产物	$k_{PPCPs,SO_4^{\cdot-}}$
43	次生自由基 + PPCPs $\longrightarrow$?	—

注：1. pH=7.55 的磷酸盐缓冲溶液中，主要成分为 $H_2PO_4^-$ 和 HPO_4^{2-}。

2. $\varphi_{NO_2^-} = 0.015\sim0.028\,\text{mol/Einstein}$。

参 考 文 献

[1] Daughton C G, Ternes T A. Pharmaceuticals and personal care products in the environment: agents of subtle change? [J]. Environmental Health Perspectives, 1999, 107 (Suppl 6): 907~938.

[2] Ternes T A, Meisenheimer M, Mcdowell D, et al. Removal of pharmaceuticals during drinking water treatment [J]. Environmental Science & Technology, 2002, 36 (17): 3855~3863.

[3] Carballa M, Omil F, Lema J M, et al. Behavior of pharmaceuticals, cosmetics and hormones in a sewage treatment plant [J]. Water Research, 2004, 38 (12): 2918~2926.

[4] Kolpin D W, Furlong E T, Meyer M T, et al. Pharmaceuticals, hormones, and other organic wastewater contaminants in U.S. streams, 1999-2000: A national reconnaissance [J]. Environmental Science & Technology, 2002, 36 (6): 1202~1211.

[5] Richardson B J, Lam P K, Martin M. Emerging chemicals of concern: Pharmaceuticals and personal care products (PPCPs) in Asia, with particular reference to Southern China [J]. Marine Pollution Bulletin, 2005, 50 (9): 913~920.

[6] 江传春, 肖蓉蓉, 杨平. 高级氧化技术在水处理中的研究进展 [J]. 水处理技术, 2011 (7): 12~16, 33.

[7] 徐维海, 张干, 邹世春, 等. 香港维多利亚港和珠江广州河段水体中抗生素的含量特征及其季节变化 [J]. 环境科学, 2006 (12): 2458~2462.

[8] Thiele-Bruhn S, Beck I C. Effects of sulfonamide and tetracycline antibiotics on soil microbial activity and microbial biomass [J]. Chemosphere, 2005, 59 (4): 457~465.

[9] Correa-Reyes G, Viana M T, Marquez-Rocha F J, et al. Nonylphenol algal bioaccumulation and its effect through the trophic chain [J]. Chemosphere, 2007, 68 (4): 662~670.

[10] 张婷. 新型微污染物 PPCPs 自然转化研究 [D]. 武汉: 湖北大学, 2013.

[11] Migliore L, Civitareale C, Cozzolino S, et al. Laboratory models to evaluate phytotoxicity of sulphadimethoxine on terrestrial plants [J]. Chemosphere, 1998, 37 (14): 2957~2961.

[12] Flippin J L, Huggett D, Foran C M. Changes in the timing of reproduction following chronic exposure to ibuprofen in Japanese medaka, Oryzias latipes [J]. Aquatic Toxicology, 2007, 81 (1): 73~78.

[13] Sanderson H, Brain R A, Johnson D J, et al. Toxicity classification and evaluation of four pharmaceuticals classes: antibiotics, antineoplastics, cardiovascular, and sex hormones [J]. Toxicology, 2004, 203 (1-3): 27~40.

[14] Qi L, Wang X, Xu Q. Coupling of biological methods with membrane filtration using ozone as pre-treatment for water reuse [J]. Desalination, 2011, 270 (1-3): 264~268.

[15] Kim S D, Cho J, Kim I S, et al. Occurrence and removal of pharmaceuticals and endocrine disruptors in South Korean surface, drinking, and waste waters [J]. Water Research, 2007, 41 (5): 1013~1021.

[16] Kim I, Tanaka H. Photodegradation characteristics of PPCPs in water with UV treatment [J].

Environment International, 2009, 35 (5): 793~802.

[17] Vieno N M, Härkki H, Tuhkanen T, et al. Occurrence of pharmaceuticals in river water and their elimination in a pilot-scale drinking water treatment plant [J]. Environmental Science & Technology, 2007, 41 (14): 5077~5084.

[18] Adams C, Wang Y, Loftin K, et al. Removal of antibiotics from surface and distilled water in conventional water treatment processes [J]. Journal of Environmental Engineering, 2002, 128 (3): 253~260.

[19] Beltrán F J, Pocostales P, Alvarez P, et al. Diclofenac removal from water with ozone and activated carbon [J]. Journal of Hazardous Materials, 2009, 163 (2): 768~776.

[20] Mestre A S, Pires J, Nogueira J M, et al. Waste-derived activated carbons for removal of ibuprofen from solution: role of surface chemistry and pore structure [J]. Bioresource Technology, 2009, 100 (5): 1720~1726.

[21] Kumar A K, Mohan S V, Sarma P. Sorptive removal of endocrine-disruptive compound (estriol, E3) from aqueous phase by batch and column studies: kinetic and mechanistic evaluation [J]. Journal of Hazardous Materials, 2009, 164 (2): 820~828.

[22] Westerhoff P, Yoon Y, Snyder S, et al. Fate of endocrine-disruptor, pharmaceutical, and personal care product chemicals during simulated drinking water treatment processes [J]. Environmental Science & Technology, 2005, 39 (17): 6649~6663.

[23] Nowotny N, Epp B, Von Sonntag C, et al. Quantification and modeling of the elimination behavior of ecologically problematic wastewater micropollutants by adsorption on powdered and granulated activated carbon [J]. Environmental Science & Technology, 2007, 41 (6): 2050~2055.

[24] Jelic A, Gros M, Ginebreda A, et al. Occurrence, partition and removal of pharmaceuticals in sewage water and sludge during wastewater treatment [J]. Water Research, 2011, 45 (3): 1165~1176.

[25] Yoon Y, Westerhoff P, Snyder S A, et al. Removal of endocrine disrupting compounds and pharmaceuticals by nanofiltration and ultrafiltration membranes [J]. Desalination, 2007, 202 (1): 16~23.

[26] Lee C O, Howe K J, Thomson B M. Ozone and biofiltration as an alternative to reverse osmosis for removing PPCPs and micropollutants from treated wastewater [J]. Water Research, 2012, 46 (4): 1005~1014.

[27] Nghiem L D, Coleman P J. NF/RO filtration of the hydrophobic ionogenic compound triclosan: Transport mechanisms and the influence of membrane fouling [J]. Separation and Purification Technology, 2008, 62 (3): 709~716.

[28] 王菊思, 赵丽辉, 匡欣, 等. 某些芳香化合物生物降解性研究 [J]. 环境科学学报, 1995, 15 (4): 407~415.

[29] 黄浩平. 模拟饮用水消毒中布洛芬的氧化降解行为研究 [D]. 广州: 广东工业大学, 2014.

[30] Holbrook R D, Love N G, Novak J T. Sorption of 17β-estradiol and 17α-ethinylestradiol by colloidal organic carbon derived from biological wastewater treatment systems [J]. Environmental Science & Technology, 2004, 38 (12): 3322~3329.

[31] 周雪飞, 张亚雷, 刘战广, 等. 城市污水中药物和个人护理用品的去除 [J]. 同济大学学报 (自然科学版), 2008 (11): 1542~1546.

[32] 徐冰洁. 不同碳源条件下功能菌共代谢降解典型PPCPs的效能与机理 [D]. 上海: 东华大学, 2014.

[33] Joss A, Keller E, Alder A C, et al. Removal of pharmaceuticals and fragrances in biological wastewater treatment [J]. Water Research, 2005, 39 (14): 3139~3152.

[34] Xia K, Bhandari A, Das K, et al. Occurrence and fate of pharmaceuticals and Personal Care Products (PPCPs) in biosolids [J]. Journal of Environmental Quality, 2005, 34: 91~104.

[35] Kinney C A, Furlong E T, Zaugg S D, et al. Survey of organic wastewater contaminants in biosolids destined for land application [J]. Environmental Science & Technology, 2006, 40 (23): 7207~7215.

[36] Rosal R, Rodríguez A, Perdigón-Melón J A, et al. Occurrence of emerging pollutants in urban wastewater and their removal through biological treatment followed by ozonation [J]. Water Research, 2010, 44 (2): 578~588.

[37] 籍国东, 孙铁珩, 李顺. 人工湿地及其在工业废水处理中的应用 [J]. 应用生态学报, 2002, 13 (2): 224~228.

[38] Gibs J, Stackelberg P E, Furlong E T, et al. Persistence of pharmaceuticals and other organic compounds in chlorinated drinking water as a function of time [J]. Science of The Total Environment, 2007, 373 (1): 240~249.

[39] Li W, Nanaboina V, Zhou Q, et al. Effects of fenton treatment on the properties of effluent organic matter and their relationships with the degradation of pharmaceuticals and personal care products [J]. Water Research, 2012, 46 (2): 403~412.

[40] 李花, 沈耀良. 废水高级氧化技术现状与研究进展 [J]. 水处理技术, 2011 (6): 6~9, 14.

[41] Olmez-Hanci T, Arslan-Alaton I. Comparison of sulfate and hydroxyl radical based advanced oxidation of phenol [J]. Chemical Engineering Journal, 2013, 224: 10~16.

[42] Xiao R Y, Zammit I, Wei Z S, et al. Kinetics and mechanism of the oxidation of cyclic methylsiloxanes by hydroxyl radical in the gas phase: An experimental and theoretical study [J]. Environmental Science & Technology, 2015, 49 (22): 13322~13330.

[43] Rosenfeldt E J, Linden K G. The ROH, UV concept to characterize and the model UV/H_2O_2 process in natural waters [J]. Environmental Science & Technology, 2007, 41 (7): 2548~2553.

[44] 王萍. 过硫酸盐高级氧化技术活化方法研究 [D]. 青岛: 中国海洋大学, 2010.

[45] Yang S Y, Wang P, Yang X, et al. A novel advanced oxidation process to degrade organic pollutants in wastewater: Microwave-activated persulfate oxidation [J]. Journal of

Environmental Sciences, 2009, 21 (9): 1175~1180.

[46] Hori H, Nagano Y, Murayama M, et al. Efficient decomposition of perfluoroether carboxylic acids in water with a combination of persulfate oxidant and ultrasonic irradiation [J]. Journal of Fluorine Chemistry, 2012, 141: 5~10.

[47] He X, De La Cruz A A, Dionysiou D D. Destruction of cyanobacterial toxin cylindrospermopsin by hydroxyl radicals and sulfate radicals using UV-254nm activation of hydrogen peroxide, persulfate and peroxymonosulfate [J]. Journal of Photochemistry and Photobiology A: Chemistry, 2013, 251: 160~166.

[48] Huang K C, Couttenye R A, Hoag G E. Kinetics of heat-assisted persulfate oxidation of methyl tert-butyl ether (MTBE) [J]. Chemosphere, 2002, 49 (4): 413~420.

[49] Liang C J, Bruell C J, Marley M C, et al. Persulfate oxidation for in situ remediation of TCE. II. Activated by chelated ferrous ion [J]. Chemosphere, 2004, 55 (9): 1225~1233.

[50] Avetta P, Pensato A, Minella M, et al. Activation of persulfate by irradiated magnetite: implications for the degradation of phenol under heterogeneous photo-fenton-like conditions [J]. Environmental Science & Technology, 2015, 49 (2): 1043~1050.

[51] Lau T K, Chu W, Graham N J D. The aqueous degradation of butylated hydroxyanisole by UV/$S_2O_8^{2-}$: Study of reaction mechanisms via dimerization and mineralization [J]. Environmental Science & Technology, 2007, 41 (2): 613~619.

[52] Yang S Y, Yang X, Shao X T, et al. Activated carbon catalyzed persulfate oxidation of Azo dye acid orange 7 at ambient temperature [J]. Journal of Hazardous Materials, 2011, 186 (1): 659~666.

[53] Chan K H, Chu W. Degradation of atrazine by cobalt-mediated activation of peroxymonosulfate: different cobalt counteranions in homogenous process and cobalt oxide catalysts in photolytic heterogeneous process [J]. Water Research, 2009, 43 (9): 2513~2521.

[54] Chen X Y, Wang W P, Xiao H, et al. Accelerated TiO_2 photocatalytic degradation of acid orange 7 under visible light mediated by peroxymonosulfate [J]. Chemical Engineering Journal, 2012, 193-194: 290~295.

[55] Gao Y, Gao N, Deng Y, et al. Ultraviolet (UV) light-activated persulfate oxidation of sulfamethazine in water [J]. Chemical Engineering Journal, 2012, 195-196: 248~253.

[56] Lutze H V, Bircher S, Rapp I, et al. Degradation of chlorotriazine pesticides by sulfate radicals and the influence of organic matter [J]. Environmental Science & Technology, 2015, 49 (3): 1673~1680.

[57] Kochany J, Lipczynska-Kochany E. Application of the EPR spin-trapping technique for the investigation of the reactions of carbonate, bicarbonate, and phosphate anions with hydroxyl radicals generated by the photolysis of H_2O_2 [J]. Chemosphere, 1992, 25 (12): 1769~1782.

[58] Fenton H J H. LXXIII.—Oxidation of tartaric acid in presence of iron [J]. Journal of the Chemical Society Transactions, 65: 899~910.

[59] Eisenhauer H R. Oxidation of phenolic wastes [J]. Journal, 1964, 36 (9): 1116~1128.

[60] Vogna D, Marotta R, Napolitano A, et al. Advanced oxidation of the pharmaceutical drug diclofenac with UV/H_2O_2 and ozone [J]. Water Research, 2004, 38 (2): 414~422.

[61] Waldemer R H, Tratnyek P G, Johnson R L, et al. Oxidation of chlorinated ethenes by heat-activated persulfate: Kinetics and products [J]. Environmental Science & Technology, 2007, 41 (3): 1010~1015.

[62] Johnson R L, Tratnyek P G, Johnson R O B. Persulfate persistence under thermal activation conditions [J]. Environmental Science & Technology, 2008, 42 (24): 9350~9356.

[63] Oh S Y, Kim H W, Park J M, et al. Oxidation of polyvinyl alcohol by persulfate activated with heat, Fe^{2+}, and zero-valent iron [J]. Journal of Hazardous Materials, 2009, 168 (1): 346~351.

[64] Hori H, Nagaoka Y, Murayama M, et al. Efficient decomposition of perfluorocarboxylic acids and alternative fluorochemical surfactants in hot water [J]. Environmental Science & Technology, 2008, 42 (19): 7438~7443.

[65] Zhang Y Q, Du X Z, Huang W L. Temperature effect on the kinetics of persulfate oxidation of p-chloroaniline [J]. Chinese Chemical Letters, 2011, 22 (3): 358~361.

[66] Hori H, Yamamoto A, Koike K, et al. Persulfate-induced photochemical decomposition of a fluorotelomer unsaturated carboxylic acid in water [J]. Water Research, 2007, 41 (13): 2962~2968.

[67] Huang K C, Zhao Z, Hoag G E, et al. Degradation of volatile organic compounds with thermally activated persulfate oxidation [J]. Chemosphere, 2005, 61 (4): 551~560.

[68] Xu X R, Li X Z. Degradation of azo dye orange G in aqueous solutions by persulfate with ferrous ion [J]. Separation and Purification Technology, 2010, 72 (1): 105~111.

[69] Anipsitakis G P, Dionysiou D D. Degradation of organic contaminants in water with sulfate radicals generated by the conjunction of peroxymonosulfate with cobalt [J]. Environmental Science & Technology, 2003, 37 (20): 4790~4797.

[70] Liang C J, Bruell C J, Marley M C, et al. Persulfate oxidation for in situ remediation of TCE. I. Activated by ferrous ion with and without a persulfate-thiosulfate redox couple [J]. Chemosphere, 2004, 55 (9): 1213~1223.

[71] 张金凤, 杨曦, 郑伟, 等. 水体系中Fe(Ⅱ)/$K_2S_2O_8$降解敌草隆的研究 [J]. 环境化学, 2008 (1): 15~18.

[72] Hori H, Yamamoto A, Kutsuna S. Efficient photochemical decomposition of long-chain perfluorocarboxylic acids by means of an aqueous/liquid CO_2 biphasic system [J]. Environmental Science & Technology, 2005, 39 (19): 7692~7697.

[73] Hori H, Yamamoto A, Hayakawa E, et al. Efficient decomposition of environmentally persistent perfluorocarboxylic acids by use of persulfate as a photochemical oxidant [J]. Environmental Science & Technology, 2005, 39 (7): 2383~2388.

[74] Neppolian B, Celik E, Choi H. Photochemical oxidation of arsenic (Ⅲ) to arsenic (Ⅴ) using peroxydisulfate Ions as an oxidizing agent [J]. Environmental Science & Technology,

2008, 42 (16): 6179~6184.

[75] Lin Y T, Liang C J, Chen J H. Feasibility study of ultraviolet activated persulfate oxidation of phenol [J]. Chemosphere, 2011, 82 (8): 1168~1172.

[76] Saien J, Ojaghloo Z, Soleymani A R, et al. Homogeneous and heterogeneous AOPs for rapid degradation of triton X-100 in aqueous media via UV light, nano titania hydrogen peroxide and potassium persulfate [J]. Chemical Engineering Journal, 2011, 167 (1): 172~182.

[77] Oh S Y, Kang S G, Chiu P C. Degradation of 2, 4-dinitrotoluene by persulfate activated with zero-valent iron [J]. Science of The Total Environment, 2010, 408 (16): 3464~3468.

[78] Liang C J, Guo Y Y. Mass transfer and chemical oxidation of naphthalene particles with zerovalent iron activated persulfate [J]. Environmental Science & Technology, 2010, 44 (21): 8203~8208.

[79] Zhao J Y, Zhang Y B, Quan X, et al. Enhanced oxidation of 4-chlorophenol using sulfate radicals generated from zero-valent iron and peroxydisulfate at ambient temperature [J]. Separation and Purification Technology, 2010, 71 (3): 302~307.

[80] Kimura M, Miyamoto I. Discovery of the activated-carbon radical AC^+ and the novel oxidation-reactions comprising the AC/AC^+ cycle as a catalyst in an aqueous solution [J]. Bulletin of The Chemical Society of Japan, 1994, 67 (9): 2357~2360.

[81] Huling S G, Ko S, Park S, et al. Persulfate oxidation of MTBE-and chloroform-spent granular activated carbon [J]. Journal of Hazardous Materials, 2011, 192 (3): 1484~1490.

[82] Menéndez J A, Inguanzo M, Pis J J. Microwave-induced pyrolysis of sewage sludge [J]. Water Research, 2002, 36 (13): 3261~3264.

[83] Remya N, Lin J G. Current status of microwave application in wastewater treatment—A review [J]. Chemical Engineering Journal, 2011, 166 (3): 797~813.

[84] Temur Ergan B A, Bayramoglu M. Kinetic approach for investigating the "microwave effect": Decomposition of aqueous potassium persulfate [J]. Industrial & Engineering Chemistry Research, 2011, 50 (11): 6629~6637.

[85] Zhang L, Guo X J, Yan F, et al. Study of the degradation behaviour of dimethoate under microwave irradiation [J]. Journal of Hazardous Materials, 2007, 149 (3): 675~679.

[86] Lee Y C, Lo S L, Chiueh P T, et al. Efficient decomposition of perfluorocarboxylic acids in aqueous solution using microwave-induced persulfate [J]. Water Research, 2009, 43 (11): 2811~2816.

[87] Costa C, Santos V, Araujo P, et al. Microwave-assisted rapid decomposition of persulfate [J]. European Polymer Journal, 2009, 45 (7): 2011~2016.

[88] Memarian H R, Farhadi A. Sono-thermal oxidation of dihydropyrimidinones [J]. Ultrasonics Sonochemistry, 2008, 15 (6): 1015~1018.

[89] Hou L, Zhang H, Xue X. Ultrasound enhanced heterogeneous activation of peroxydisulfate by magnetite catalyst for the degradation of tetracycline in water [J]. Separation and Purification Technology, 2012, 84: 147~152.

[90] Chu W, Wang Y, Leung H. Synergy of sulfate and hydroxyl radicals in UV/$S_2O_8^{2-}$/H_2O_2 oxidation of iodinated X-ray contrast medium iopromide [J]. Chemical Engineering Journal, 2011, 178: 154~160.

[91] Luo C W, Ma J, Jiang J, et al. Simulation and comparative study on the oxidation kinetics of atrazine by UV/H_2O_2, UV/HSO_5^- and UV/$S_2O_8^{2-}$ [J]. Water Research, 2015, 80: 99~108.

[92] Fang G D, Gao J, Dionysios D D, et al. Activation of persulfate by quinones: free radical reactions and implication for the degradation of PCBs [J]. Environmental Science & Technology, 2013, 47 (9): 4605~4611.

[93] Zhu B Z, Zhao H B, Frei B. Metal-independent production of hydroxyl radicals by halogenated quinones and hydrogen peroxide: an ESR spin trapping study [J]. Free Radical Biology and Medicine, 2002, 32 (5): 465~473.

[94] Zhou Y, Jiang J, Gao Y, et al. Activation of peroxymonosulfate by benzoquinone: a novel non-radical oxidation process [J]. Environmental Science & Technology, 2015, 49 (21): 12941.

[95] Li L, Abe Y, Nagasawa Y, et al. An HPLC assay of hydroxyl radicals by the hydroxylation reaction of terephthalic acid [J]. Biomedical Chromatography, 2004, 18 (7): 470~474.

[96] Anipsitakis G P, Dionysiou D D, Gonzalez M A. Cobalt-mediated activation of peroxymonosulfate and sulfate radical attack on phenolic compounds. Implications of chloride ions [J]. Environmental Science & Technology, 2006, 40 (3): 1000~1007.

[97] Norman R O C, Storey P M, West P R. Electron spin resonance studies. Part XXV. Reactions of the sulphate radical anion with organic compounds [J]. Journal of the Chemical Society B: Physical Organic, 1970: 1087~1095.

[98] Pennington D E H A. Stoichiometry and mechanism of the chromium-peroxydisulfate reaction [J]. Journal of The American Chemical Society, 1968, 90: 3700~3704.

[99] Hayon E, Treinin A, Wilf J. Electronic spectra, photochemistry, and autoxidation mechanism of the sulfite-bisulfite-pyrosulfite systems. SO_2^-, SO_3^-, SO_4^-, and SO_5^- radicals [J]. Journal of The American Chemical Society, 1972, 94 (1): 47~57.

[100] Peyton G R. The free-radical chemistry of persulfate-based total organic carbon analyzers [J]. Marine Chemistry, 1993, 41 (1-3): 91~103.

[101] Liang C J, Su H W. Identification of sulfate and hydroxyl radicals in thermally activated persulfate [J]. Industrial & Engineering Chemistry Research, 2009, 48 (11): 5558~5562.

[102] Lindsey M E, Tarr M A. Inhibition of hydroxyl radical reaction with aromatics by dissolved natural organic matter [J]. Environmental Science & Technology, 2000, 34 (3): 444~449.

[103] Lee C, Keenan C R, Sedlak D L. Polyoxometalate-enhanced oxidation of organic compounds by nanoparticulate zero-valent iron and ferrous ion in the presence of oxygen [J]. Environmental Science & Technology, 2008, 42 (13): 4921.

[104] Lindsey M E, Tarr M A. Quantitation of hydroxyl radical during Fenton oxidation following a single addition of iron and peroxide [J]. Chemosphere, 2000, 41 (3): 409~417.

[105] Ziajka J, Pasiuk-Bronikowska W. Rate constants for atmospheric trace organics scavenging $SO_4^{·-}$ in the Fe-catalysed autoxidation of S (Ⅳ) [J]. Atmospheric Environment, 2005, 39 (8): 1431~1438.

[106] O'neill P, Steenken S, Schulte-Frohlinde D. Formation of radical cations of methoxylated benzenes by reaction with OH radicals, Ti^{2+}, Ag^{2+}, and $SO_4^{·-}$ in aqueous solution. An optical and conductometric pulse radiolysis and in situ radiolysis electron spin resonance study [J]. Journal of Physical Chemistry, 1975, 79 (25): 2773~2779.

[107] Zepp R G, Hoigne J, Bader H. Nitrate-induced photooxidation of trace organic chemicals in water [J]. Environmental Science & Technology, 1987, 21 (5): 443~450.

[108] Anipsitakis G P, Dionysiou D D. Radical generation by the interaction of transition metals with common oxidants [J]. Environmental Science & Technology, 2004, 38 (13): 3705~3712.

[109] Neta P, Madhavan V, Zemel H, et al. Rate constants and mechanism of reaction of sulfate radical anion with aromatic compounds [J]. Journal of The American Chemical Society, 1977, 99 (1): 163~164.

[110] Buxton G V, Greenstock C L, Helman W P, et al. Critical review of rate constants for reactions of hydrated electrons, hydrogen atoms and hydroxyl radicals (·OH/·O⁻) in aqueous solution [J]. Journal of Physical and Chemical Reference Data, 1988, 17 (2): 513~886.

[111] Eibenberger H, Steenken S, O'neill P, et al. Pulse radiolysis and electron spin resonance studies concerning the reaction of $SO_4^{·-}$ with alcohols and ethers in aqueous solution [J]. Journal of Physical Chemistry, 1978, 82 (6): 749~750.

[112] Neta P, Huie R E, Ross A B. Rate constants for reactions of inorganic radicals in aqueous solution [J]. Journal of Physical and Chemical Reference Data, 1988, 17 (3): 1027~1284.

[113] Davies M J, Gilbert B C. Electron spin resonance studies. Part 68. Addition versus overall one-electron abstraction in the oxidation of alkenes and dienes by $SO_4^{·-}$, $Cl_2^{·-}$, and ·OH in acidic aqueous solution [J]. Journal of the Chemical Society Perkin Transactions, 1984, 16 (11): 1809~1815.

[114] Dixon W T, Norman R O C. Electron spin resonance studies of oxidation. Part Ⅳ. Some benzenoid compounds [J]. Journal of the Chemical Society, 1964, 12 (DEC): 4857~4860.

[115] Anna Korzeniowskasobczuk G L H, Ian Carmichael A, Krzysztof Bobrowski. Spectral, kinetics, and theoretical studies of radical cations derived from thioanisole and its carboxylic derivative [J]. Journal of Physical Chemistry A, 2003, 106 (40): 9251~9260.

[116] Rayment S W, Moruzzi J L. Electron detachment studies between O⁻ ions and nitrogen [J]. International Journal of Mass Spectrometry & Ion Physics, 1978, 26 (3): 321~326.

[117] An T, Yang H, Li G, et al. Kinetics and mechanism of advanced oxidation processes (AOPs) in degradation of ciprofloxacin in water [J]. Applied Catalysis B: Environmental,

2010, 94 (3): 288~294.

[118] Caregnato P, David Gara P M, Bosio G N, et al. Theoretical and experimental investigation on the oxidation of gallic acid by sulfate radical anions [J]. The Journal of Physical Chemistry A, 2008, 112 (6): 1188~1194.

[119] Xiao R Y, Noerpel M, Ling Luk H, et al. Thermodynamic and kinetic study of ibuprofen with hydroxyl radical: A density functional theory approach [J]. International Journal of Quantum Chemistry, 2014, 114 (1): 74~83.

[120] Iuga C, Campero A, Vivierbunge A. Antioxidant vs. prooxidant action of phenothiazine in a biological environment in the presence of hydroxyl and hydroperoxyl radicals: a quantum chemistry study [J]. RSC Advances, 2015, 5 (19): 14678~14689.

[121] Yang Z H, Su R K, Luo S, et al. Comparison of the reactivity of ibuprofen with sulfate and hydroxyl radicals: An experimental and theoretical study [J]. Science of The Total Environment, 2017, 590-591: 751~760.

[122] Martínez A, Galano A, Vargas R. Free radical scavenger properties of α-mangostin: thermodynamics and kinetics of HAT and RAF mechanisms [J]. Journal of Physical Chemistry B, 2011, 115 (43): 12591~12598.

[123] An T, Gao Y, Li G, et al. Kinetics and mechanism of ·OH mediated degradation of dimethyl phthalate in aqueous solution: Experimental and theoretical studies [J]. Environmental Science & Technology, 2014, 48 (1): 641.

[124] Padmaja S, Alfassi Z, Neta P, et al. Rate constants for reactions of $SO_4^{·-}$ radicals in acetonitrile [J]. International Journal of Chemical Kinetics, 1993, 25 (3): 193~198.

[125] Huie R E, Clifton C L. Temperature dependence of the rate constants for reactions of the sulfate radical, $SO_4^{·-}$, with anions [J]. Journal of Physical Chemistry, 1990, 94 (23): 8561~8567.

[126] George C, Rassy H E, Chovelon J M. Reactivity of selected volatile organic compounds (VOCs) toward the sulfate radical ($SO_4^{·-}$) [J]. International Journal of Chemical Kinetics, 2001, 33 (9): 539~547.

[127] Khursan S, Semes'ko D, Safiullin R. Quantum-chemical modeling of the detachment of hydrogen atoms by the sulfate radical anion [J]. Russian Journal of Physical Chemistry A, Focus on Chemistry, 2006, 80 (3): 366~371.

[128] Beitz T, Bechmann W, Mitzner R. Investigations of reactions of selected azaarenes with radicals in water. 1. Hydroxyl and sulfate radicals [J]. The Journal of Physical Chemistry A, 1998, 102 (34): 6760~6765.

[129] 储高升, 张淑娟, 姚思德, 等. $SO_4^{·-}$自由基与酪氨酸反应机理的表征 [J]. 核技术, 2004 (2): 143~147.

[130] Chu K D, Hopke P K. Neutralization kinetics for polonium-218 [J]. Environmental Science & Technology, 1988, 22 (6): 711~717.

[131] Pérez-González A, Galano A. OH radical scavenging activity of edaravone: mechanism and

kinetics [J]. Journal of Physical Chemistry B, 2011, 115 (5): 1306~1314.

[132] Leóncarmona J R, Galano A. Is caffeine a good scavenger of oxygenated free radicals? [J]. Journal of Physical Chemistry B, 2011, 115 (15): 4538.

[133] Gao Y P, An T C, Ji Y M, et al. Eco-toxicity and human estrogenic exposure risks from OH-initiated photochemical transformation of four phthalates in water: A computational study [J]. Environmental Pollution, 2015, 206: 510~517.

[134] Yang Z H, Luo S, Wei Z S, et al. Rate constants of hydroxyl radical oxidation of polychlorinated biphenyls in the gas phase: A single-descriptor based QSAR and DFT study [J]. Environmental Pollution, 2016, 211: 157~164.

[135] Zemel H, Fessenden R W. The mechanism of reaction of sulfate radical anion with some derivatives of benzoic acid [J]. Journal of Physical Chemistry, 1978, 82 (25): 2670~2676.

[136] Gao Y, Ji Y, Li G, et al. Mechanism, kinetics and toxicity assessment of OH-initiated transformation of triclosan in aquatic environments [J]. Water Research, 2014, 49 (Supplement C): 360~370.

[137] Agnihotri N, Mishra P C. Scavenging mechanism of curcumin toward the hydroxyl radical: a theoretical study of reactions producing ferulic acid and vanillin [J]. Journal of Physical Chemistry A, 2011, 115 (49): 14221.

[138] He X, Cruz A a D L, Dionysiou D D. Destruction of cyanobacterial toxin cylindrospermopsin by hydroxyl radicals and sulfate radicals using UV-254nm activation of hydrogen peroxide, persulfate and peroxymonosulfate [J]. Journal of Photochemistry & Photobiology A Chemistry, 2013, 251 (48): 160~166.

[139] 杨照荣, 崔长征, 李炳智, 等. 热激活过硫酸盐降解卡马西平和奥卡西平复合污染的研究 [J]. 环境科学学报, 2013 (1): 98~104.

[140] Tan C Q, Gao N Y, Zhou S Q, et al. Kinetic study of acetaminophen degradation by UV-based advanced oxidation processes [J]. Chemical Engineering Journal, 2014, 253 (7): 229~236.

[141] Liang C J, Wang Z S, Bruell C J. Influence of pH on persulfate oxidation of TCE at ambient temperatures [J]. Chemosphere, 2007, 66 (1): 106~113.

[142] Fang G D, Dionysiou D D, Wang Y, et al. Sulfate radical-based degradation of polychlorinated biphenyls: effects of chloride ion and reaction kinetics [J]. Journal of Hazardous Materials, 2012, 227-228: 394~401.

[143] Brown R. A method of calculating tunneling corrections for Eckart potential barriers [J]. Journal of Research of the National Bureau of Standards, 1981, 86: 357~359.

[144] Bu L, Zhou S, Shi Z, et al. Degradation of oxcarbazepine by UV-activated persulfate oxidation: kinetics, mechanisms, and pathways [J]. Environmental Science & Pollution Research, 2016, 23 (3): 2848~2855.

[145] 张文兵, 肖贤明, 傅家谟, 等. 溶液中阴离子对 UV/H_2O_2 降解 4-硝基酚的影响 [J]. 中国环境科学, 2002, 22 (4): 301~304.

[146] Silvio C, Tamar K, Marek M, et al. Photosensitizer method to determine rate constants for the reaction of carbonate radical with organic compounds [J]. Environmental Science & Technology, 2005, 39 (23): 9182.

[147] Keen O S, Mckay G, Mezyk S P, et al. Identifying the factors that influence the reactivity of effluent organic matter with hydroxyl radicals [J]. Water Research, 2014, 50: 408~419.

[148] Lee Y H, Gerrity D, Lee M, et al. Prediction of micropollutant elimination during ozonation of municipal wastewater effluents: use of kinetic and water specific information [J]. Environmental Science & Technology, 2013, 47 (11): 5872~5881.

[149] Grebel J E, Pignatello J J, Mitch W A. Effect of halide ions and carbonates on organic contaminant degradation by hydroxyl radical-based advanced oxidation processes in saline waters [J]. Environmental Science & Technology, 2010, 44 (17): 6822~6828.

[150] Beitz T, Bechmann W, Mitzner R. Investigations of reactions of selected azaarenes with radicals in water. 2. chlorine and bromine radicals [J]. The Journal of Physical Chemistry A, 1998, 102 (34): 6766~6771.

[151] Watts M J, Rosenfeldt E J, Linden K G. Comparative OH radical oxidation using UV-Cl_2 and UV-H_2O_2 processes [J]. Journal of water supply: Research and technology-AQUA, 2007, 56 (8): 469.

[152] Alegre M L, Geronés M, Rosso J A, et al. Kinetic study of the reactions of chlorine atoms and $Cl_2^{\cdot-}$ radical anions in aqueous solutions. 1. reaction with benzene [J]. Journal of Physical Chemistry A, 2000, 104 (14): 3117~3125.

[153] 冯振涛. UV 光照和 UV/H_2O_2 联用法降解三氯卡班的研究 [D]. 新乡: 河南师范大学, 2015.

[154] Lipczynskakochany E, Sprah G, Harms S. Influence of some groundwater and surface waters constituents on the degradation of 4-chlorophenol by the fenton reaction [J]. Chemosphere, 1995, 30 (1): 9~20.

[155] Xie X F, Zhang Y Q, Huang W L, et al. Degradation kinetics and mechanism of aniline by heat-assisted persulfate oxidation [J]. Journal of Environmental Sciences, 2012, 24 (5): 821~826.

[156] Deng J, Shao Y S, Gao N Y, et al. Thermally activated persulfate (TAP) oxidation of antiepileptic drug carbamazepine in water [J]. Chemical Engineering Journal, 2013, 228 (28): 765~771.

[157] Chefetz B, Hadar Y, Chen Y. Dissolved organic carbon fractions formed during composting of municipal solid waste: properties and significance [J]. Acta Hydrochimica Et Hydrobiologica, 1998, 26 (3): 172~179.

[158] Chin W C, Orellana M V, Verdugo P. Spontaneous assembly of marine dissolved organic matter into polymer gels [J]. Nature, 1998, 391 (6667): 568~572.

[159] Grasso D, Chin Y P, Weber W J. Structural and behavioral characteristics of a commercial humic acid and natural dissolved aquatic organic matter [J]. Chemosphere, 1990, 21 (10-

11): 1181~1197.

[160] Vaughan P P, Blough N V. Photochemical formation of hydroxyl radical by constituents of natural waters [J]. Environmental Science & Technology, 1998, 32 (19): 2947~2953.

[161] Latch D E, Mcneill K. Microheterogeneity of singlet oxygen distributions in irradiated humic acid solutions [J]. Science, 2006, 311 (5768): 1743~1747.

[162] Page S E, Arnold W A, Mcneill K. Assessing the contribution of free hydroxyl radical in organic matter-sensitized photohydroxylation reactions [J]. Environmental Science & Technology, 2011, 45 (7): 2818~2825.

[163] Richard C, Canonica S. Aquatic phototransformation of organic contaminants induced by coloured dissolved natural organic matter [M]. Environmental Photochemistry Part II. Springer. 2005: 299~323.

[164] Fang G, Gao J, Dionysiou D D, et al. Activation of persulfate by quinones: Free radical reactions and implication for the degradation of PCBs [J]. Environmental Science & Technology, 2013, 47 (9): 4605~4611.

[165] Chu W, Chan K H, Kwan C Y, et al. Acceleration and quenching of the photolysis of PCB in the presence of surfactant and humic materials [J]. Environmental Science & Technology, 2005, 39 (23): 9211~9216.

[166] Luo C W, Jiang J, Ma J, et al. Oxidation of the odorous compound 2,4,6-trichloroanisole by UV activated persulfate: Kinetics, products, and pathways [J]. Water Research, 2016, 96: 12~21.

[167] Her N, Amy G, Mcknight D, et al. Characterization of DOM as a function of MW by fluorescence EEM and HPLC-SEC using UVA, DOC, and fluorescence detection [J]. Water Research, 2003, 37 (17): 4295~4303.

[168] Shon H K, Vigneswaran S, Kim I S, et al. The effect of pretreatment to ultrafiltration of biologically treated sewage effluent: a detailed effluent organic matter (EfOM) characterization [J]. Water Research, 2004, 38 (7): 1933~1939.

[169] Pelekani C, Newcombe G, Snoeyink V L, et al. Characterization of natural organic matter using high performance size exclusion chromatography [J]. Environmental Science & Technology, 1999, 33 (16): 2807~2813.

[170] Sarathy S R, Mohseni M. The impact of UV/H_2O_2 advanced oxidation on molecular size distribution of chromophoric natural organic matter [J]. Environmental Science & Technology, 2007, 41 (24): 8315~8320.

[171] Chin Y P, Aiken G, O'loughlin E. Molecular weight, polydispersity, and spectroscopic properties of aquatic humic substances [J]. Environmental Science & Technology, 1994, 28 (11): 1853~1858.

[172] Dong M M, Mezyk S P, Rosario-Ortiz F L. Reactivity of effluent organic matter (EfOM) with hydroxyl radical as a function of molecular weight [J]. Environmental Science & Technology, 2010, 44 (15): 5714~5720.

[173] Revchuk A D, Suffet I H. Ultrafiltration separation of aquatic natural organic matter: Chemical probes for quality assurance [J]. Water Research, 2009, 43 (15): 3685~3692.

[174] Assemi S, Newcombe G, Hepplewhite C, et al. Characterization of natural organic matter fractions separated by ultrafiltration using flow field-flow fractionation [J]. Water Research, 2004, 38 (6): 1467~1476.

[175] Lee E, Glover C M, Rosario-Ortiz F L. Photochemical formation of hydroxyl radical from effluent organic matter: role of composition [J]. Environmental Science & Technology, 2013, 47 (21): 12073~12080.

[176] Parker C A. A new sensitive chemical actinometer. I. Some trials with potassium ferrioxalate [J]. Proceedings of the Royal Society A, 1953, 220 (1140): 104~116.

[177] Hatchard C G, Parker C A. A new sensitive chemical actinometer. II. potassium ferrioxalate as a standard chemical actinometer [J]. Proceedings of the Royal Society A, 1956, 235 (1203): 518~536.

[178] Beltran F J, Ovejero G, Garcia-Araya J F, et al. Oxidation of polynuclear aromatic hydrocarbons in water. 2. UV radiation and ozonation in the presence of UV radiation [J]. Industrial & Engineering Chemistry Research, 1995, 34 (5): 1607~1615.

[179] Xiao Y J, Zhang L F, Yue J Q, et al. Kinetic modeling and energy efficiency of UV/H_2O_2 treatment of iodinated trihalomethanes [J]. Water Research, 2015, 75: 259~269.

[180] Zhang R C, Sun P Z, Boyer T H, et al. Degradation of pharmaceuticals and metabolite in synthetic human urine by UV, UV/H_2O_2, and UV/PDS [J]. Environmental Science & Technology, 2015, 49 (5): 3056~3066.

[181] Leifer A. The kinetics of environmental aquatic photochemistry: Theory and practice [M]. American Chemical Society, 1988.

[182] Stedmon C A, Bro R. Characterizing dissolved organic matter fluorescence with parallel factor analysis: a tutorial [J]. Limnology and Oceanography-Methods, 2008, 6: 572~579.

[183] Murphy K R, Stedmon C A, Graeber D, et al. Fluorescence spectroscopy and multi-way techniques. PARAFAC [J]. Analytical Methods, 2013, 5 (23): 6557~6566.

[184] Rosario-Ortiz F L, Korak J A. Oversimplification of dissolved organic matter fluorescence analysis: potential pitfalls of current methods [M]. ACS Publications, 2016.

[185] Ishii S K, Boyer T H. Behavior of reoccurring PARAFAC components in fluorescent dissolved organic matter in natural and engineered systems: a critical review [J]. Environmental Science & Technology, 2012, 46 (4): 2006~2017.

[186] Nie Z Y, Wu X D, Huang H M, et al. Tracking fluorescent dissolved organic matter in multistage rivers using EEM-PARAFAC analysis: implications of the secondary tributary remediation for watershed management [J]. Environmental Science & Pollution Research, 2016, 23 (9): 8756~8769.

[187] Borisover M, Laor Y, Parparov A, et al. Spatial and seasonal patterns of fluorescent organic matter in Lake Kinneret (Sea of Galilee) and its catchment basin [J]. Water Research,

2009, 43 (12): 3104~3116.

[188] Quaranta M L, Mendes M D, Mackay A A. Similarities in effluent organic matter characteristics from Connecticut wastewater treatment plants [J]. Water Research, 2012, 46 (2): 284~294.

[189] Standley L J, Kaplan L A. Isolation and analysis of lignin-derived phenols in aquatic humic substances: improvements on the procedures [J]. Organic Geochemistry, 1998, 28 (11): 689~697.

[190] Weishaar J L, Aiken G R, Bergamaschi B A, et al. Evaluation of specific ultraviolet absorbance as an indicator of the chemical composition and reactivity of dissolved organic carbon [J]. Environmental Science & Technology, 2003, 37 (20): 4702~4708.

[191] 徐光宪, 黎乐民, 王德民. 量子化学——基本原理和从头计算法 [M]. 北京: 科学出版社, 1980.

[192] Dirac P a M. The principles of quantum mechanics [J]. Physics Today, 1958, 11 (6): 32~33.

[193] 唐敖庆, 李前树, 杨忠志. 量子化学 [M]. 北京: 北京科学出版社, 1982.

[194] Becke A D. Density-functional exchange-energy approximation with correct asymptotic behavior [J]. Physical Review A, 1988, 38 (38): 3098~3100.

[195] Perdew J P, Wang Y. Accurate and simple analytic representation of the electron-gas correlation energy [J]. Physical Review B-Condensed Matter, 1992, 45 (23): 13244.

[196] Perdew J P. Density-functional approximation for the correlation energy of the inhomogeneous electron gas [J]. Phys Rev B Condens Matter, 1986, 32 (12): 8822~8824.

[197] Vosko S H, Wilk L, Nusair M. Accurate spin-dependent electron liquid correlation energies for local spin density calculations: a critical analysis [J]. Canadian Journal of Physics, 1980, 58 (8): 1200~1211.

[198] Lee C, Yang W, Parr R G. Development of the Colle-Salvetti correlation-energy formula into a functional of the electron density [J]. Physical Review B-Condensed Matter, 1988, 37 (2): 785~789.

[199] Zhao Y, Truhlar D G. Density functionals with broad applicability in chemistry [J]. Accounts of Chemical Research, 2008, 41 (2): 157~167.

[200] Galano A, Alvarez-Idaboy J R. Kinetics of radical-molecule reactions in aqueous solution: A benchmark study of the performance of density functional methods [J]. Journal of Computational Chemistry, 2015, 35 (28): 2019~2026.

[201] Zhao Y, Truhlar D G. The M06 suite of density functionals for main group thermochemistry, thermochemical kinetics, noncovalent interactions, excited states, and transition elements: two new functionals and systematic testing of four M06-class functionals and 12 other functionals [J]. Theoretical Chemistry Accounts, 2008, 120 (1): 215~241.

[202] Evans M G, Polanyi M. Some applications of the transition state method to the calculation of reaction velocities, especially in solution [J]. Transactions of the Faraday Society, 1935, 31

(6): 1965~1967.

[203] Eyring H. The activated complex in chemical reactions [J]. Journal of Chemical Physics, 1935, 3 (2): 107~115.

[204] Coffey W T, Kalmykov Y P, Titov S V, et al. Wigner function approach to the quantum Brownian motion of a particle in a potential [J]. Physical Chemistry Chemical Physics, 2007, 9 (26): 3361.

[205] Collins F C, Kimball G E. Diffusion-controlled reaction rates [J]. Journal of Colloid Science, 1949, 4 (4): 425~437.

[206] Truhlar D G. Nearly encounter-controlled reactions: The equivalence of the steady-state and diffusional viewpoints [J]. Journal of Chemical Education, 1985, 62 (2): 104~106.

[207] Minakata D, Song W, Crittenden J. Reactivity of aqueous phase hydroxyl radical with halogenated carboxylate anions: experimental and theoretical studies [J]. Environmental Science & Technology, 2011, 45 (14): 6057~6065.

[208] Pérez-González A, Galano A. On the hydroperoxyl radical scavenging activity of two Edaravone derivatives: mechanism and kinetics [J]. Journal of Physical Organic Chemistry, 2013, 26 (3): 261~268.

[209] Marenich A V, Cramer C J, Truhlar D G. Universal solvation model based on solute electron density and on a continuum model of the solvent defined by the bulk dielectric constant and atomic surface tensions [J]. Journal of Physical Chemistry B, 2009, 113 (18): 6378~6396.

[210] Marcus R A. Chemical and electrochemical electron-transfer theory [J]. Annurevphyschem, 2003, 15 (15): 155~196.

[211] Ardura D, Ramón López A, Sordo T L. Relative gibbs energies in solution through continuum models: Effect of the Loss of translational degrees of freedom in bimolecular reactions on gibbs energy barriers [J]. Journal of Physical Chemistry B, 2005, 109 (49): 23618~23623.

[212] Marcus R A. Electron transfer reactions in chemistry: Theory and experiment (Nobel Lecture) [J]. Angewandte Chemie International Edition, 2010, 32 (8): 1111~1121.

[213] Marcus R A. Electron transfer reactions in chemistry. Theory and experiment [J]. Reviews of Modern Physics, 1993, 65 (3): 599~610.

[214] Marcus R A. Transfer reactions in chemistry. Theory and experiment [M]. Pure and Applied Chemistry, 1997: 13.

[215] Galano A, Mazzone G, Alvarezdiduk R, et al. Food antioxidants: chemical insights at the molecular level [J]. Annual Review of Food Science and Technology, 2016, 7 (1): 335~352.

[216] Hasselbalch K A. Die berechnung der wasserstoffzahl des blutes aus der freien und gebundenen kohlensäure desselben, und die sauerstoffbindung des blutes als funktion der wasserstoffzahl [J]. Biochemische Zeitschrift, 1916, 78: 112~144.

[217] Chianese S, Iovino P, Canzano S, et al. Ibuprofen degradation in aqueous solution by using

UV light [J]. Desalination and Water Treatment, 2016, 57 (48-49): 22878~22886.

[218] Pereira V J, Weinberg H S, Linden K G, et al. UV degradation kinetics and modeling of pharmaceutical compounds in laboratory grade and surface water via direct and indirect photolysis at 254nm [J]. Environmental Science & Technology, 2007, 41 (5): 1682~1688.

[219] Kwon M, Kim S, Yoon Y, et al. Comparative evaluation of ibuprofen removal by UV/H_2O_2 and $UV/S_2O_8^{2-}$ processes for wastewater treatment [J]. Chemical Engineering Journal, 2015, 269: 379~390.

[220] Yang Y, Pignatello J J, Ma J, et al. Effect of matrix components on UV/H_2O_2 and $UV/S_2O_8^{2-}$ advanced oxidation processes for trace organic degradation in reverse osmosis brines from municipal wastewater reuse facilities [J]. Water Research, 2016, 89: 192~200.

[221] Vogna D, Marotta R, Andreozzi R, et al. Kinetic and chemical assessment of the UV/H_2O_2 treatment of antiepileptic drug carbamazepine [J]. Chemosphere, 2004, 54 (4): 497~505.

[222] Yuan F, Hu C, Hu X X, et al. Degradation of selected pharmaceuticals in aqueous solution with UV and UV/H_2O_2 [J]. Water Research, 2009, 43 (6): 1766~1774.

[223] Shemer H, Kunukcu Y K, Linden K G. Degradation of the pharmaceutical Metronidazole via UV, Fenton and photo-Fenton processes [J]. Chemosphere, 2006, 63 (2): 269~276.

[224] Baeza C, Knappe D R. Transformation kinetics of biochemically active compounds in low-pressure UV photolysis and UV/H_2O_2 advanced oxidation processes [J]. Water Research, 2011, 45 (15): 4531~4543.

[225] Keen O S, Love N G, Linden K G. The role of effluent nitrate in trace organic chemical oxidation during UV disinfection [J]. Water Research, 2012, 46 (16): 5224~5234.

[226] Li C, Yang X H, Li X H, et al. Development of a model for predicting hydroxyl radical reaction rate constants of organic chemicals at different temperatures [J]. Chemosphere, 2014, 95 (1): 613~618.

[227] Lian L S, Yao B, Hou S D, et al. Kinetic study of hydroxyl and sulfate radical-mediated oxidation of pharmaceuticals in wastewater effluents [J]. Environmental Science & Technology, 2017, 51 (5): 2954.

[228] Karas M, Bachmann D, Hillenkamp F. Influence of the wavelength in high-irradiance ultraviolet laser desorption mass spectrometry of organic molecules [J]. Analytical Chemistry, 1985, 57 (14): 347~348.

[229] Herzberg G. Molecular spectra and molecular structure. I. spectra of diatomic molecules [J]. New York Van Nostrand Reinhold Ed, 1951, 1 (6): 273~283.

[230] Friedel R A, Orchin M. Ultraviolet spectra of aromatic compounds [J]. Applied Spectroscopy, 1952, 6 (2): 38.

[231] Ashfold M N R, King G A, Murdock D, et al. $\pi\sigma^*$ excited states in molecular photochemistry [J]. Physical Chemistry Chemical Physics, 2010, 12 (6): 1218~1238.

[232] And A K, Sevilla M D. The role of $\pi\sigma^*$ excited states in electron-induced DNA strand break formation: a time-dependent density functional theory study [J]. Journal of The American

Chemical Society, 2008, 130 (7): 2130~2131.

[233] Fu H L, Yao K, Wen Y L, et al. Photodegradation of Ibuprofen Under UV-Vis Irradiation: mechanism and toxicity of photolysis products [J]. Bulletin of Environmental Contamination & Toxicology, 2015, 94 (4): 479~483.

[234] Zhou W, Moore D E. Photochemical decomposition of sulfamethoxazole [J]. International Journal of Pharmaceutics, 1994, 110 (1): 55~63.

[235] Szabó R, Megyeri C, Illés E, et al. Phototransformation of ibuprofen and ketoprofen in aqueous solutions [J]. Chemosphere, 2011, 84 (11): 1658~1663.

[236] Packer J L, Werner J J, Latch D E, et al. Photochemical fate of pharmaceuticals in the environment: Naproxen, diclofenac, clofibric acid, and ibuprofen [J]. Aquatic Sciences, 2003, 65 (4): 342~351.

[237] Brealey G J, Kasha M. The rôle of hydrogen bonding in the n→π* blue-shift phenomenon1 [J]. Journal of The American Chemical Society, 1955, 77 (17): 4462~4468.

[238] Guo H G, Gao N Y, Chu W H, et al. Photochemical degradation of ciprofloxacin in UV and UV/H_2O_2 process: kinetics, parameters, and products [J]. Environmental Science and Pollution Research, 2013, 20 (5): 3202~3213.

[239] Barreto J C, Smith G S, Strobel N H P, et al. Terephthalic acid: A dosimeter for the detection of hydroxyl radicals in vitro [J]. Life Sciences, 1994, 56 (4): PL89~PL96.

[240] Qu X H, Kirschenbaum L J, Borish E T. Hydroxyterephthalate as a fluorescent probe for hydroxyl radicals: application to hair melanin [J]. Photochemistry & Photobiology, 2010, 71 (3): 307~313.

[241] Katsoyiannis I A, Canonica S, Von Gunten U. Efficiency and energy requirements for the transformation of organic micropollutants by ozone, O_3/H_2O_2 and UV/H_2O_2 [J]. Water Research, 2011, 45 (13): 3811~3822.

[242] Shu Z Q, Bolton J R, Belosevic M, et al. Photodegradation of emerging micropollutants using the medium-pressure UV/H_2O_2 advanced oxidation process [J]. Water Research, 2013, 47 (8): 2881~2889.

[243] Paul J, Naik D B, Bhardwaj Y K, et al. Studies on oxidative radiolysis of ibuprofen in presence of potassium persulfate [J]. Radiation Physics and Chemistry, 2014, 100: 38~44.

[244] Huber M M, Canonica S, Park G Y, et al. Oxidation of pharmaceuticals during ozonation and advanced oxidation processes [J]. Environmental Science & Technology, 2003, 37 (5): 1016~1024.

[245] Wols B A, Hofman-Caris C H. Review of photochemical reaction constants of organic micropollutants required for UV advanced oxidation processes in water [J]. Water Research, 2012, 46 (9): 2815~2827.

[246] Jones C K, Peters S C, Shannon H E. Synergistic interactions between the dual serotonergic, noradrenergic reuptake inhibitor duloxetine and the non-steroidal anti-inflammatory drug ibuprofen in inflammatory pain in rodents [J]. European Journal of Pain, 2007, 11 (2): 208~215.

[247] Crittenden J C, Hu S, Hand D W, et al. A kinetic model for H_2O_2/UV process in a completely mixed batch reactor [J]. Water Research, 1999, 33 (10): 2315~2328.

[248] Criquet J, Leitner N K V. Degradation of acetic acid with sulfate radical generated by persulfate ions photolysis [J]. Chemosphere, 2009, 77 (2): 194~200.

[249] Huie R E, Clifton C L, Kafafi S A. Rate constants for hydrogen abstraction reactions of the sulfate radical, SO_4^-: experimental and theoretical results for cyclic ethers [J]. The Journal of Physical Chemistry, 1991, 95 (23): 9336~9340.

[250] Yang Y, Pignatello J J, Ma J, et al. Comparison of halide impacts on the efficiency of contaminant degradation by sulfate and hydroxyl radical-based advanced oxidation processes (AOPs) [J]. Environ Sci Technol, 2014, 48 (4): 2344~2351.

[251] Deng J, Shao Y, Gao N, et al. Degradation of the antiepileptic drug carbamazepine upon different UV-based advanced oxidation processes in water [J]. Chemical Engineering Journal, 2013, 222 (Supplement C): 150~158.

[252] Furman O S, Teel A L, Watts R J. Mechanism of base activation of persulfate [J]. Environmental Science & Technology, 2010, 44 (16): 6423~6428.

[253] Liu C S, Shih K, Sun C X, et al. Oxidative degradation of propachlor by ferrous and copper ion activated persulfate [J]. Science of The Total Environment, 2012, 416: 507~512.

[254] Nfodzo P, Choi H. Triclosan decomposition by sulfate radicals: Effects of oxidant and metal doses [J]. Chemical Engineering Journal, 2011, 174 (2): 629~634.

[255] Liang H Y, Zhang Y Q, Huang S B, et al. Oxidative degradation of p-chloroaniline by copper oxidate activated persulfate [J]. Chemical Engineering Journal, 2013, 218: 384~391.

[256] Shah N S, He X, Khan H M, et al. Efficient removal of endosulfan from aqueous solution by UV-C/peroxides: A comparative study [J]. Journal of Hazardous Materials, 2013, 263 (2): 584~592.

[257] Liang C J, Wang Z S, Mohanty N. Influences of carbonate and chloride ions on persulfate oxidation of trichloroethylene at 20℃ [J]. Science of The Total Environment, 2006, 370 (2-3): 271~277.

[258] Ghauch A, Baalbaki A, Amasha M, et al. Contribution of persulfate in UV-254nm activated systems for complete degradation of chloramphenicol antibiotic in water [J]. Chemical Engineering Journal, 2017, 317: 1012~1025.

[259] Halgren T A, Nachbar R B. Merck molecular force field. Ⅳ. Conformational energies and geometries for MMFF94 [J]. Journal of Computational Chemistry, 1996, 17 (5-6): 587~615.

[260] Shao Y H, Molnar L F, Jung Y S, et al. Advances in methods and algorithms in a modern quantum chemistry program package [J]. Physical Chemistry Chemical Physics, 2006, 8 (27): 3172~3191.

[261] Frisch M J, Trucks G W, Schlegel H B. et al. Gaussian 09 [M]. Wallingford, CT. 2009.

[262] Tomasi J, Mennucci B, Cammi R. Quantum mechanical continuum solvation models [J]. Chemical Reviews, 2005, 105 (8): 2999~3094.

[263] Galano A, Alvarez-Idaboy J R. Kinetics of radical-molecule reactions in aqueous solution: A benchmark study of the performance of density functional methods [J]. Journal of Computational Chemistry, 2014, 35 (28): 2019~2026.

[264] Sharia O, Henkelman G. Analytic dynamical corrections to transition state theory [J]. New Journal of Physics, 2016, 18 (1): 013023.

[265] Sethi A, Singh R P, Prakash R, et al. Facile synthesis of corticosteroids prodrugs from isolated hydrocortisone acetate and their quantum chemical calculations [J]. Journal of Molecular Structure, 2016: 1130.

[266] Fukui K. The path of chemical reactions—The IRC approach [J]. Accounts of Chemical Research, 1981, 14 (12): 471~476.

[267] Li Y, Evans J N S. The Fukui Function: A Key Concept linking frontier molecular orbital theory and the hard-soft-acid-base principle [J]. Journal of The American Chemical Society, 1995, 117 (29): 7756~7759.

[268] Fukui K. Role of frontier orbitals in chemical reactions [J]. Angewandte Chemie International Edition, 1982, 218 (4574): 747~754.

[269] Fukui K, Yonezawa T, Nagata C, et al. Molecular orbital theory of orientation in aromatic, heteroaromatic, and other conjugated molecules [J]. Journal of Chemical Physics, 1954, 22 (8): 1433~1442.

[270] Zhu X L, Yuan C W, Bao Y C, et al. Photocatalytic degradation of pesticide pyridaben on TiO_2 particles [J]. Journal of Molecular Catalysis A Chemical, 2005, 229 (1): 95~105.

[271] Chu W H, Gao N Y, Deng Y, et al. Formation of chloroform duringchlorination of alanine in drinking water [J]. Chemosphere, 2009, 77 (10): 1346~1351.

[272] 张霞, 张旭, 吴峰, 等. 水溶液中17α-乙炔基雌二醇的臭氧氧化产物与反应历程 [J]. 环境化学, 2006, 25 (1): 86~89.

[273] Yoshihisa Ohko, Kenichiro Iuchi, Chisa Niwa, et al. 17β-estradiol degradation by TiO_2 photocatalysis as a means of reducing estrogenic activity [J]. Environmental Science & Technology, 2002, 36 (19): 4175.

[274] Madhavan J, Grieser F, Ashokkumar M. Combined advanced oxidation processes for the synergistic degradation of ibuprofen in aqueous environments [J]. Journal of Hazardous Materials, 2010, 178 (1): 202~208.

[275] Skoumal M, Rodríguez R M, Cabot P L, et al. Electro-Fenton, UVA photoelectro-fenton and solar photoelectro-fenton degradation of the drug ibuprofen in acid aqueous medium using platinum and boron-doped diamond anodes [J]. Electrochimica Acta, 2009, 54 (7): 2077~2085.

[276] Jacobs L E, Fimmen R L, Chin Y P, et al. Fulvic acid mediated photolysis of ibuprofen in water [J]. Water Research, 2011, 45 (15): 4449~4458.

[277] Ruggeri G, Ghigo G, Maurino V, et al. Photochemical transformation of ibuprofen into harmful 4-isobutylacetophenone: Pathways, kinetics, and significance for surface waters [J]. Water Research, 2013, 47 (16): 6109~6121.

[278] Méndez-Arriaga F, Esplugas S, Giménez J. Degradation of the emerging contaminant ibuprofen in water by photo-Fenton [J]. Water Research, 2010, 44 (2): 589~595.

[279] Méndez-Arriaga F, Esplugas S, Giménez J. Photocatalytic degradation of non-steroidal anti-inflammatory drugs with TiO_2 and simulated solar irradiation [J]. Water Research, 2008, 42 (3): 585~594.

[280] Caviglioli G, Valeria P, Brunella P, et al. Identification of degradation products of ibuprofen arising from oxidative and thermal treatments [J]. Journal of Pharmaceutical & Biomedical Analysis, 2002, 30 (3): 499~509.

[281] Loaiza-Ambuludi S, Panizza M, Oturan N, et al. Electro-Fenton degradation of anti-inflammatory drug ibuprofen in hydroorganic medium [J]. Journal of Electroanalytical Chemistry, 2013, 702 (2): 31~36.

[282] Calisto V, Domingues M R M, Erny G L, et al. Direct photodegradation of carbamazepine followed by micellar electrokinetic chromatography and mass spectrometry [J]. Water Research, 2011, 45 (3): 1095~1104.

[283] Zhang Y J, Geißen S U, Gal C. Carbamazepine and diclofenac: Removal in wastewater treatment plants and occurrence in water bodies [J]. Chemosphere, 2008, 73 (8): 1151~1161.

[284] Amalraj Appavoo I, Hu J, Huang Y, et al. Response surface modeling of Carbamazepine (CBZ) removal by Graphene-P25 nanocomposites/UVA process using central composite design [J]. Water Research, 2014, 57: 270~279.

[285] Haag W R, Yao C D. Rate constants for reaction of hydroxyl radicals with several drinking water contaminants [J]. Environmental Science & Technology, 1992, 26 (5): 1005~1013.

[286] Van Scherpenzeel M, Van Den Berg R J, Donker-Koopman W E, et al. Nanomolar affinity, iminosugar-based chemical probes for specific labeling of lysosomal glucocerebrosidase [J]. Bioorganic & Medicinal Chemistry, 2010, 18 (1): 267~273.

[287] Matta R, Tlili S, Chiron S, et al. Removal of carbamazepine from urban wastewater by sulfate radical oxidation [J]. Environmental Chemistry Letters, 2011, 9 (3): 347~353.

[288] Luo S, Wei Z S, Dionysiou D D, et al. Mechanistic insight into reactivity of sulfate radical with aromatic contaminants through single-electron transfer pathway [J]. Chemical Engineering Journal, 2017, 327 (Supplement C): 1056~1065.

[289] Lau T K, Chu W, Graham N. Reaction pathways and kinetics of butylated hydroxyanisole with UV, ozonation, and UV/O processes [J]. Water Research, 2007, 41 (4): 765~774.

[290] Vanderford B J, Snyder S A. Analysis of pharmaceuticals in water by isotope dilution liquid chromatography/tandem mass spectrometry [J]. Environmental Science & Technology, 2006, 40 (23): 7312~7320.

[291] Dodd M C, Buffle M O, Von Gunten U. Oxidation of antibacterial molecules by aqueous o-

zone: moiety-specific reaction kinetics and application to ozone-based wastewater treatment [J]. Environmental Science & Technology, 2006, 40 (6): 1969~1977.

[292] Mahdi Ahmed M, Barbati S, Doumenq P, et al. Sulfate radical anion oxidation of diclofenac and sulfamethoxazole for water decontamination [J]. Chemical Engineering Journal, 2012, 197: 440~447.

[293] Xie P C, Ma J, Liu W, et al. Removal of 2-MIB and geosmin using UV/persulfate: Contributions of hydroxyl and sulfate radicals [J]. Water Research, 2015, 69: 223~233.

[294] Santos J, Aparicio I, Alonso E. Occurrence and risk assessment of pharmaceutically active compounds in wastewater treatment plants. A case study: Seville city (Spain) [J]. Environment International, 2007, 33 (4): 596~601.

[295] Bonvin F, Omlin J, Rutler R, et al. Direct photolysis of human metabolites of the antibiotic sulfamethoxazole: Evidence for abiotic back-transformation [J]. Environmental Science & Technology, 2012, 47 (13): 6746~6755.

[296] Brausch J M, Rand G M. A review of personal care products in the aquatic environment: environmental concentrations and toxicity [J]. Chemosphere, 2011, 82 (11): 1518~1532.

[297] Ellis J B. Pharmaceutical and personal care products (PPCPs) in urban receiving waters [J]. Environmental Pollution, 2006, 144 (1): 184~189.

[298] Noguera-Oviedo K, Aga D S. Lessons learned from more than two decades of research on emerging contaminants in the environment [J]. Journal of Hazardous Materials, 2016, 316: 242~251.

[299] Xiao R, Wei Z, Chen D, et al. Kinetics and mechanism of sonochemical degradation of pharmaceuticals in municipal wastewater [J]. Environmental Science & Technology, 2014, 48 (16): 9675~9683.

[300] Mezyk S P, Doud D F, Rosario-Ortiz F, et al. Quantifying pCBA radical chemistry: Kinetics of hydroxylated product formation and decay; proceedings of the Abstarcts of papaers of the American chemical society, F, 2009 [C]. Amer Chemical Soc 1155 16th ST, NW, Washington, DC 20036 USA.

[301] Rosenfeldt E J, Linden K G. Degradation of endocrine disrupting chemicals bisphenol A, ethinyl estradiol, and estradiol during UV photolysis and advanced oxidation processes [J]. Environmental Science & Technology, 2004, 38 (20): 5476~5483.

[302] Sánchez-Polo M, Abdel Daiem M M, Ocampo-Pérez R, et al. Comparative study of the photodegradation of bisphenol A by HO·, SO_4^{-} and CO_3^{-}/HCO_3^{-} radicals in aqueous phase [J]. Science of The Total Environment, 2013, 463: 423~431.

[303] Felis E, Stanistaw Ledakowicz, Jacek S Miller. Degradation of Bisphenol A Using UV and UV/H_2O_2 Processes [J]. Water Environment Research, 2011, 83 (12): 2154.

[304] Winker M, Clemens J, Reich M, et al. Ryegrass uptake of carbamazepine and ibuprofen applied by urine fertilization [J]. Science of The Total Environment, 2010, 408 (8): 1902~1908.

[305] Landry K A, Boyer T H. Diclofenac removal in urine using strong-base anion exchange polymer resins [J]. Water Research, 2013, 47 (17): 6432~6444.

[306] Mahdi-Ahmed M, Chiron S. Ciprofloxacin oxidation by UV-C activated peroxymonosulfate in wastewater [J]. Journal of Hazardous Materials, 2014, 265: 41~46.

[307] Zhang R C, Yang Y K, Huang C H, et al. UV/H_2O_2 and UV/PDS treatment of trimethoprim and sulfamethoxazole in synthetic human urine: transformation products and toxicity [J]. Environmental Science & Technology, 2016, 50 (5): 2573~2583.

[308] Xiao Y J, Fan R L, Zhang L F, et al. Photodegradation of iodinated trihalomethanes in aqueous solution by UV 254 irradiation [J]. Water Research, 2014, 49: 275~285.

[309] Marin M L, Santos-Juanes L, Arques A, et al. Organic photocatalysts for the oxidation of pollutants and model compounds [J]. Chemical Reviews, 2011, 112 (3): 1710~1750.

[310] Dong M M, Rosario-Ortiz F L. Photochemical formation of hydroxyl radical from effluent organic matter [J]. Environmental Science & Technology, 2012, 46 (7): 3788~3794.

[311] Jones O A H, Voulvoulis N, Lester J N. Aquatic environmental assessment of the top 25 English prescription pharmaceuticals [J]. Water Research, 2002, 36 (20): 5013~5022.

[312] Zuo Z, Cai Z, Katsumura Y, et al. Reinvestigation of the acid-base equilibrium of the (bi) carbonate radical and pH dependence of its reactivity with inorganic reactants [J]. Radiation Physics and Chemistry, 1999, 55 (1): 15~23.

[313] Ji Y, Zeng C, Ferronato C, et al. Nitrate-induced photodegradation of atenolol in aqueous solution: kinetics, toxicity and degradation pathways [J]. Chemosphere, 2012, 88 (5): 644~649.

[314] Vione D, Falletti G, Maurino V, et al. Sources and sinks of hydroxyl radicals upon irradiation of natural water samples [J]. Environmental Science & Technology, 2006, 40 (12): 3775~3781.

[315] Pan M W, Wu Z H, Tang C Y, et al. Comparative study of naproxen degradation by the UV/chlorine and the UV/H_2O_2 advanced oxidation processes [J]. Environmental Science Water Research & Technology, 2018: 10.

[316] Wu Z H, Fang J Y, Xiang Y Y, et al. Roles of reactive chlorine species in trimethoprim degradation in the UV/chlorine process: Kinetics and transformation pathways [J]. Water Research, 2016, 104: 272~282.

[317] Xiang Y Y, Fang J Y, Shang C. Kinetics and pathways of ibuprofen degradation by the UV/chlorine advanced oxidation process [J]. Water Research, 2016, 90: 301~308.

[318] Fang J Y, Fu Y, Shang C. The roles of reactive species in micropollutant degradation in the UV/free chlorine system [J]. Environmental Science & Technology, 2014, 48 (3): 1859~1868.

[319] Wu F C, Evans R D, Dillon P J. Separation and characterization of NOM by high-performance liquid chromatography and on-line three-dimensional excitation emission matrix fluorescence detection [J]. Environmental Science & Technology, 2003, 37 (16): 3687~

3693.

[320] Shao Z H, He P J, Zhang D Q, et al. Characterization of water-extractable organic matter during the biostabilization of municipal solid waste [J]. Journal of Hazardous Materials, 2009, 164 (2): 1191~1197.

[321] He X S, Xi B D, Wei Z M, et al. Spectroscopic characterization of water extractable organic matter during composting of municipal solid waste [J]. Chemosphere, 2011, 82 (4): 541~548.

[322] Edzwald J K, Tobiason J E. Enhanced coagulation: US requirements and a broader view [J]. Water Science and Technology, 1999, 40 (9): 63~70.

[323] Traina S J, Novak J, Smeck N E. An ultraviolet absorbance method of estimating the percent aromatic carbon content of humic acids [J]. Journal of Environmental Quality, 1990, 19 (1): 151~153.

[324] Mcknight D M, Boyer E W, Westerhoff P K, et al. Spectrofluorometric characterization of dissolved organic matter for indication of precursor organic material and aromaticity [J]. Limnology and Oceanography, 2001, 46 (1): 38~48.

[325] Zhou L, Ji Y F, Zeng C, et al. Aquatic photodegradation of sunscreen agent p-aminobenzoic acid in the presence of dissolved organic matter [J]. Water Research, 2013, 47 (1): 153~162.

[326] Westerhoff P, Aiken G, Amy G, et al. Relationships between the structure of natural organic matter and its reactivity towards molecular ozone and hydroxyl radicals [J]. Water Research, 1999, 33 (10): 2265~2276.

[327] Zhou L, Sleiman M, Ferronato C, et al. Reactivity of sulfate radicals with natural organic matters [J]. Environmental Chemistry Letters, 2017: 1~5.

[328] Xiao R Y, He Z, Diaz-Rivera D, et al. Sonochemical degradation of ciprofloxacin and ibuprofen in the presence of matrix organic compounds [J]. Ultrasonics Sonochemistry, 2014, 21 (1): 428~435.

[329] Stumm W, Morgan J. Aquatic chemistry: Chemical equilibria and rates in natural waters [M]. Wiley, New York. 1996.

[330] Jayson G, Parsons B, Swallow A J. Some simple, highly reactive, inorganic chlorine derivatives in aqueous solution. Their formation using pulses of radiation and their role in the mechanism of the fricke dosimeter [J]. Journal of the Chemical Society, Faraday Transactions 1: Physical Chemistry in Condensed Phases, 1973, 69: 1597~1607.

[331] Kläning U K, Wolff T. Laser flash photolysis of HClO, ClO$^-$, HBrO, and BrO$^-$ in aqueous solution, reactions of Cl$^-$ and Br$^-$ Atoms [J]. Berichte der Bunsengesellschaft für physikalische Chemie, 1985, 89 (3): 243~245.

[332] Yu X Y, Bao Z C, Barker J R. Free radical reactions involving Cl·, Cl_2^-, and SO_4^- in the 248nm photolysis of aqueous solutions containing $S_2O_8^{2-}$ and Cl [J]. The Journal of Physical Chemistry A, 2004, 108 (2): 295~308.

[333] Mcelroy W J. A laser photolysis study of the reaction of SO_4^- with Cl^- and the subsequent decay of Cl_2^- in aqueous solution [J]. Journal of Physical Chemistry, 1990, 94 (6): 2434~2441.

[334] Grigor'ev A, Makarov I, Pikaev A. Formation of Cl_2^- in the bulk of solution during radiolysis of concentrated aqueous solutions of chlorides [J]. Khimiya Vysokikh Ehnergij, 1987, 21 (2): 123~126.

[335] Mack J, Bolton J R. Photochemistry of nitrite and nitrate in aqueous solution: a review [J]. Journal of Photochemistry and Photobiology A: Chemistry, 1999, 128 (1): 1~13.

[336] Klaning U K, Sehested K, Appelman E H. Laser flash photolysis and pulse radiolysis of aqueous solutions of the fluoroxysulfate ion, SO_4F [J]. Inorganic Chemistry, 1991, 30 (18): 3582~3584.

[337] Yang Y, Jiang J, Lu X, et al. Production of sulfate radical and hydroxyl radical by reaction of ozone with peroxymonosulfate: a novel advanced oxidation process [J]. Environmental Science & Technology, 2015, 49 (12): 7330~7339.

[338] Das T N. Reactivity and role of SO_5^- radical in aqueous medium chain oxidation of sulfite to sulfate and atmospheric sulfuric acid generation [J]. The Journal of Physical Chemistry A, 2001, 105 (40): 9142~9155.